BIANYAQIYOUZHONG TEZHENG QITI FENXI ZHENDUAN JI JIANCE JISHU

变压器油中特征气体分析诊断及检测技术

李红雷　何清　钱之银　著

内 容 提 要

本书作者结合产品开发和应用运行经验，系统论述了变压器油中溶解气体故障诊断和在线检测技术，主要包括变压器油中气体产生机理，变压器油中气体的各种诊断方法，变压器油中气体在线监测装置中的油气分离、色谱分离、气敏检测、光谱检测等关键技术，监测装置的入网检测及运行经验，变压器油中气体分析典型案例等内容。

本书适合电力企业中从事变压器状态评价、从事变压器油中气体监测装置运维和采购的人员阅读，也适合变压器油中气体监测装置制造企业的技术人员阅读，还可作为高等院校相关专业的教材及参考书。

图书在版编目（CIP）数据

变压器油中特征气体分析诊断及检测技术 / 李红雷，何清，钱之银著．—北京：中国电力出版社，2020.7

ISBN 978-7-5198-4476-9

Ⅰ．①变…　Ⅱ．①李…②何…③钱…　Ⅲ．①变压器油－气体分析　Ⅳ．①TE626.3

中国版本图书馆 CIP 数据核字（2020）第 042118 号

出版发行：中国电力出版社
地　　址：北京市东城区北京站西街 19 号（邮政编码 100005）
网　　址：http://www.cepp.sgcc.com.cn
责任编辑：邓慧都　刘丽平（010-63412342）
责任校对：黄　蓓　李　楠
装帧设计：张俊霞
责任印制：石　雷

印　　刷：三河市万龙印装有限公司
版　　次：2020 年 7 月第一版
印　　次：2020 年 7 月北京第一次印刷
开　　本：787 毫米 ×1092 毫米　16 开本
印　　张：15
字　　数：371 千字
印　　数：0001—1500 册
定　　价：65.00 元

前言

大型油浸式高压变压器是电力系统中造价最高、故障影响涉及程度和范围最大的高压电力设备之一，而且故障后修复时间最长，保证它们的安全运行，对提高电网供电可靠性、建设坚强智能电网具有十分重要的意义。变压器油在油浸式电力设备中主要起绝缘、散热冷却和灭弧的作用，同时又成为油浸电力设备运行状态信息的载体。变压器油中溶解气体分析技术是通过检测油中溶解的气体，根据气体的组分和含量来判断变压器内部有无异常情况，诊断其故障类型、部位、严重程度和发展趋势的技术。在众多的变压器试验手段中，利用油中气体分析技术检测油浸式变压器早期故障已被证明是一种非常有效的手段，其准确率达 80%以上。该技术包括油中气体检测与状态分析诊断两大类技术；前者根据是否能够实时连续检测又可分为实验室油中气体检测技术和在线油中气体检测/监测技术。

变压器油中气体分析诊断技术已趋于成熟，包括很多方法，常用的可分为特征气体法和比值法两大类，然而所有这些方法都有一定的误判率。人们一直在实践中对现有的判断方法进行完善，或寻求准确率更高的诊断方法。

成熟可靠的油中溶解气体在线监测装置能够实时连续地监测变压器状态，及时发现设备内部缺陷。经过多年探索与实践，油中溶解气体在线监测技术已日渐成熟且走向大范围实用化阶段。随着国家电网有限公司状态检修工作的不断深入，以及建设智能电网工作的要求，越来越多的变压器油中溶解气体在线监测装置应用于电网中。

作为一种新技术，用于现场的油中气体在线检测/监测装置为了满足体积小、检测周期短、自动数据传输、便于维护等现场要求，其脱气方法、检测原理等都已与实验室油中溶解气体检测方法存在较大的差异。油中溶解气体在线检测是涉及脱气、混合气体分离、气敏传感器、光谱检测、分析算法等多学科、多领域交叉的技术。一个人往往不能通晓在线检测装置中的全部技术，学校里更没有相关课程深入讲解这一技术，因此造成了制造厂家和电力用户之间的沟通困难，影响了油中溶解气体在线检测技术的发展。

本书从油浸式高压电力设备结构与常见故障入手，进行了电力设备油中气体产生机理分析，对各种变压器油中气体分析及诊断方法进行系统总结和典型故障案例应用介绍，对油中气体在线监测装置中的油气分离、色谱分离、气敏传感器、光谱分析等关键技术进行深入剖析，并对目前常用的国内外油中气体在线监测装置性能及入网检测情况进行介绍，旨在指导电力用户正确选购和应用在线监测装置，并在运行中对监测装置进行考核和评价；同时帮助设备厂家全面了解该技术的发展现状和趋势、了解电力用户的需求，进一步完善产品性能，最终让技术先进、性能可靠的产品得到大面积推广应用。

本书第 5～8 章和 9.1.2 由国网上海市电力公司电力科学研究院（华东电力试验研究院有限公司）李红雷负责撰写，第 1、2、3、9、10 章由国网湖北省电力有限公司电力科学研究院何清负责撰写，第 4 章由上海海能信息科技有限公司钱之银负责撰写。

为了系统完整地反映这一领域的技术现状和最新成果，书中引用了公开出版的专著和论文以及已经公布的专利的相关内容，在此谨向这些从事变压器油中气体诊断及检测技术研究和开发的工作者们致以诚挚的谢意。

变压器油中气体在线检测及分析技术是目前发展较快的技术，由于作者水平有限，加之时间仓促，书中可能有许多不尽人意之处，恳请读者批评指正。

编者

2020 年 5 月

目 录

1 概　　论

1.1 油浸式电力设备的结构特点

油浸式电力设备主要是指以矿物绝缘油为液体绝缘介质的高压电气设备，主要包括油浸式电力变压器、充油套管、油浸式互感器、油浸式电抗器、油浸式电力电容器以及断路器等。

1.1.1 油浸式电力变压器

电力变压器是电力系统输变电设备中最重要和最昂贵的设备之一，也是电力系统中数量较多、故障率较高的设备。油浸式变压器是指铁心和绕组都浸入绝缘油中的变压器。

电力变压器是具有两个或两个以上绕组的静止设备，利用电磁感应原理来改变交流电压。为了传输电能，在同一频率下，通过电磁感应将一个系统的交流电压和电流转换为另一个系统的交流电压和电流，通常这些电流与电压的值是不同的。变压器有一个共用的铁心和与其交链的几个绕组，因此，变压器的主要结构就是铁心和绕组。铁心和绕组组装了绝缘和引线之后组成变压器的器身。器身一般装在油箱或外壳之中，再配置调压、冷却、保护、测温和出线等装置，就构成了变压器的整体。图 1-1 为变压器的外观和结构图。

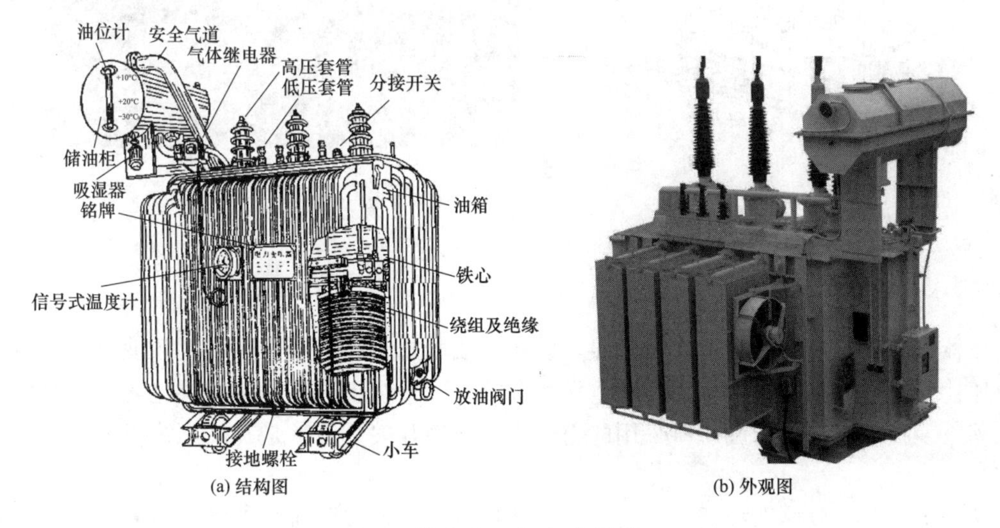

图 1-1　电力变压器

1.1.1.1　铁心

铁心是变压器的基本部件，由磁导体和夹紧装置组成。在原理上，铁心的磁导体是变压器的磁路，它把一次电路的电能转为磁能，又由自己的磁能转变为二次电路的电能，是能量转换的媒介。因此，铁心由磁导率很高的电工硅钢片叠制而成。铁心的夹紧装置不仅使磁导体成为一个机械上完整的结构，而且在其上面套有带绝缘的线圈，支持着引线，变压器内部的主要部件几乎都依托于铁心安装。变压器的铁心（即磁导体）是框形闭合结构，其中套线圈的部分称为心柱，不套线圈只起闭合磁路作用的部分称为铁轭。图 1-2 为铁心结构。

1.1.1.2　绕组

绕组是变压器输入和输出电能的电气回路，是利用成对绕组之间的匝数比决定电压比和电流比的关系，即将一个系统的交流电压和电流转换为另一个系统的交流电压和电流。绕组是由铜、铝的圆、扁导线绕制，再配置各种绝缘件组成的。根据电压转换要求和设计，绕组可分为单绕组、双绕组和三绕组。变压器绕组通过引线与绕组外部连接。引线一般可分为三种：绕组线端与套管连接的引出线、绕组端头间的连接引线以及绕组分接与开关相连的分接引线。图 1-3 为变压器绕组。

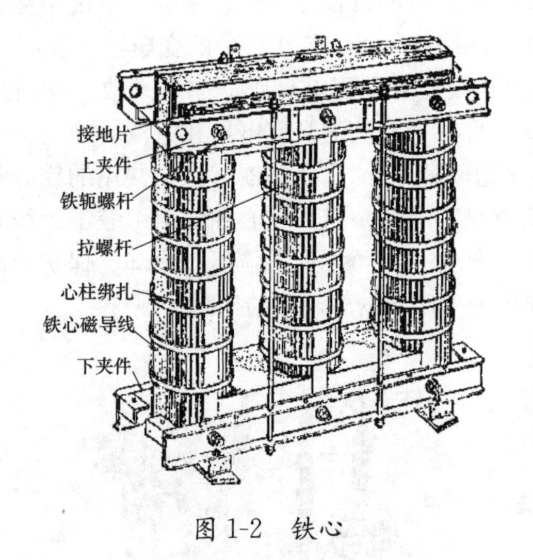

图 1-2　铁心

图 1-3　变压器绕组

1.1.1.3　分接开关

变压器通过在某一侧绕组上设置分接，以切除或增加一部分线匝。通过改变匝数，达到改变电压比的有级调整电压，从而实现电压的调整。这种绕组抽出分接以供电压的电路称为调压电路，变换分接以进行调压所采用的组件称为分接开关。通常是在高压绕组上抽出适当的分接。

分接开关主要由分接选择器、切换开关、选择开关、过渡阻抗、油箱、机械转动部件等构成。通常分接选择器和选择开关置于变压器本体油箱中，切换开关、过渡阻抗虽然置于变压器本体油箱中，但有其独立的油箱与变压器本体油相隔离。根据分接开关变换绕组分接时是否带负荷，分接开关可分为有载分接开关和无载分接开关两类。根据分接开关灭弧介质的不同，又可分为油浸式分接开关和真空分接开关。图 1-4 为有载分接开关的内部结构及装配图。

图 1-4　有载分接开关结构及装配示意图

1.1.1.4　变压器套管

变压器套管是将变压器的高、低压引线引出到油箱外的出线装置。它不但作为引线对地的绝缘，而且担负着固定引线的作用。与套管相连接的绕组其电压等级决定了套管的绝缘结构，套管的使用电流决定了导电部分的截面积和接线头的结构。图 1-5 给出了套管与变压器的连接示意图。

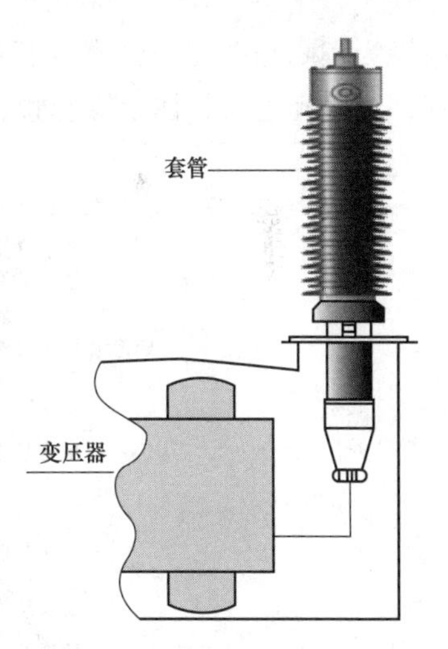

图 1-5　套管与变压器连接

1.1.1.5　油箱

油浸式变压器油箱具有容纳器身、充注变压器油以及散热冷却的作用。通常分为平顶油箱和拱顶油箱，平顶油箱顶部为平面箱盖，拱顶油箱为钟罩式结构。图 1-6 展示了两种油箱结构及变压器吊罩情况。

1.1.2　充油高压套管

套管是供一个或几个导体穿过诸如墙壁或箱体等起隔离、绝缘和支持作用的器件。当载流导体需要穿过与其电位不同的金属箱壳或墙壁时，需要使用套管。根据使用场合的不同，套管可分为变压器套管、开关或组合电器用套管、穿墙套管等。

(a) 平顶油箱

(b) 拱顶油箱

图 1-6　两种油箱结构

变压器套管由带电部分与绝缘部分共同构成。带电部分的结构可分为导杆式、穿缆式和导管式，图 1-7 给出了 500kV 导杆式套管的结构示意图。绝缘部分分为内绝缘和外绝缘。外绝缘为瓷套和硅橡胶两种。根据内绝缘结构的不同，套管可分为充液体套管、液体绝缘套管、充气套管、气体绝缘套管、油浸纸套管、电容式套管等。

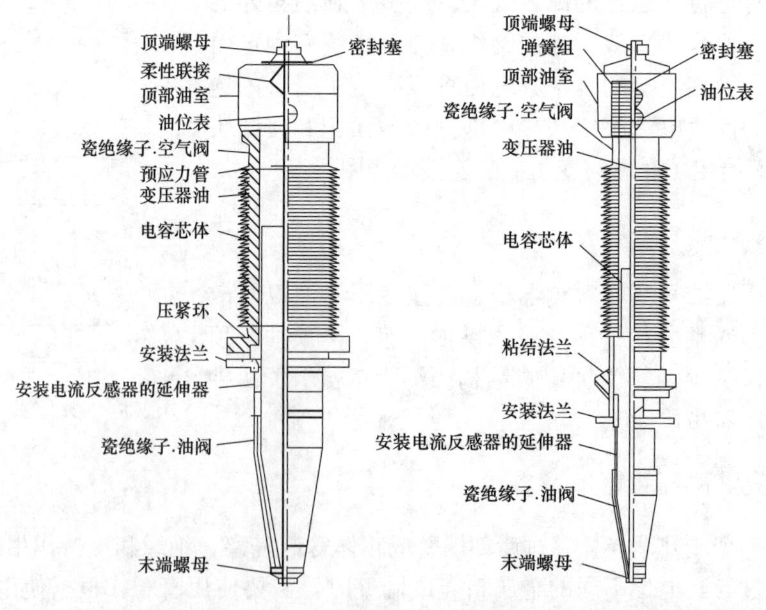

图 1-7　500kV 导杆式套管

1.1.2.1 充液体套管

充液体套管是一种绝缘套内表面和固体主绝缘之间的空间充有油的套管。单油隙的充油套管一般应用于35kV及以下设备，其导杆表面油道里的场强较高，常在导杆上包裹5～15mm的电缆纸或套绝缘纸筒来降低场强，内部结构如图1-8所示。多油隙充油套管一般应用于35kV及以上设备，导杆上包裹多个绝缘筒以提高击穿电压，油隙分隔得越细，耐压越高，有时在绝缘筒上包金属极板，内部结构如图1-9所示。

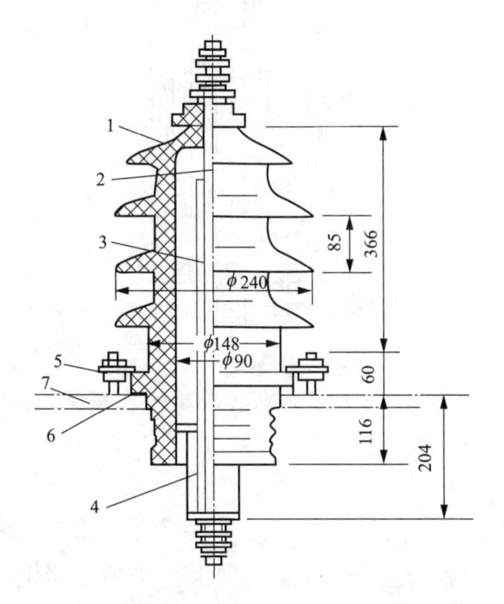

图1-8 35kV变压器用单油隙充油套管

1—瓷套；2—导杆；3、4—绝缘管；
5—卡件；6—密封垫；7—油箱盖

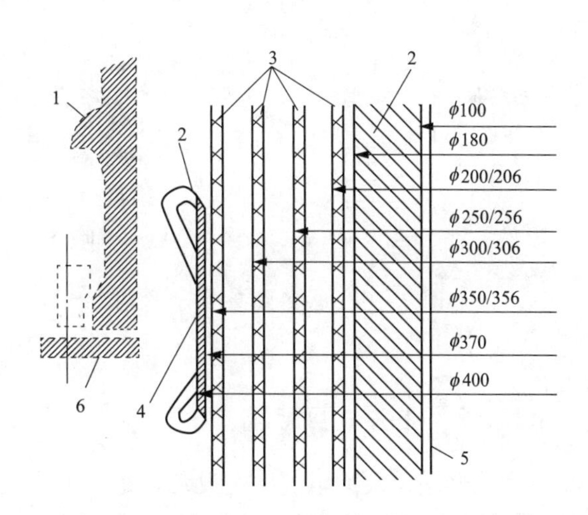

图1-9 35kV变压器用多油隙充油套管

1—瓷套；2—油纸；3—胶纸筒；
4—接地屏；5—导杆；6—法兰

1.1.2.2 电容式套管

电容式套管是一种在绝缘内部布置导电或半导电层，以获得所要求的电位梯度的套管，如图1-10所示。电容式套管一般应用于110kV及以上设备。电容式套管按其绝缘结构可分为油浸纸式、胶粘纸等形式。油浸纸电容式套管是主绝缘由纸卷绕的芯体，经处理后用绝缘液体（通常为变压器油）浸渍而构成的套管。

电容式套管主要依靠电容芯子来改善电场分布，电容芯子由多层绝缘纸构成，在层间按设计要求的位置上夹有铝箔，组成了一串同轴圆柱形电容器。电场分布比充油套管均匀得多；相邻铝箔间绝缘层很薄，因而介电强度很高。油纸电容式套管芯子是由多层电缆纸和铝箔卷制的整体，若屏间残存空气，在高电场作用下会发生局部放电，甚至导致绝缘击穿，造成设备事故。

油纸电容式套管的芯子两端缠绕成锥形，如图1-11所示。为了使各极板之间承受近似相等的电压，使电场趋于均匀以提高抗电强度，必须使各极板间的电容近似相等。但电容大小与极板面积成正比，随着电极径向尺寸的加大，轴向尺寸应相应减小，所以油纸电容式套管的芯子两端形成锥形。

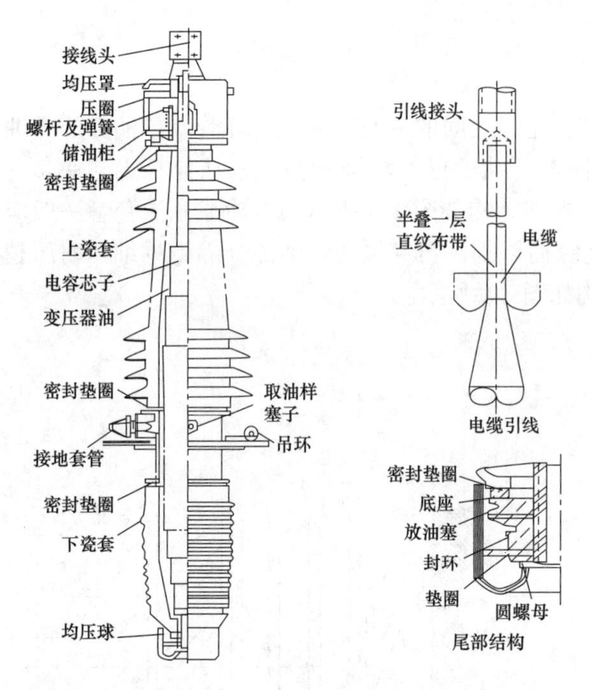

图 1-10　电容式套管示意图

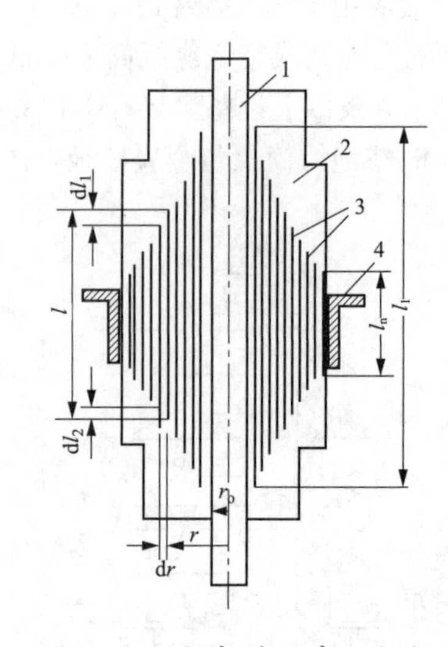

图 1-11　电容芯子中间极板

1—导杆；2—绝缘层；3—极板；4—中法兰

1.1.3　油浸式互感器

互感器是重要的电气一次设备，是一种为测量仪器、仪表、继电器和其他类似电器供电的变压器，担负着为系统提供计量和继电保护所需信号的重要任务。油浸式互感器的铁心和绕组均放于充满变压器油的油箱中，绕组通过套管引出。应用于电力系统中的互感器主要有电流互感器和电压互感器。

电流（电压）互感器是一种在正常使用条件下其二次电流（电压）与一次电流（电压）实际成正比、且在连接方法正确时其相位差接近于零的互感器。电流互感器根据测量原理又可分为电磁式电流互感器和光电式电流互感器。电压互感器根据测量原理又可分为电磁式电压互感器和电容式电压互感器（CVT）。

1.1.3.1　电流互感器

油浸式电流互感器根据二次绕组布置的部位可分为正立式和倒立式两种。正立式电流互感器的二次绕组布置于产品的底部，产品的主绝缘在互感器的一次绕组上；倒立式电流互感器的二次绕组布置于产品的上部，产品的主绝缘在互感器的二次绕组上。

油浸正立式电流互感器主要由油箱、瓷套、金属膨胀器、器身、一次出线装置和二次出线盒等部分组成。主绝缘为电容芯子，外绝缘为瓷套，属全密封结构。油浸正立式电流互感器器身包括一次绕组和二次绕组，经真空干燥和浸渍处理后，浸于变压器油中。一次绕组成U形，为电容型油纸绝缘结构。220kV 油浸式电流互感器一般有 10～13 个主屏，每个主屏有 4～5 个端屏。每一对电容屏连同绝缘层构成一个电容器，按照电压在电容屏间均匀分布的原则，设计时每对电容屏间的电容量基本相等，构成一个圆筒形电容器串。其中，最内层

的电容屏与一次绕组等电位处于高电位，称作零屏；最外层电容屏接地，称为末屏或地屏。一次绕组分成两段，4 个出头通过一次出线装置在瓷套上部侧壁引出，可方便地在外部进行串并联换接，以改变电流比。二次绕组置于 U 形一次绕组的两侧，铁心为环形。油浸正立式电流互感器实物及内部结构如图 1-12 所示。

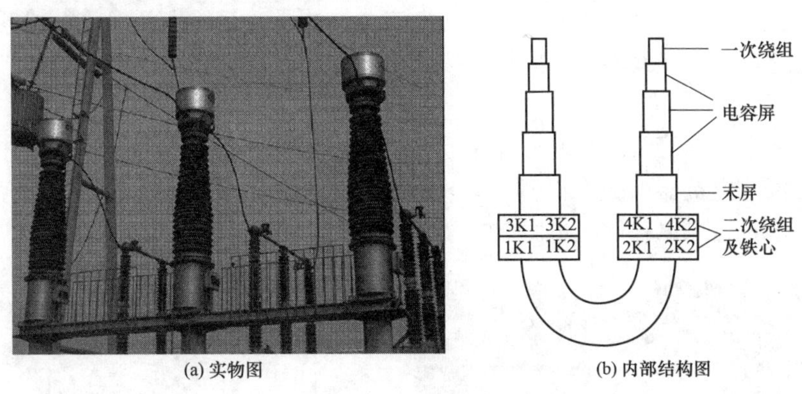

图 1-12　正立式电流互感器

1.1.3.2　电压互感器

电容式电压互感器主要由电容分压器和中压变压器组成。电容分压器由瓷套和装在其中的若干串联电容器组成，瓷套内充满保持 0.1MPa 正压的绝缘油，并用钢制波纹管平衡不同温度以保持油压。电容分压器可用作耦合电容器连接载波装置。中压变压器由装在密封油箱内的变压器、补偿电抗器、避雷器和阻尼装置组成，油箱顶部的空间充氮。图 1-13 给出了电容式电压互感器的实物图及电气原理示意图。

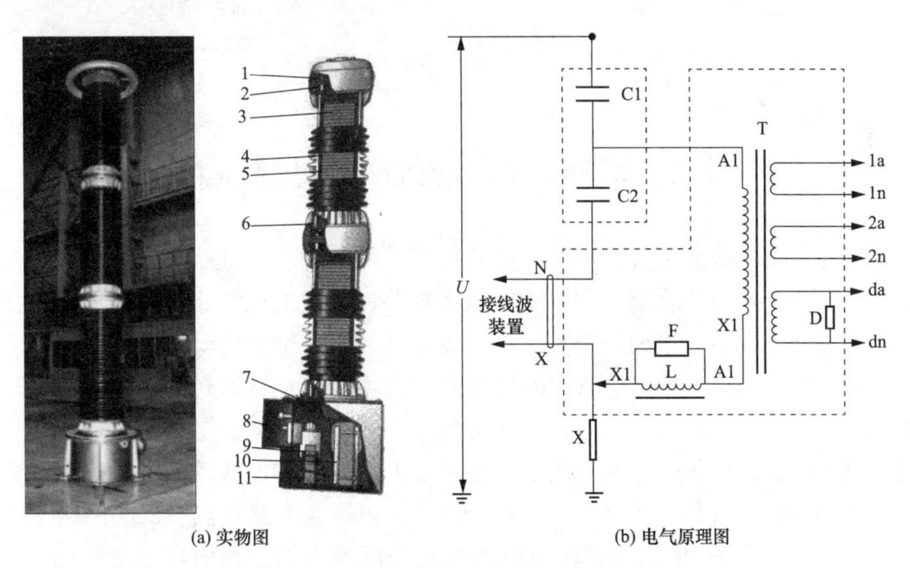

图 1-13　电容式电压互感器

1—油压计；2—膨胀膜；3—电容单元；4—绝缘油；5—瓷绝缘子；6—密封件；7—外壳；8—低压端子箱；9—串联电感；10—中压变压器；11—铁磁谐振效应阻尼电路

C1—高压电容；C2—低压电容；*U*—额定一次电压；A1—中间电压端子；T—中间变压器；L—补偿电抗器；F—保护装置（避雷器）；D—阻尼装置；1a1n—主二次 1 号绕组端子；2a2n—主二次 2 号绕组端子；dadn—剩余电压绕组（100V）

1.1.4 油浸式电抗器

电抗器是一种依靠线圈的感抗阻碍电流变化的设备。电力系统中电抗器的作用主要有两种：一种是用于限制各种电流，如串联在系统上的电抗器、连接在系统中性点和大地之间的中性点接地电抗器；另一种是用于补偿电容电流，如并联在系统中的线路电抗器、接于系统中性点与大地之间的消弧线圈等。电抗器按结构和冷却介质可分为空心式、铁心式、干式和油浸式等。

油浸式电抗器也是将线圈与铁心完全浸入变压器油中，以变压器油作为液体绝缘介质。交直流高压油浸式电抗器如图1-14所示。电抗器与变压器的区别在于变压器不存储能量，仅传输能量，而电抗器可以存储能量。

(a) 交流电抗器

(b) 直流平波电抗器

图1-14 交直流高压油浸式电抗器

1.2 油浸式电力设备的常见故障

油浸式电力设备的故障可分为内部故障和外部故障两种。内部故障是油箱内发生的各种故障，其主要类型有：各相绕组之间发生的相间短路、绕组的线匝之间发生的匝间短路、绕组或引出线通过外壳发生的接地故障等。外部故障是油箱外部绝缘套管及引出线上发生的各种故障，其主要类型包括：绝缘套管闪络或破碎而发生的接地（通过外壳）短路，引出线之间发生相间故障、受外部冲击（雷电）等而引起变压器内部故障或绕组变形等。

油浸式电力设备的内部故障从性质上一般又分为热故障和电故障两大类。热故障根据过热点温度又可分为低温过热（低于150℃和150～300℃）、中温过热（300～700℃）和高温过热（高于700℃）三种故障情况。电故障通常指变压器内部在高电场强度作用下，造成绝缘性能下降或劣化的故障。根据放电能量密度不同，电故障分为局部放电故障、火花放电故障和高能电弧放电故障三种。

由于油浸式电力设备的故障涉及面较广，其划分方式较多。如按回路划分主要有电路故障、磁路故障和油路故障；按设备主体结构划分，可分为绕组故障、铁心故障、油质故障及

附件故障；按设备故障常出现的部位划分，可分为线圈故障、铁心故障、分接开关故障、套管故障、引线故障等。其中以出口短路故障给设备带来的危害最大。

1.2.1 短路故障

短路故障主要指设备发生出口短路、内部引线或绕组间对地短路、相与相之间发生短路而导致的故障。出口短路对设备影响主要体现在以下几个方面。

1.2.1.1 短路电流引起的绝缘过热故障

变压器突发短路时，其高、低压绕组可能同时通过其额定电流值数十倍的短路故障电流。短路电流将产生很大的热量，使变压器严重发热。当变压器承受短路电流的能力不够，热稳定性差时，会使变压器绝缘材料严重受损，导致变压器击穿及损毁。变压器的出口短路故障主要包括三相短路、两相短路、单相接地短路和两相接地短路等类型。有资料显示，在中性点接地系统中，单相接地短路约占全部短路故障的65%，两相短路故障约占10%～15%，两相接地短路故障约占15%～20%，三相短路故障约占5%，其中以三相短路时的短路电流最大。对220kV三绕组变压器而言，高压对中压、低压的短路阻抗一般在10%～30%，中压对低压的短路阻抗一般在10%以下，因此变压器发生短路故障时，强大的短路电流会导致变压器绝缘材料受热而损坏。

1.2.1.2 短路电动力引起绕组变形故障

变压器受短路冲击时，如果短路电流小，继电保护正确动作，绕组变形将是轻微的；但如果短路电流大，继电保护延时动作甚至拒动，绕组变形将会很严重，甚至造成绕组损坏。对于轻微的变形，如果不及时检修，恢复垫块位置、坚固绕组的压钉及铁轭的拉板、拉杆，加强引线的夹紧力，在多次短路冲击后，由于累积效应也会使变压器损坏。变压器在出口短路时，将承受很大的轴向和辐向电动力。轴向电动力使绕组向中间压缩，这种由电动力产生的机械应力，可能影响绕组匝间绝缘，对绕组的匝间绝缘造成损伤；而辐向电动力使绕组向外扩张，可能失去稳定性，造成相间绝缘损坏。电动力过大，可能造成绕组扭曲变形或导线断裂。

1.2.2 放电故障

根据放电能量密度的大小，变压器的放电故障通常可分为局部放电、火花放电和高能放电三种类型。

放电故障对绝缘有两种破坏作用：一种是由于放电质点直接轰击绝缘材料，使局部绝缘材料受到破坏并逐步扩大，使绝缘击穿；另一种是放电产生的热、臭氧、氧化氮等活性气体的化学作用，使局部绝缘材料受到腐蚀，介质损耗增大，最后导致热击穿。

绝缘材料电老化是放电故障的主要形式。固体绝缘材料的电老化的形成和发展是树枝状，在电场集中处产生放电，引发树枝状放电痕迹，并逐步发展导致绝缘击穿。液体浸渍绝缘的电老化，如局部放电一般先发生在固体或绝缘油内的小气泡中，而放电过程又使油分解产生气体并被绝缘油部分吸收，若产气速率高，气泡将扩大、增多，使放电增强，同时放电产生的X—蜡沉积在固体绝缘材料上使散热困难、放电增强、出现过热，促使固体绝缘破坏。

1.2.2.1 局部放电

在电压的作用下，绝缘结构内部的气隙、油膜或导体的边缘发生非贯穿性的放电现象，称为局部放电。

局部放电刚开始时是一种低能量的放电，变压器内部出现这种放电时，情况比较复杂。根据绝缘介质的不同，可将局部放电分为气泡局部放电和油中局部放电；根据绝缘部位来分，有固体绝缘中空穴、电极尖端、油角间隙、油与绝缘纸板中的油隙和油中沿固体绝缘表面等处的局部放电。局部放电的能量密度虽不大，但若进一步发展将会形成放电的恶性循环，最终导致设备的击穿或损坏，从而引起严重的事故。

局部放电产生的气体特征。由于放电能量不同而有所不同。如果放电能量密度在 10^{-9}C 以下时，一般总烃不高，主要成分为氢气，其次是甲烷，氢气占氢烃总量的 80%～90%；当放电能量密度为 10^{-8}～10^{-7}C 时，则氢气相应降低，出现乙炔，但此时乙炔在总烃中的占比不到 2%，这是局部放电区别于其他放电现象的主要标志。

1.2.2.2 火花放电

发生火花放电时放电能量密度大于 10^{-6}C。引起火花放电的原因有以下几种。

1. 悬浮电位

高压电力设备中某金属部件由于结构上原因，或运输过程和运行中造成接触不良而断开，处于高压与低压电极间并按其阻抗形成分压，而在这一金属部件上产生的对地电位称为悬浮电位。具有悬浮电位的物体附近的场强较集中，往往会逐渐烧坏周围固体介质或使之炭化，也会使绝缘油在悬浮电位作用下分解出大量特征气体，从而使绝缘油色谱分析结果超标。

悬浮放电可能发生于变压器内处于高电位的金属部件，如调压绕组、当有载分接开关转换极性时的短暂电位悬浮、套管均压球和无载分接开关拨叉等电位悬浮。也可能发生于处于地电位的部件，如硅钢片磁屏蔽和各种坚固用金属螺栓等，与地的连接松动脱落，导致悬浮电位放电。此外，变压器高压套管端部接触不良，也会形成悬浮电位而引起火花放电。

2. 油中杂质

变压器发生火花放电的主要原因是油中杂质的影响。杂质由水分、纤维质（主要是受潮的纤维）等构成。水的介电常数 ε 约为变压器油的 40 倍，在电场中杂质首先极化，被吸引向电场强度最强的地方，即电极附近，并按电力线方向排列，于是在电极附近形成杂质“小桥”。如果极间距离大、杂质少，只能形成断续“小桥”，如图 1-15（a）所示。“小桥”的导电率和介电常数都比变压器油大，根据电磁场原理可知，由于“小桥”的存在，会畸变油中的电场。因为纤维的介电常数大，使纤维端部油中的电场加强，于是放电首先从这部分油中发生和发展，油在高电场下电离而分解出气体，使气泡增大，电离又增强。而后逐渐发展，使整个油间隙在气体通道中发生火花放电，所以，火花放电可能在较低的电压下发生。

如果极间距离不大，杂质又足够多，则“小桥”可能连通两个电极，如图 1-15（b）所示。这时，由于“小桥”的电导较大，沿“小桥”流过很大电流，使“小桥”强烈发热，“小桥”中的水分和附近的油沸腾汽化，造成一个气体通道——“气泡桥”而发生火花放电。如果纤维不受潮，则因“小桥”的电导很小，对于油的火花放电电压的影响也较小；反之，

则影响较大。因此杂质引起变压器油发生火花放电，与“小桥”的加热过程相联系。当冲击电压作用或电场极不均匀时，杂质不易形成“小桥”，它的作用只限于畸变电场，其火花放电过程主要决定于外加电压的大小。

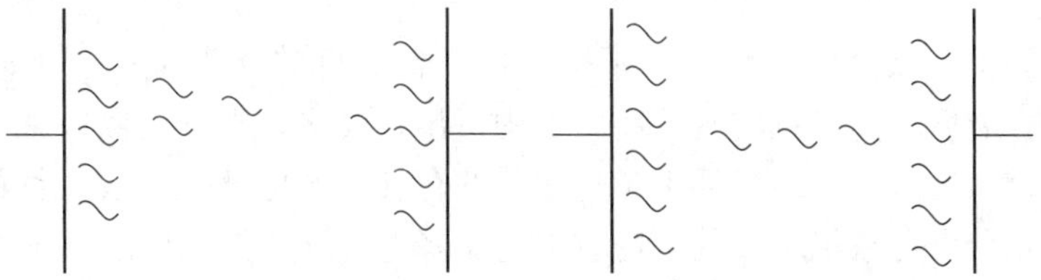

(a) 杂质少，极间距离大　　(b) 杂质多，极间距离小

图 1-15　在工频电压作用下杂质在电极间形成导电（小桥）的示意图

一般来说，火花放电不致很快引起绝缘击穿，主要反映在油色谱分析异常、局部放电量增加或轻瓦斯动作，容易被发现和处理，但对其发展程度应引起足够的认识和注意。

1.2.2.3　电弧放电

电弧放电是高能放电，常以绕组匝层间绝缘击穿为多见，其次为引线断裂或对地闪络和分接开关飞弧等故障。电弧放电由于放电能量密度大，产气急剧，常以电子崩形式冲击电介质，使绝缘纸穿孔、烧焦或炭化，使金属材料变形或熔化烧毁，严重时会造成设备烧损，甚至发生爆炸事故。这种事故一般事先难以预测，也无明显预兆，常以突发的形式暴露出来。

综上所述，三种放电既有区别又有一定的联系，区别是指放电能级和产气组分，联系是指局部放电是其他两种放电的前兆，而后者又是前者发展后的一种必然结果。由于变压器内出现的故障常处于逐步发展的状态，同时大多不是单一类型的故障，往往是一种类型伴随着另一种类型，或几种类型同时出现，因此，在故障分析时应综合考虑和认真分析。

1.2.3　绝缘故障

电力变压器的绝缘是指由变压器绝缘材料组成的绝缘系统，变压器的使用寿命是由绝缘材料的寿命决定的。有研究表明，大多变压器的损坏和故障都是因绝缘系统的损坏而造成。油浸变压器中，主要的绝缘材料是绝缘油和固体绝缘材料（绝缘纸、纸板及层压纸板等）。变压器的绝缘老化是指这些材料受环境因素的影响而发生劣化和降解，降低或丧失绝缘强度。

影响变压器绝缘故障的主要因素有温度、湿度、油保护方式和过电压等。

1.2.3.1　温度的影响

变压器的寿命取决于绝缘的老化程度，而绝缘的老化又取决于设备长期运行的温度。GB 1094.2—2013《电力变压器　第 2 部分：液浸式变压器的温升》规定，对于绝缘系统温度为 105℃（A 级绝缘）的固体绝缘，且绝缘液体为矿物油或燃点不大于 300℃的合成液体的变压器，在额定容量下连续运行，且外部冷却介质年平均温度为 20℃时的稳定条件下的温升限值为：顶层绝缘液体温升限值为 60K，绕组平均温升限值为 65K，绕组热点温升限值为 78K。则，若平均环境温度为 20℃，则绕组热点温度为 98℃；在这个温度下，变压器可运行 20～30 年，若变压器超载运行，温度升高促使寿命缩短。国际电工委员会（IEC）认为 A 级绝缘的变压器在80～140℃的温度范围内，温度每增加6℃，变压器绝缘有效寿命降低的速度就会增加一倍，即6度法则。

1.2.3.2　湿度的影响

电力变压器为油、纸绝缘系统，在不同温度下油、纸的含水量有着不同的平衡关系曲线。一般情况下，温度升高，纸内水分要向油中析出；反之，则纸要吸收油中水分。水分的存在将加速纸纤维素的降解。绝缘油中微量水分的存在，对电介质的理化性能与电气性能都有极大的危害。水分可导致绝缘油的火花放电电压降低，介质损耗因数 $\tan\delta$ 增大，促进绝缘油的老化，绝缘性能劣化。图1-16～图1-18给出了水分对绝缘油和油浸纸的火花放电电压、油介质损耗因数 $\tan\delta$ 及击穿电压的影响。

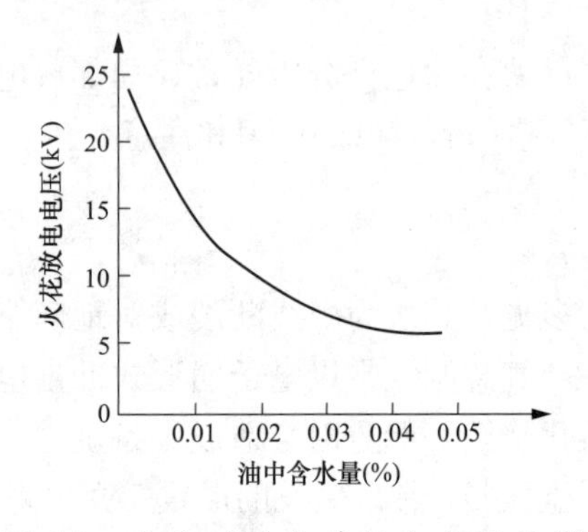

图1-16　水分对油火花放电电压的影响

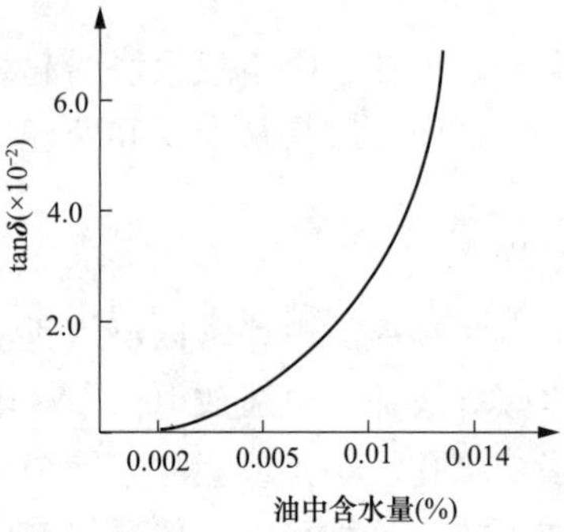

图1-17　水分对油介质耗损因数 $\tan\delta$ 的影响

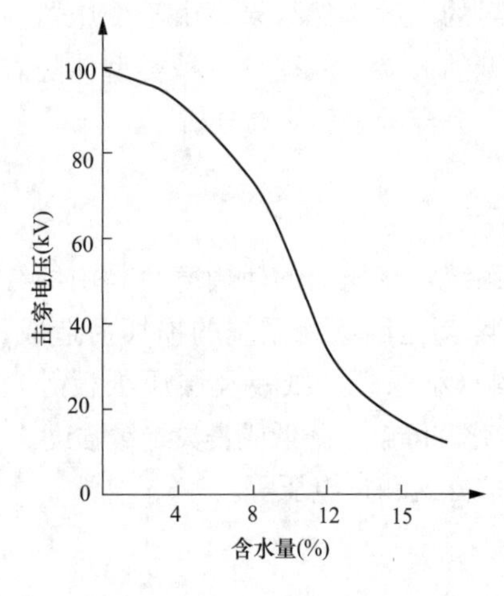

图1-18　水分对油浸纸击穿电压的影响

1.2.3.3　过电压的影响

(1) 暂态过电压的影响。三相变压器正常运行产生的相、地间电压是相间电压的58%，但发生单相故障时主绝缘的电压对中性点接地系统将增加30%，对中性点不接地系统将增加73%，因此可能损伤绝缘。

(2) 雷电过电压的影响。雷电过电压由于波头陡，引起纵绝缘（匝间、饼间、段间）上电压分布很不均匀，可能在绝缘上留下放电痕迹，从而使固体绝缘受到破坏。

(3) 操作过电压的影响。由于操作过电压的波头相对平缓，所以电压分布近似线性，操作过电压波由一个绕组转移到另一个绕组上时，约与这两个绕组间的匝数成正比，从而容易造成主绝缘或相间绝缘的劣化和损坏。

(4) 短路电动力的影响。出口短路时的电动力可能会使变压器绕组发生变形、引线移位，从而改变绝缘距离，使绝缘发热、加速老化或受到损伤而引发放电、拉弧及短路故障。

1.2.4　铁心故障

电力变压器正常运行时，铁心必须有一点可靠接地。若没有接地，则铁心对地的悬浮电压会造成铁心对地断续性击穿放电，铁心一点接地后消除了形成铁心悬浮电位的可能。但当铁心出现两点以上接地时，铁心间的不均匀电位就会在接地点之间形成环流，并造成铁心多点接地发热故障。变压器的铁心接地故障会造成铁心局部过热，严重时铁心局部温升增加，轻瓦斯动作，甚至会造成重瓦斯动作而跳闸。烧熔的局部铁心形成铁心片间短路故障，使铁损变大，设备发热严重，影响变压器绝缘性能及正常工作。

1.2.5 分接开关故障

调压分接开关是通过改变变压器调压绕组分接头位置从而改变变压器匝数比，用以在无功不足条件下控制电压质量的电气元件。调压分接开关根据调压时是否带负荷调压，分为有载分接开关和无载分接开关两种。

1.2.5.1 无载分接开关故障

无载分接开关故障主要表现为电路故障和机械故障两大类。电路故障常表现为触头接触不良、触头锈蚀电阻增大发热、开关绝缘支架坚固螺栓接地断裂造成悬浮放电等。机械故障常表现为开关弹簧压力不足、滚轮压力不足、滚轮压力不匀、接触不良以至有效接触面积减少。此外，开关接触处存在的油污使接触电阻增大，在运行时将引起分接头接触面烧伤，如引出线连接或焊接不良，当受到短路冲击时，也会导致分接开关故障。

1.2.5.2 有载分接开关故障

有载分接开关本体的常见故障有触头烧损、触头脱落、滑挡、油箱渗油、实际运行挡位与显示挡位不一致、主轴断裂、电气和机械连接器失灵等。其中，触头烧损故障占开关总故障的 40%左右。发生触头烧损的原因主要有：①由于频繁调压振动影响，引起触头松动，造成触头接触不良而拉弧。②触头接触压力不足，造成触头接触不良，在重负荷情况下，触头过热而烧损。另外，由于设备运行时调压挡位较为固定，使得不常使用的有载调压触头因长期浸泡于绝缘油中而在触头表面形成一层氧化膜，当调挡至该挡时也容易造成触头接触不良而引起发热。有载分接开关中的切换开关油室与变压器本体相对独立，当切换开关油室与变压器本体存在密封不良时（多发生于油室与本体结合法兰处、转动轴、接线端子等处），其切换开关油室内的油会进入到变压器本体油中，从而污染变压器本体的绝缘油。如果静触头的固定绝缘杆变形，会使有载分接开关切换中及切换后动、静触头接触不良，严重时使切换中的触头间起弧放电，导致过渡电抗器或过渡电阻烧毁。

1.2.6 油流带电故障

绝缘油中通常存在着数量相等的正负离子，因而在电气上表现为中性。当变压器油在变压器内循环流动时，变压器油经一定的速度流经表面粗糙的固体绝缘介质表面，使变压器油与绝缘件之间形成静电电荷的分离。通常，负电荷被大量吸附在固体绝缘介质表面，而流动的变压器油中积累的为正电荷。尽管存在电荷对地泄流和电荷的中和过程，但往往产生的电荷总是多于泄流和中和的电荷。

当某处电荷积累得比较密集时，由此产生的场强也随之增大。这个场强在交流电场作用下超过一定程度时，就会在油中或固体绝缘介质表面产生静电放电或爬电放电，严重时将使固体绝缘受到损伤。变压器油流带电时，局部放电信号强度相当于正常运行时变压器局部放电量的 2～3 个数量级，可达 10^4～10^6pC。变压器内油流带电引起的局部放电通常发生在上油箱、下油箱和绝缘纸板油道进口处，但绝缘击穿通常发生在上油箱。在下油箱，由于流速降低，绝缘油在泵内产生的正电荷向油箱壁和绕组壁面迁移。向油箱壁迁移的电荷通过接地泄漏到大地，向绕组壁面迁移的电荷最终积聚在壁面上而引发静电放电。冷却系统中静电荷的产生及泄漏如图 1-19 所示。

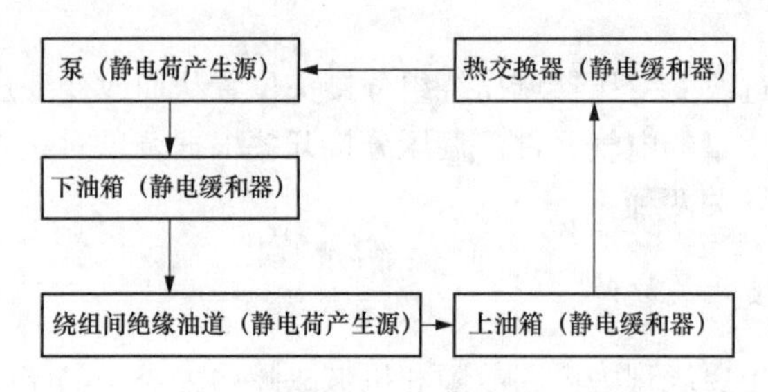

图 1-19　冷却系统中静电荷的产生和泄漏示意图

强迫油循环冷却的变压器中，绝缘油在冷却系统内流动时产生的剪切力使液/固界面双电层内的静电荷发生分离。油流带电受变压器油油流速度、温度、固体绝缘介质表面粗糙程度、变压器油老化程度、油中含水量以及交流电场等因素影响。

1.3　油中溶解气体分析及检测技术

目前，国内外绝大部分的油浸式电力设备均是以从石油中提炼出来的矿物绝缘油作为液体绝缘介质。矿物绝缘油在油浸式电力设备中主要起绝缘、散热冷却和灭弧的作用，同时又成为油浸电力设备运行状态信息的载体。从油浸式电力设备常见故障分析可知，任何一类故障的产生和发展都会导致设备内部正常运行状态的改变，同时伴随着绝缘介质性能的改变。目前，在开展变压器故障诊断时，单靠常规电气试验方法往往难以发现某些早期、局部的故障以及发热缺陷，而且开展电气试验需要在设备停运状态。但是通过开展变压器油中溶解气体检测及分析，不仅可以更加灵敏、快速地发现变压器内部某些潜伏性故障，及时对潜在故障的发展程度和趋势进行早期诊断、提前预警，而且此检测不需设备停电，检测方式更加方便和灵活。

1.3.1　油中溶解气体分析技术

油中溶解气体分析技术是一种利用检测油浸式电力设备中作为液体绝缘介质的绝缘油中的某几种特征故障气体的成分、含量来判断设备内部运行状态，即有无故障、故障类型、故障程度的一种检测分析技术。电力设备油中溶解气体分析技术包括油中溶解气体检测技术和油中溶解气体故障诊断技术。

变压器在正常运行条件下，绝缘油和纤维绝缘材料在充油电气设备中随着运行时间，绝缘材料会自然老化和分解，产生少量气体，如低分子碳氢化合物和氢气、二氧化碳、一氧化碳等。它们大部分能溶解于绝缘油中，当存在潜伏性的过热和放电故障时，气体的产气量和产气率将加大，气体的成分比例也会发生明显变化。因此可以根据故障特征气体的种类、含量、产生速率、气体比例等对油浸式电力设备内部是否发生故障、故障类型以及故障发展趋

势及严重程度做出准确的判断。实践证明，通过油中溶解气体分析来诊断电力变压器故障类型和严重程度是一种非常有效的方法。

油中溶解气体分析方法相比其他高压电气试验具有无需停电、快速检测、准确性高等特点，是准确判断油浸式高压电气设备内部状态最为重要的带电检测手段之一。

1.3.2 油中溶解气体检测技术

油中溶解气体检测的方法是开展油中溶解气体故障分析的前提条件。只有取得准确的检测数据才能及时发现设备内部故障隐患，对设备运行状态进行正确的判断与分析。通常选取对判断充油电气设备内部故障有价值的9种典型气体，即氢气（H_2）、甲烷（CH_4）、乙烷（C_2H_6）、乙烯（C_2H_4）、乙炔（C_2H_2）、一氧化碳（CO）、二氧化碳（CO_2），以及氧气（O_2）和氮气（N_2）进行检测。

油中溶解气体检测技术根据是否需要取样回实验室分为实验室（离线）检测与现场在线检测两种。

1.3.2.1 实验室油中溶解气体检测技术

在线油中溶解气体检测/监测装置出现前，实验室油中溶解气体检测技术是最为常用且唯一的检测技术。相对于在线油中溶解气体检测/监测技术而言，它需要现场取得待检设备油样后送回实验室进行进一步检测，因此也常称为离线检测。

目前实验室绝缘油中溶解气体检测分析是基于色谱分析原理。色谱分析是一种物理分离技术，于1903年由俄国植物学家茨维特提出。检测流程如下：当流动相中样品混合物经过固定相（色谱柱）时，会与固定相（色谱柱）发生作用，由于各组分在性质和结构上的差异，与固定相（色谱柱）相互作用的类型、强弱也有差异，因此，在流动相的作用下不同组分在固定相滞留时间长短不同，从而按先后不同的次序从固定相中流出；再利用不同检测器对分离出来的物质进行检测，根据检测器输出的信号强度对时间做图，得到色谱流出曲线，进行定性与定量分析。图1-20（a）中，A、B分别表示待分离的两种不同气体成分；图1-20（b）中，*OA*表示死时间，*OB*表示峰i保留时间，*C*、*H*点表示峰高一半处与色谱峰的两个交点。

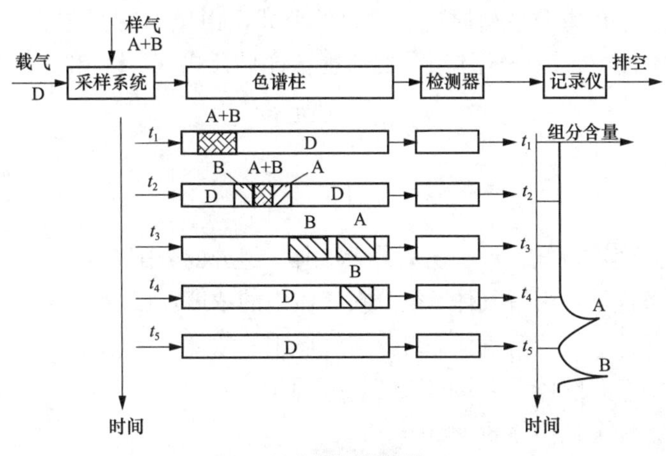

(a) 色谱分离原理图

图1-20 色谱分离及色谱曲线图（一）

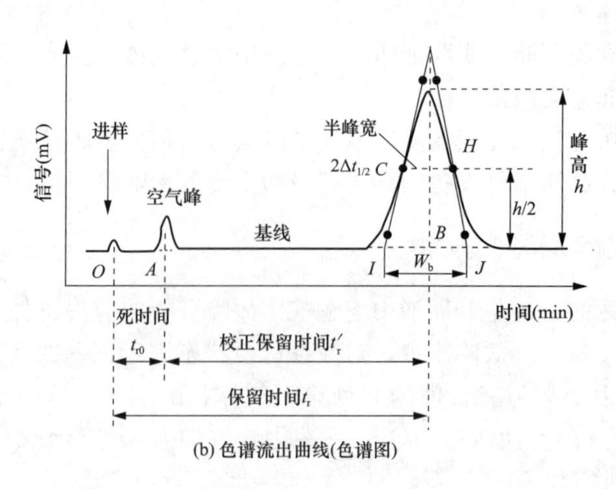

(b) 色谱流出曲线(色谱图)

图 1-20　色谱分离及色谱曲线图（二）

色谱法根据流动相的不同被分为气相色谱法和液相色谱法。实验室采用气相色谱法开展油中溶解气体检测。气相色谱法是一种以气体为流动相，采用色谱柱的物理分离分析技术。

实验室用于开展油中溶解气体检测的设备称为油中溶解气体气相色谱检测系统。系统主要包括油气分离装置、气相色谱仪、气体系统（载气、辅助气体）、混合标准气体、数据记录及处理装置（色谱工作站）五部分。

在实验室中开展油中溶解气体检测主要包含油气分离、仪器准备及标定、样品检测、定量计算四个步骤。

1. 油气分离

从现场采集到的待测设备样品油需要经过油气分离装置将溶解于绝缘油中的气体提取出来，从而得到包含故障特征气体的待测气样。通常实验室常用的脱气方法有基于分配原理的溶解平衡法和真空脱气法两种。

（1）顶空取气法（分配定律）。

本方法是基于分配原理的溶解平衡法，即在一恒温恒压条件下的油样与洗脱气体构成的密闭系统内，使油中溶解气体在气、液两相间达到分配平衡。通过测定气体相中各组分气体浓度，并根据分配定律和物料平衡原理所导出的公式，由奥斯特瓦尔德（Ostwald）系数计算出在该平衡条件下油中各溶解气体组分的浓度。详见公式（1-1）和（1-2）。

$$K_i = \frac{c_{i1}}{c_{ig}} \tag{1-1}$$

$$X_i = c_{ig}\left(K_i + \frac{V_g}{V_1}\right) \tag{1-2}$$

式中　K_i——试验温度下，气、液平衡后溶解气体 i 组分的分配系数（或称气体溶解系数）；

c_{i1}——平衡条件下，溶解气体 i 组分在液体中的浓度，μL/L；

c_{ig}——平衡条件下，溶解气体 i 组分在气体中的浓度，μL/L；

X_i——油样中溶解气体 i 组分的浓度，μL/L；

V_g——平衡条件下气体体积，mL；

V_1——平衡条件下液体体积，mL。

实验室通常用恒温定时振荡仪来实现。恒温定时振荡仪的主要技术参数包括：往复振荡

频率（275±5）次/min；振幅（35±3）mm；控温精确度±0.3℃；定时精确度±2min。脱气条件为50℃下振荡20min，静置10min。

(2) 变径活塞泵全脱气法（真空脱气法）。

它基于大气压与负压交替地对变径活塞的作用，是一种基本上能全脱气的真空法。由于真空与搅拌的作用，将少量氮气（或氩气）连续补入，使油中的溶解气体迅速析出及转移，提高了脱气率。

变径活塞泵脱气装置由变径活塞泵、脱气容器、磁力搅拌器和真空泵等构成。在一个密封的脱气室内借真空与搅拌作用，使油中溶解气体迅速析出；利用大气与负压交替对变径活塞施力，使活塞反复上下移动多次实现扩容脱气、压缩集气；连续补入少量氮气（或氩气）到脱气室的洗气技术，能加速气体转移，克服集气空间死体积对脱出气体收集程度的影响，提高了脱气率，从而实现以真空法为基本原理的全脱气。变径活塞泵脱气原理结构简图见图1-21。

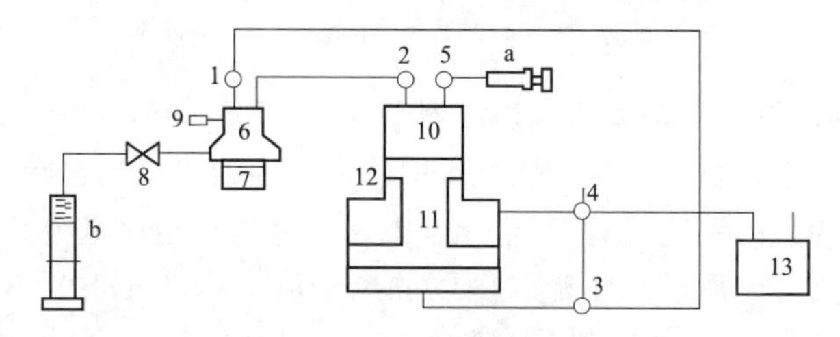

图1-21 变径活塞泵脱气原理结构简图

1，2，3，4，5—电磁阀；6—油杯（脱气室）；7—搅拌马达；8—进排油手阀；9—限量洗气管；10—集气室；11—变径活塞；12—缸体；13—真空泵；a—取气注射器；b—油样注射器

2. 仪器准备及标定

(1) 气相色谱仪。

实验室用于开展油中溶解气体检测的气相色谱仪包括以下四个部分：

a) 检测器：热导检测器（TCD），用于检测氢气、氧气、氮气；氢焰离子化检测器（FID），用于检测烃类、一氧化碳和二氧化碳气体；检测灵敏度应能满足油中溶解气体最小检测浓度的要求。烃类气体最小检测浓度为0.1μL/L，氢气最小检测浓度为2μL/L，一氧化碳最小检测浓度为5μL/L，二氧化碳最小检测浓度为10μL/L。

b) 镍触媒转化器：用于将一氧化碳和二氧化碳转化成甲烷进行检测。

c) 色谱柱：用于将从气体分离装置绝缘油中脱出的混合气体分离成单一气体组分。色谱仪要求对所检测组分的分离度应满足定量分析的要求。色谱柱对乙烯与乙烷气体组分的分离度应不小于0.97，对乙烷与乙炔气体组分的分离度应不小于1.0。

d) 气路：气相色谱仪的流动相及检测样品均为气体，载气推动样品气在色谱仪内按照检测顺序进行流动，常用载气有氮气或氩气；空气和氢气是FID检测器的辅助气体。

1) 热导检测器。在所有气体检测器中，热导检测器（Thermal Conductivity Detector，TCD）是利用被测组分和载气的热导系数不同而响应的非破坏性、浓度型检测器。对无机物和有机物均有响应，通用性好，是使用最为广泛的检测器之一。它基于电桥法测量电阻的原理，在未输入待测气体以前，电桥处于平衡状态，而当待测气体经过某测量臂（钨丝电阻）时，由于待测样品的导热系数与载气的导热系数不同，引起温度及阻值变化，从而使电桥有不平衡信号输出，反映了待测气体的数量。图1-22为热导检测器原理图。

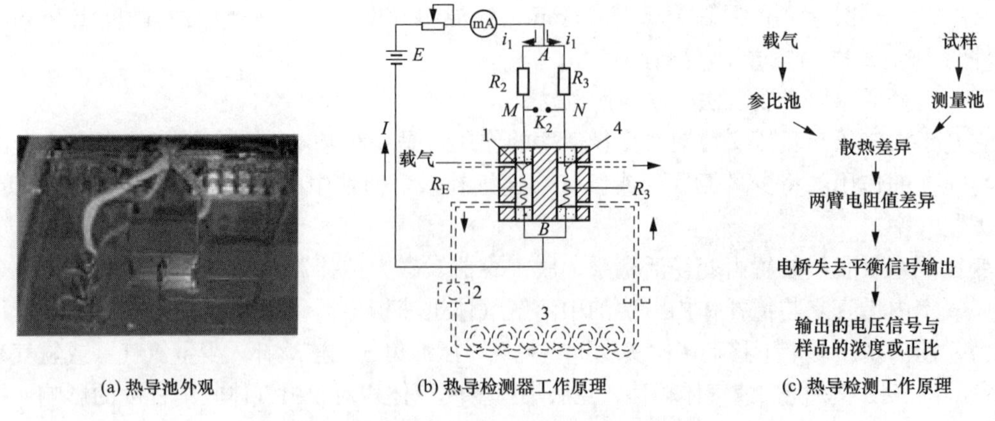

(a) 热导池外观　　(b) 热导检测器工作原理　　(c) 热导检测工作原理

图 1-22　热导检测器原理图

1—参比池腔；2—进样器；3—色谱柱；4—测量池腔

2）火焰离子化检测器。火焰离子化检测器（Flame Ionization Detector，FID）属于破坏性、质量型检测器。它是以氢气和空气燃烧生成的火焰为能源，当含碳有机物在氢火焰中燃烧（氧气作为氢火焰燃烧的助燃气），产生化学电离，电离产生比基流高几个数量级的离子，在高压电场的定向作用下，形成离子流，微弱的离子流（$10^{-12}\sim10^{-8}$ A）经过高阻（$10^6\sim10^{11}\,\Omega$）放大，成为与进入火焰的有机化合物量成正比的电信号，再根据信号大小进行定量分析。当用 FID 检测一氧化碳和二氧化碳气体时，必须先经过镍催化剂将其转化为甲烷，再由 FID 检测器进行检测。图 1-23 为火焰离子化检测器原理图。

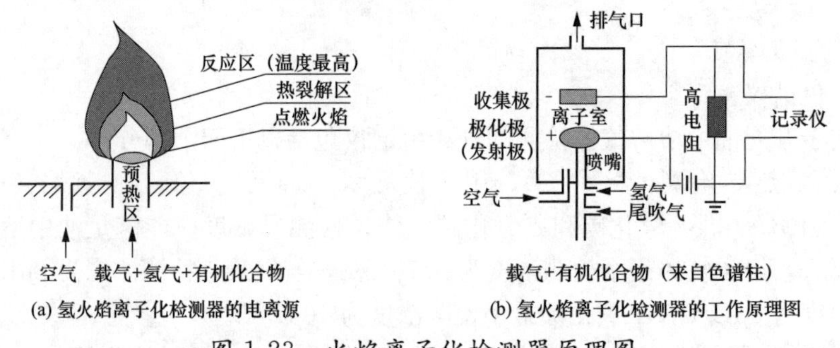

(a) 氢火焰离子化检测器的电离源　　(b) 氢火焰离子化检测器的工作原理图

图 1-23　火焰离子化检测器原理图

3）仪器气路流程。色谱仪常用气路流程如表 1-1 所示。

表 1-1　　色谱气路流程

序号	流程	说明
1	N_2(Ar) ○—进样Ⅰ—柱Ⅰ—FID；N_2(Ar) ○—TCD—进样Ⅱ—柱Ⅱ—TCD—Ni—FID；H_2 ○；Air ○	（1）分两次进样： 进样Ⅰ（FID）测烃类气体； 进样Ⅱ（TCD）测 H_2、O_2、N_2，（FID）测 CO、CO_2。 （2）此流程适合一般仪器。 （3）图中 Ni 表示镍触媒转化器，Air、N_2、Ar、H_2 分别表示空气、氮气、氩气和氢气

续表

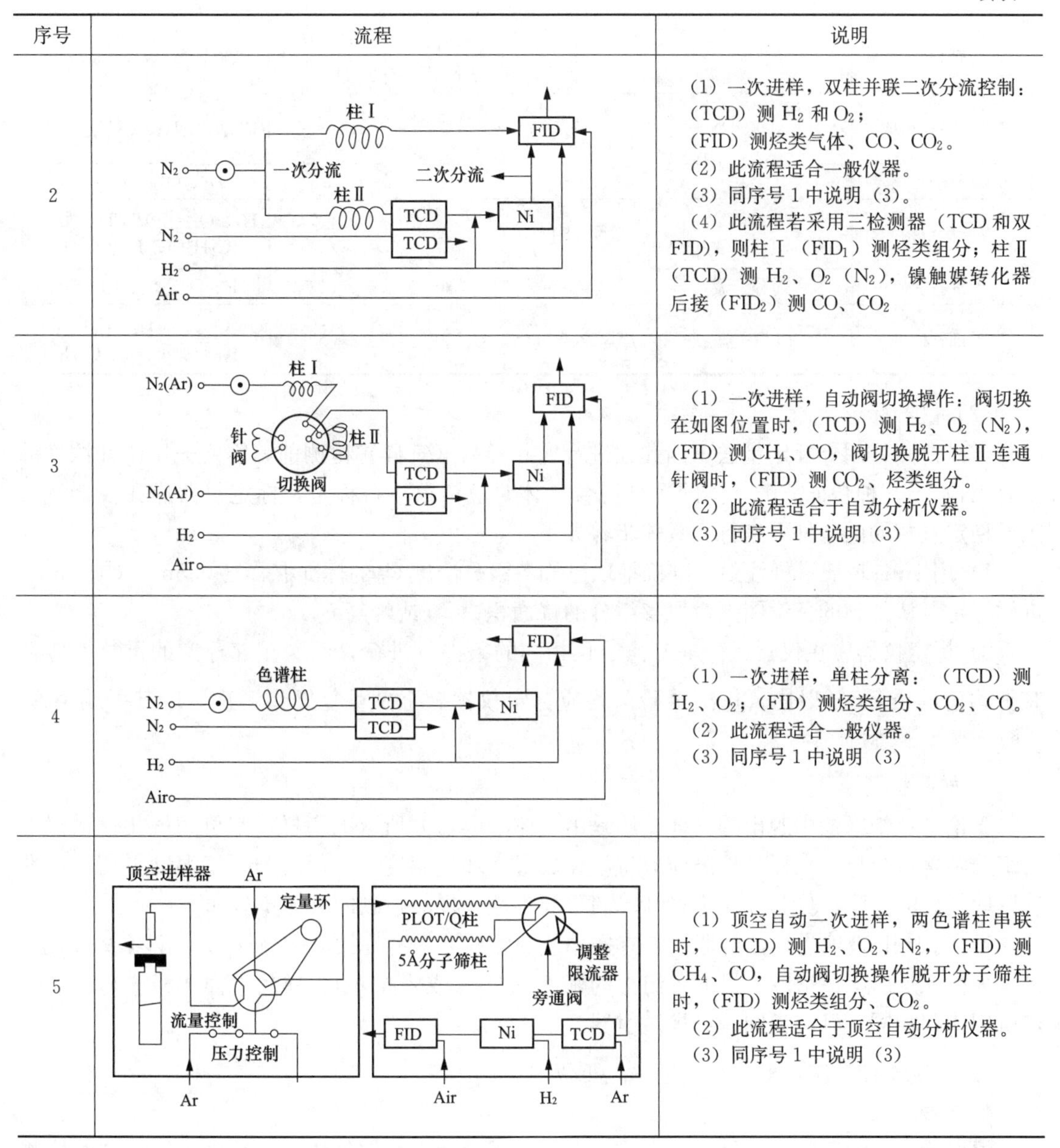

序号	流程	说明
2		(1) 一次进样，双柱并联二次分流控制：(TCD) 测 H_2 和 O_2；(FID) 测烃类气体、CO、CO_2。 (2) 此流程适合一般仪器。 (3) 同序号 1 中说明 (3)。 (4) 此流程若采用三检测器 (TCD 和双 FID)，则柱Ⅰ (FID_1) 测烃类组分；柱Ⅱ (TCD) 测 H_2、O_2 (N_2)，镍触媒转化器后接 (FID_2) 测 CO、CO_2
3		(1) 一次进样，自动阀切换操作：阀切换在如图位置时，(TCD) 测 H_2、O_2 (N_2)，(FID) 测 CH_4、CO，阀切换脱开柱Ⅱ连通针阀时，(FID) 测 CO_2、烃类组分。 (2) 此流程适合于自动分析仪器。 (3) 同序号 1 中说明 (3)
4		(1) 一次进样，单柱分离：(TCD) 测 H_2、O_2；(FID) 测烃类组分、CO_2、CO。 (2) 此流程适合一般仪器。 (3) 同序号 1 中说明 (3)
5		(1) 顶空自动一次进样，两色谱柱串联时，(TCD) 测 H_2、O_2、N_2，(FID) 测 CH_4、CO，自动阀切换操作脱开分子筛柱时，(FID) 测烃类组分、CO_2。 (2) 此流程适合于顶空自动分析仪器。 (3) 同序号 1 中说明 (3)

4）色谱柱。常用的固定相如表 1-2 所示。

表 1-2　　常用固定相的规格

种类	型号	规格	柱长 (m)	柱内径 (mm)	分析对象
分子筛	5Å，13X，色谱用	30 目～60 目	1～2	3	H_2、O_2、N_2(CO、CH_4)
活性炭	色谱用	40 目～60 目	0.7～1	3	CO、CO_2(H_2、Air)、H_2、O_2、CO、CO_2
		60 目～80 目	1	2	
硅胶	色谱用	60 目～80 目	2	3	CH_4、C_2H_6、C_2H_4、C_2H_2、C_3H_6、C_3H_8
		80 目～100 目			

续表

种类	型号	规格	柱长(m)	柱内径(mm)	分析对象
高分子多孔小球	GDX502	60目～80目	4	3	CH_4、C_2H_6、C_2H_4、C_2H_2
		80目～100目	3	2	
碳分子筛	TDX01	60目～80目	0.5～1	3	H_2、O_2、CO、CO_2
混合固定相	PorapkT：HayeSepDip为1：2.4	60目～80目	3	3	H_2、O_2、CO、CH_4、CO_2、C_2H_6、C_2H_4、C_2H_2
毛细管柱	5A分子筛	膜厚度50μm	30	0.53	H_2、O_2、N_2、CH_4、CO
毛细管柱	PLOT/Q	膜厚度40μm	30	0.53	CO_2、C_2H_2、C_2H_4、C_2H_6、C_3H_6、C_3H_8

（2）仪器标定。

样品检测采用外标定量法，因此在进行实际样品（气样）检测前，需要先用已知浓度的含有被检7～9种特征故障气体的标准混合气体对色谱仪进行标定，标定仪器应在仪器运行工况稳定且相同的条件下进行。具体步骤如下：

1）用1mL玻璃进样注射器准确抽取已知各组分浓度C_{is}的标准混合气0.5mL（或1mL）进样标定，从得到的色谱图上量取各组分的峰面积A_{is}（或峰高h_{is}）。

2）标定仪器应在仪器运行工况稳定且相同的条件下进行，两次相邻标定的重复性应在其平均值的±1.5%以内。每次试验前均应标定仪器。至少重复操作2次，取其平均值$\bar{A}_{is}$（或$\bar{h}_{is}$）。

3. 样品检测

无论是从绝缘油中脱出的气样，还是由气体继电器处所取的气样，都可用气相色谱仪进行组分和含量分析。在样品检测前应将气样放置在环境温度下，使之与环境温度平衡后再准确读取气样的体积，作为样品定量计算的重要参数。样品检测的具体步骤如下：

1）用1mL玻璃进样注射器从装有样品气的注射器中准确抽取样品气0.5mL（或1mL），进样分析，从所得色谱图上量取各组分的峰面积A_i（或峰高h_i）。样品进样体积应与仪器标定所用体积相同，且应为同一进样注射器。

2）重复操作2次，取其平均值$\bar{A}_i$（或$\bar{h}_i$）。

4. 定量计算

根据所采用的不同的油气分离方式，选择不同的油中溶解气体组分浓度计算公式对检测数据进行结果计算。

（1）采用机械振荡法的计算。

1）样品气和油样体积的校正。按式（1-3）和式（1-4）将在室温、试验压力下平衡的气样体积V_g和试油体积V_1分别校正为50℃、试验压力下的体积：

$$V'_g = V_g \times \frac{323}{273+t} \tag{1-3}$$

$$V'_1 = V_1 \times [1+0.0008\times(50-t)] \tag{1-4}$$

式中 V'_g——：50℃时试验压力下的平衡气体体积，mL；

V_g——室温t、试验压力下平衡气体体积，mL；

V_1'——50℃时油样体积，mL；

V_1——室温 t 时所取油样体积，mL；

t——试验时的室温，℃；

0.0008——油的热膨胀系数，℃$^{-1}$。

2）按式（1-5）计算油中溶解气体各组分的浓度：

$$X_i = 0.929 \times \frac{P}{101.3} \times c_{is} \times \frac{\bar{A}_i}{\bar{A}_{is}}\left(K_i + \frac{V_g'}{V_1'}\right) \tag{1-5}$$

式中 X_i——101.3kPa 和 293K（20℃）时，油中溶解气体 i 组分浓度，μL/L；

c_{is}——标准气中 i 组分浓度，μL/L；

$\bar{A}_i$——样品气中 i 组分的平均峰面积，mV·s；

$\bar{A}_{is}$——标准气中 i 组分的平均峰面积，mV·s；

V_g'——50℃时试验压力下的平衡气体体积，mL；

V_1'——50℃时的油样体积，mL；

P——试验时的大气压力，kPa；

0.929——油样中溶解气体浓度从 50℃校正到 20℃时的温度校正系数。

式中的 $\bar{A}_i$、$\bar{A}_{is}$ 也可用平均峰高 $\bar{h}_i$、$\bar{h}_{is}$ 代替。

50℃时国产矿物绝缘油中溶解气体各组分分配系数（K_i）见表 1-3。

表 1-3　50℃时国产矿物绝缘油的气体分配系数（K_i）

气体	K_i	气体	K_i	气体	K_i
氢（H_2）	0.06	一氧化碳（CO）	0.12	乙炔（C_2H_2）	1.02
氧（O_2）	0.17	二氧化碳（CO_2）	0.92	乙烯（C_2H_4）	1.46
氮（N_2）	0.09	甲烷（CH_4）	0.39	乙烷（C_2H_6）	2.30

注　对牌号或油种不明的油样，其溶解气体的分配系数不能确定时，可采用二次溶解平衡测定法。

（2）采用变径活塞泵全脱气法的结果计算。

1）样品气和油样体积的校正。按式（1-6）和式（1-7）将在室温、试验压力下的气体体积 V_g 和试油体积 V_1 分别校正为规定状况（20℃，101.3kPa）下的体积：

$$V_g'' = V_g \times \frac{P}{101.3} \times \frac{293}{273 + t} \tag{1-6}$$

$$V_1'' = V_1[1 + 0.0008 \times (20 - t)] \tag{1-7}$$

式中 V_g''——20℃、101.3kPa 状况下气体体积，mL；

V_g——室温 t、压力 P 时气体体积，mL；

P——试验时的大气压力，kPa；

V_1''——20℃下油样体积，mL；

V_1——室温 t 时油样体积，mL；

t——试验时的室温，℃。

2）按式（1-8）计算油中溶解气体各组分的浓度：

$$X_i = \frac{C_{is}}{R_i} \times \frac{\bar{A}_i}{\bar{A}_{is}} \times \frac{V_g''}{V_1''} \tag{1-8}$$

式中 X_i——油中溶解气体 i 组分浓度，$\mu L/L$；

C_{is}——标准气中 i 组分浓度，$\mu L/L$；

R_i——真空取气装置之组分的脱气率，%；

$\bar{A}_i$——样品气中 i 组分的平均峰面积，mV·s；

$\bar{A}_{is}$——标准气中 i 组分的平均峰面积，mV·s；

V''_g——20℃、101.3kPa 时气样体积，mL；

V''_l——20℃时油样体积，mL。

式中 $\bar{A}_i$、$\bar{A}_{is}$ 也可用平均峰高 $\bar{h}_i$、$\bar{h}_{is}$ 代替。

(3) 自由气体各组分浓度的计算。按式 (1-9) 计算自由气体各组分的浓度：

$$X_{ig} = C_{is} \times \frac{\bar{A}_{ig}}{\bar{A}_{is}} \tag{1-9}$$

式中 X_{ig}——自由气体中 i 组分浓度，$\mu L/L$；

C_{is}——标准气中 i 组分浓度，$\mu L/L$；

$\bar{A}_{ig}$——自由气体中 i 组分的平均峰面积，mV·s；

$\bar{A}_{is}$——标准气中 i 组分的平均峰面积，mV·s。

其中 $\bar{A}_{ig}$、$\bar{A}_{is}$ 也可用平均峰高 $\bar{h}_{ig}$、$\bar{h}_{is}$ 代替。

(4) 试验结果及精密度。取两次平行检测结果的算术平均值为测定值。

1) 重复性。

a) 油中溶解气体浓度大于 10μL/L 时，两次测定值之差应小于平均值的 10%。

b) 油中溶解气体浓度小于等于 10μL/L 时，两次测定值之差应小于平均值的 15%加 2 倍该组分气体最小检测浓度之和。

2) 再现性 R。两个试验室测定值之差的相对偏差：在油中溶解气体浓度大于 10μL/L 时，小于 15%；小于等于 10μL/L 时，小于 30%。

1.3.2.2 在线油中溶解气体检测/监测技术

油中溶解气体色谱在线监测技术最早在 20 世纪 80 年代初，由日本关西电力和三菱电机公司采用色谱分离技术研制出变压器油中自动分析装置并投入现场使用。我国从 20 世纪 90 年代初开始研制色谱在线监测装置，经过多年的探索与实践，油中溶解气体在线监测技术已日渐成熟且走向实用化阶段。在线油中溶解气体检测/监测技术避免了离线实验室检测中的人工取样、样品运输、实验室人工检测等环节，可以实现对被检设备的实时在线连续自动检测与跟踪，不仅提高了样品检测的及时性，而且节省了人工成本，提高了工作效率，降低了劳动强度。同时提高了设备状态诊断的及时性，特别是对一些潜伏性故障，可以在第一时间发现设备异常状态，从而及时预警，降低设备运行风险。在线油中溶解气体检测/监测技术已成为目前使用最为广泛和成熟的在线监测技术与手段之一。

油中溶解气体在线检测/监测技术主要涉及油气分离技术、气体检测技术、数据传输与控制技术以及与充油类设备连接等关键技术。油中溶解气体在线检测/监测技术通过油中溶解气体在线检测/监测装置来实现。图 1-24 给出了油中溶解气体在线检测/监测装置以及其与

被检设备和站端通信的连接示意图。

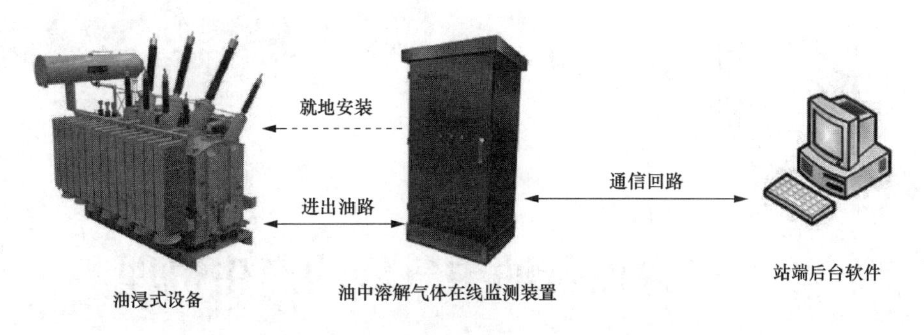

图 1-24 油中溶解气体在线监测装置

最早开发的油中溶解气体在线监测装置只能检测单一组分，如氢气，后来逐步可以对总可燃气体（TCG）及多组分气体开展气体含量检测。有些公司还在油中溶解气体在线监测装置中加入了油中微水含量的检测，进一步扩大了油中溶解气体在线监测装置的功能。随着国家电网有限公司状态检修工作的不断深入，越来越多的绝缘油中溶解气体在线监测装置被应用于电网中，特别是优先应用于高电压级等级（≥220kV 及以上）主变压器以及低电压等级的枢纽变电站内的变压器中。新建的 220kV 电压等级及以上变电站中，油中溶解气体在线监测装置已成为典型设计并随变压器同时采购。目前，绝缘油中溶解气体在线监测装置可检测绝缘油中 7 种故障特征气体（氢气、甲烷、乙烷、乙炔、乙烯、一氧化碳和二氧化碳）。

随着变电站智能化技术的不断深入，绝缘油色谱中气体在线监测技术将从单纯的以实现在线绝缘油色谱中气体数据检测的准确性向在线检测数据的分析处理以及与其他在线监测信息与变电站自动化技术相融合，综合利用各种带电检测和电气检测数据，智能诊断和分析设备运行状态。

目前，油中气体检测技术已从传统的实验室人工检测逐步发展到现场自动采集与检测的绝缘油中溶解气体在线检测/监测装置。用于现场的绝缘油中气体在线检测/监测装置为了满足体积小、检测周期短、自动数据传输、便于维护等要求，其脱气方法、检测原理等都已与实验室油中溶解气体检测方法存在一定的差异。在线油中溶解气体监测技术及装置将在第九章进行详细介绍。

1.3.3 油中溶解气体故障诊断技术

无论是通过在线或是实验室检测得到的油中溶解气体检测数据，最终是用于判断被测设备内部的运行状态。矿物绝缘油电力变压器已有近一百年的运行经验，通过油中溶解气体判断其状态的分析诊断方法均已成熟，主要包括三比值、四比值法、二比值法、杜威（Duval）法、德国四比值法、溶解气体解释表、大卫三角形法、气体组分谱图法、日本电协研法等。油中溶解气体的故障诊断技术将在第 3、4 章进行详细介绍。

2　电力设备油中气体的产生机理

2.1　电力设备的绝缘构成

油浸变压器的绝缘材料主要是绝缘油和油浸纸。

矿物绝缘油是天然石油经过蒸馏、精炼而获得的一种矿物油。石油存在于地下多孔的储油构造中，由古地质年代的有机物质沉积后，经过长期物理、化学变化而生成的混合物，与煤一样属于化石燃料。来源于矿物绝缘油的变压器油的性能在一定程度上与石油的特性密切关系。

绝缘纸、绝缘纸板等都以木浆为原料，从化学组成来说，是由纤维素、木质素、半纤维素及各种微量金属等物质所组成的，其中主要成分是纤维素。

2.1.1　绝缘油的化学构成

变压器油是天然石油经过蒸馏、提炼得到的一种矿物油。它是由各种碳氢化合物组成的化合物，其中，碳、氢两种元素占其全部质量的95%～99%，其余元素如硫、氮、氧和极少量的金属元素等。石油基碳氢化合物含有这三种类型的烃化合物，如环烷烃、烷烃、芳香烃等成分。在变压器油中，不同烃类气体的性能是各不相同的。

(1) 环烷烃具有较为稳定的化学性能和介电稳定性，其黏度随着温度的变化较小。

(2) 芳香烃有较好的化学性能和介电稳定性。芳香烃易燃，在电场作用下不析出气体，反而吸收气体；但随着含量的增大，其凝固点增高，且在电弧作用下，会生成较多的碳粒，导致油的电气性能降低。

(3) 环烷烃中的石蜡烃有稳定的化学性能，它容易使油凝固，但在电场的作用下容易产生电离而析出气体，形成树枝形状的X蜡，使油的导热性能发生变化。

物质原子以化学键联系构成分子，造成物质差别的主要因素是化学键及其键合方式。

2.1.1.1　烷烃

烷烃又称石蜡烃，同系物的化学通式为C_nH_{2n+2}（n为大于1的整数），是一类饱和的直链和支链烃化合物，分子结构见图2-1。烷烃分子的碳原子之间以单键结合，其余的价键都与氢结合。

分子中碳原子连成直链状的烷烃称为正构烷烃，直链上带支链的称为异构烷烃。最简单的烷烃是CH_4、C_2H_6、C_3H_8、C_4H_{10}等。常温下，C_1～C_4烷烃是气体；C_5～C_{15}烷烃是液

体，是原油的主要成分；C_{16}以上的烷烃是固体，悬浮在原油中。由于烷烃所有的碳链都完全达到了饱和状态，因此有较稳定的化学安定性、高闪点和其他优越的性能。但是，在高温或催化剂的作用下，可以被氧气氧化，发生断链。在无氧且加热到400℃以下时，烷烃分子将断裂，亦称烷烃裂化。裂化将生成小分子烷烃和烯烃。烷烃在无氧且加热至700℃以上时，会发生深度裂化或称为裂解，其主要产物是低分子烯烃。所以，在绝缘油的烃类中，烷烃的热稳定性是最差的。烷烃的抗氧化安定性比环烷烃差，但对抗氧化剂的感受性较好，仍是作为绝缘油的良好成分。烷烃含量超过25%～30%的原油称为烷基（或称石蜡基）原油。

```
     H    H    H              H    H    H
     |    |    |              |    |    |
  — C — C — C —(CH2)n— C — C — C — H
     |    |    |              |    |    |
     H    H    H              H    H    H
```

(a) 直链正烷烃

```
                                                    CH3 CH3
                                                      \ /
     H   CH3   H      H      H                   H — C      H
     |    |    |      |      |                       |      |
H — C — C — C  —  C  — C —(CH2)n— C  — C — H
     |    |    |      |      |                       |      |
     H    H    H  H — C — H  H                       H      H
                      |
                     CH3
```

(b) 支链异烷烃

图 2-1 烷烃分子结构

2.1.1.2 环烷烃

环烷烃是饱和的5个或6个碳原子的环烃类化合物，其碳原子以单键连成环状，其余价键与氢原子相结合。其化学通式为C_nH_{2n}、C_nH_{2n-2}、C_nH_{2n-4}（$n \geqslant 3$）。它的结构比较复杂，有单环、双环和多环，依其分子量的不同，可能会带有烷烃侧链，见图2-2，也有可能在一个分子中有若干个饱和环，它们带有与烷烃链相连接的侧链。这类分子中具有的环烷烃特性的强弱决定了分子中环烷烃的环数多于烷烃侧链的程度。三元和四元环烷烃的化学性质比较活泼，五元以上环烷烃的性质与烷烃相似，比较稳定。但是，它在高温、催化剂的作用下，也可被氧气氧化，生成醇、酸类产物，不过比烷烃要难些。所以，环烷烃的热稳定性比烷烃优越。环烷烃存在于绝缘油中能使该油具有良好的介电性能及抗氧化安定性。并且，它对抗氧化剂也有良好的感受性。

环烷烃几乎是一切原油的主要成分。由于环烷烃具有较高的抗爆性、低凝点及较好的润滑性，会使制得的油品具有良好的热安定性，是电力用油的主要理想成分之一。原油中含有75%～83%的环烷烃称为环烷基原油。

```
          H    H
           \  /   H    H    H              CH3
    H       C     |    |    |               |
     \    /   \   |    |    |               |
       C        C — C — C —(CH2)n— C — CH3
     /  |          |   |    |               |
    H   |          |   H    H               H
    H   |          |
     \  |          |  H
       C          C /
     /   \      /   \
    H       C         H
            |  \
            |   H
       H — C — H
            |
           CH3
```

图 2-2 有烷烃链的环已烷分子结构

2.1.1.3　链烯烃（非饱和化合物）

如果烷烃和环烷烃的氢原子数不足，则其碳原子的四个键就不都是饱和的，相邻的两个碳原子之间有一个双链（见图 2-3）的称为链烯烃。由于这类化合物为双链结构，故化学稳定性比烷烃低。一般原油中不含不饱和烃，但原油裂化过程及高温热解产物中有一定含量。烯烃的特征是分子中含有碳碳双键 C=C，是一种不饱和烃。其化学通式为 C_nH_{2n}。最简单的烯烃是 C_2H_4、C_3H_6 等。

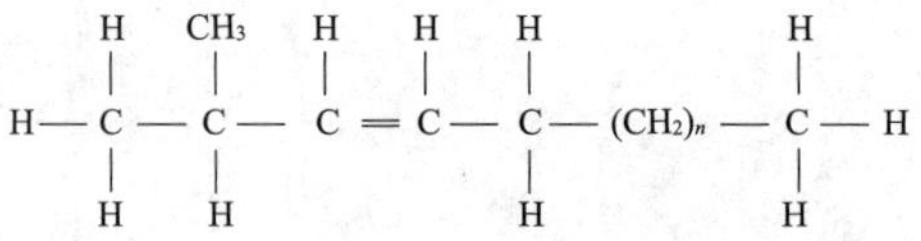

```
     H    CH3    H     H     H                H
     |     |     |     |     |                |
H —  C  —  C  —  C  =  C  —  C  — (CH2)n  —  C  — H
     |     |                 |                |
     H     H                 H                H
```

图 2-3　链烯烃双键分子结构

常温下，C_2～C_4 烯烃是气体，C_5 以上是液体，高分子烯烃是固体。烯烃化学性质活泼，可与多种物质发生反应。

2.1.1.4　芳香烃

所有原油中都含有芳香族化合物，它们是由苯和少量的缩合环（如萘）衍生而成的。芳香烃的分子通式为 C_nH_{2n-6}、C_nH_{2n-12} 等。芳香烃分子中都含有苯环，苯（C_6H_6）是芳香烃中最基本的化合物。芳香烃根据分子中所含苯的数目分为单环和多环两大类。单环芳香烃包括苯及苯的同系物等。多环芳香烃有苯环之间以一个单键相连的联苯类；以苯环取代了脂肪烃分子中的氢原子的多苯代脂肪烃类；以及两个或两个以上苯环彼此共用两个相邻碳原子连接起来的稠环芳香烃类等。

芳香烃分为对称的烃（如苯、萘、蒽），如带侧链的芳香烃（如甲苯）。在同一分子中，环烷烃环、烷烃链和芳香环也可能是同时相互连接的，见图 2-4。芳香烃比环烷烃化学性质活泼，它们的活泼程度完全由侧链的数量和大小决定。原油中芳香烃的含量约为 14%～30%。芳香烃与链烯烃一样，也是非饱和化合物。但是，由于芳香烃的环为共轭双链结构，所以芳香烃在化学特性上比链烯烃稳定一些。

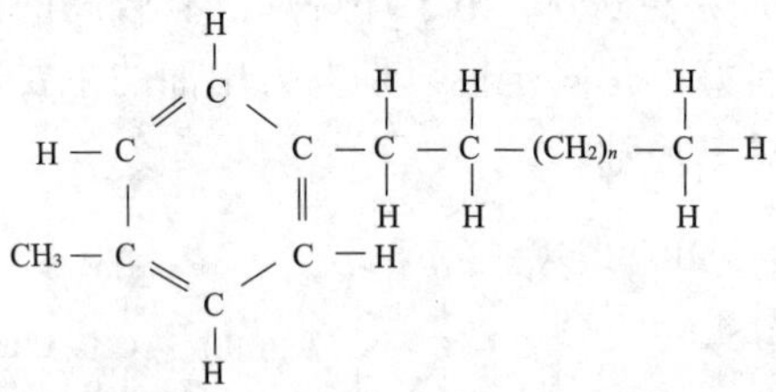

```
            H
            |
            C            H    H                 H
         //    \         |    |                 |
  H — C          C  —  C  —  C  — (CH2)n  —  C  — H
      |          ||      |    |                 |
      |          ||      H    H                 H
CH3 — C          C — H
         \\    /
            C
            |
            H
```

图 2-4　芳香烃和烷烃链连接的分子结构

由于多环芳香烃在化学结构上具有不饱和的双键，因此稳定性较差，而且环数越多，稳定性越低，不饱和性越强。如果变压器油中多环芳香烃含量过大，油的闪点就会降低，易着火。此外，多环芳香烃的不稳定性又能提高变压器油运行中的延缓氧化和抵抗酸价的能力。多环芳香烃的另一个用途是它能代替液体电介质中的一种添加剂——电压稳定剂，从而起到稳定电压的作用。电压稳定剂在变压器油中能吸收能量、分散电场强度、降低气泡游离电场。一般认为它能捕获电介质中的高能离子或高能电子，把局部高场强引发出来的高能离子或高能电子变成低能离子或低能电子，其捕获过程如图 2-5 所示。在多环芳香烃中，芘、苊、萤蒽等烃的示性电压（DNCV）值均在 10～25kV 或以上，具有很好的电压稳定作用，可以有效延缓油老化过程。

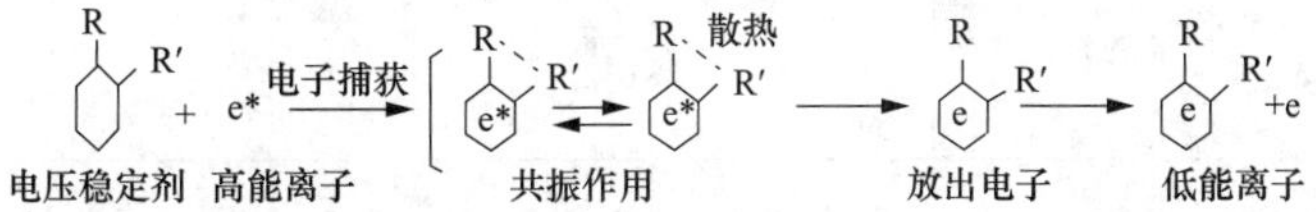

图 2-5 电压稳定剂捕获高能离子示意图

在一定条件下，芳香烃加氧可生成相应的环烷烃。多环芳香烃易被氧化生成酸及胶状物等。芳香烃的苯环在 1000℃以上时才可开环分解，其热稳定性最好。它在绝缘油中起天然抗氧化剂的作用，有利于改善油的抗氧化安定性与介电稳定性，并具有吸气性能，对改善绝缘油析气性有重要的作用。但是，油中芳香烃成分太多时，将使油的安定性差，因此，使绝缘油氧化最少且无析气性的芳香烃含量即为最佳含量。

此外绝缘油中一般不含炔烃，但在电弧作用下，油的分解物产物中会有低分子炔烃，如乙炔。炔烃的化学通式为 C_nH_{2n-2}，它的碳碳之间存在叁键 C≡C，也是不饱和烃，化学性质也比较活泼。如果绝缘油中存在烯烃和炔烃，将会大大降低其抗氧化能力，因此，在绝缘油精制过程中，应尽量除去。

2.1.1.5 碳型结构

上述烃类在绝缘油中并不是单独存在的，而是两种或三种烃类结合成一个分子，如图 2-6 所示。

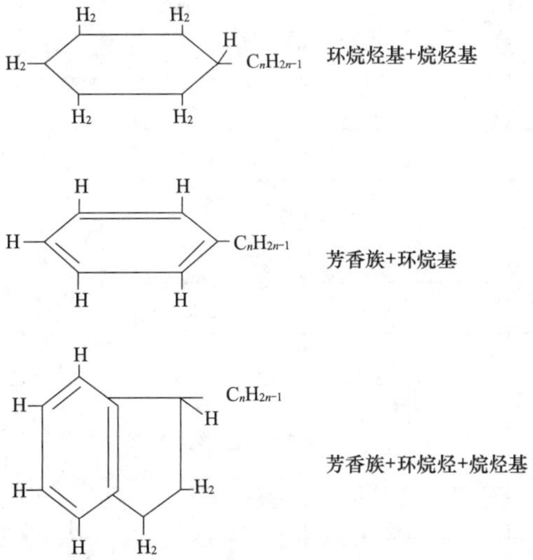

图 2-6 碳氢化合物结合的实例

通常人们所称的环烷烃系矿物油和烷烃系矿物油，也并非严格地由环烷烃化合物或烷烃化合物分别组成。表 2-1 为这两种矿物油成分的例子。从这个例子可以看出，即使称为环烷烃系矿物绝缘油，其中含环烷烃化合物的比例也只有 40%左右。一般新变压器油的分子量在 270～310 之间变化，每个分子的碳原子数为 19～23，其化学组成至少包含 50%的烷烃、10%～40%环烷烃及 5%～15%的芳香烃。

表 2-1　　矿物油成分对比

成分＼油的种类	环烷烃系	烷烃系
环烷烃环	41.9%	25.0%
烷烃环	46.2%	61.4%
芳香烃环	11.9%	13.6%

注　表中数值表示各成分中碳原子数的百分比。

变压器油的原油选择以石蜡基原油和环烷基原油为主。目前划分环烷基变压器油还是石蜡基变压器油最通行的方法是碳型结构（也称之为结构族组成）分析。碳型结构是将组成复杂的变压器油看成是由芳烃（以⬡为特征单元）、环烷烃（以五元环⬠为特征单元）和长直链及支链饱和烃（以┼ C—C—・・・┼ 为基本单元）这三种结构组成的单一分子，其中 C_A%值是指芳环上的碳原子占整个分子总碳数的百分数，C_N%值是指环烷环上的碳原子占整个分子总碳数的百分数，C_P%值是指链烷上的碳原子占整个分子总碳数的百分数。目前碳型结构可以用 ASTM D3238（n-d-M 法）、ASTM D2140（n-d-v 法）和 IEC 590（红外光谱法）等方法分析得到。按碳型分布，变压器油的分类为：若基础油 C_P%<50，则为环烷基变压器油；若基础油 C_P%=50～56，则为中间基变压器油；若基础油 C_P%>56，则为石蜡基变压器油。典型变压器油碳型结构见表 2-2。

表 2-2　　国内外典型变压器油碳型结构（ASTM D2140）

油名及生产厂家	碳型结构			基属
	芳烃（C_A%）	环烷烃（C_N%）	烷烃（C_P%）	
克拉玛依普通变压器油	5	48	47	环烷基
克拉玛依超高压变压器油	7	16	47	环烷基
大连变压器油	4	30	66	石蜡基
辽河普通变压器油	6.5	48	45.5	环烷基
大庆异构化变压器油	0	32	68	石蜡基
兰州变压器油	10	34	56	中间基
Nynas 公司 nytro10GBN	10	44	46	环烷基
Nynas 公司 nytro10GBX	9	45	46	环烷基
SHELL 公司 Daila GX	11	44	45	环烷基
SHELL 公司 Daila AX	7	47	46	环烷基

当充油电气设备内部发生故障时，故障所释放出的能量将使绝缘油裂解，产生一些低分子烃类气体。表 2-3 列举了这些烃类气体的化学结构式和常用符号。

表 2-3　　　　烃类气体的化学结构

类别	烷烃			烯烃		炔烃
化学通式	C_nH_{2n+2}			C_nH_{2n}		C_nH_{2n-2}
定义	无双键的饱和烃			有双键的不饱和烃		有叁键的不饱和烃
结构式举例	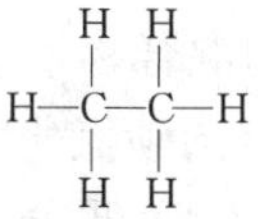 H H H—C—C—H H H 乙烷			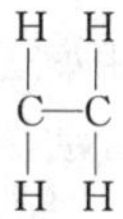 H H C—C H H 乙烯		H—C≡C—H 乙炔
名称	甲烷	乙烷	丙烷	乙烯	丙烯	乙炔
分子式	CH_4	C_2H_6	C_3H_8	C_2H_4	C_3H_6	C_2H_2

2.1.2　纸绝缘材料的化学构成

变压器的纸绝缘属于纤维素绝缘材料，它是由大约75%～85%的α-纤维素，10%～20%半纤维素、2%～6%的木质素、小于0.5%的无机物等构成。绝缘纸的主要成分是α—纤维素，它是由葡萄糖基借1-4配糖链连接起来的聚合度达2000的长链状高聚合碳氢化合物，其中约有70%的结晶部分和30%的无定型部分，其化学通式为（$C_6H_{10}O_5$）n，其中n为聚合度。绝缘纸的第二种重要成分是半纤维素，它是葡萄糖单体少于200的碳氢化合物，这种成分的少量存在会对机械强度有不利影响。

纤维素是由葡萄酐和糖苷键所连接在一起的线性缩合聚合物，它的结构图如图2-7和图2-8所示。从图2-8所示的结构可知，纤维素分子呈链状，是主链中含有六节环的线型高分子化合物，含有羟基，即每一链节中有3个羟基得以生成氢键。由于长链互相之间的氢键引力和摩擦力，使纤维素有很大的强度和弹性，即机械性能良好。纤维素耐油和不溶，宏观结构纤维呈管状，纤维之间呈多孔状，因此具有透气性、吸湿性和吸油性。未浸油时，它的击穿电场强度、机械强度和耐热性均不高，但浸油后电性能非常好。

电气设备用的绝缘纸是尽量除去极性物质的高质量纸，其杂质如木质、糖类、无机盐等的总量不超过百分之几。在绝缘纸的制造中，主要采用未漂白的针叶木硫酸盐纸浆。硫酸盐纸浆被加工成不同密度的绝缘纸。工程中可以加入各种含氮化合物来改善纤维素的老化特性。

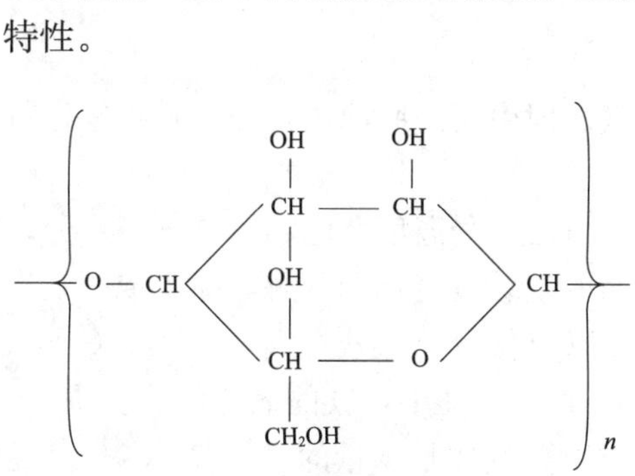

图2-7　纤维素分子结构

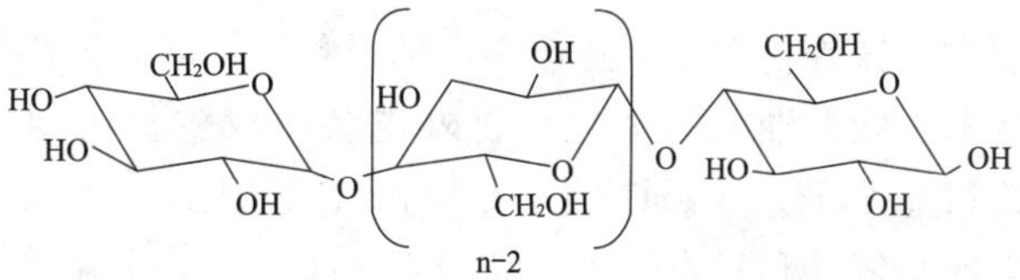

图2-8　纤维素的结构图

2.2　变压器油中溶解气体的来源

变压器油中溶解气体主要来源于变压器油的分解、固体纸绝缘材料的分解以及其他气体三大部分。

变压器油是由许多不同分子量的碳氢化合物分子组成的混合物，电或热故障可以使某些C-H键和C-C键断裂，伴随生成少量活泼的氢原子和不稳定的碳氢化合物的自由基。这些氢原子或自由基通过复杂的化学反应迅速重新化合，形成H_2和低分子烃类气体，如CH_4、C_2H_6、C_2H_4、C_2H_2等，也可能生成碳的固体颗粒及碳氢聚合物（X-蜡）。油的氧化还会生成少量的CO和CO_2，长时间的累积可达显著数量。

变压器内的固体纸纤维素绝缘材料，其中的C-O键及葡萄糖甙键的热稳定性比油的C-H键还要弱，高于105℃时聚合物就会裂解，高于300℃时就会完全裂解和碳化。聚合物裂解在生成水的同时，生成大量的CO和CO_2、少量低分子烃类气体，以及糠醛及其系列化合物。

变压器油中溶解气体的组分主要有氮气、氧气、氢气、甲烷、乙烷、乙烯、乙炔、丙烷、丙烯、一氧化碳、二氧化碳等。这些气体主要由以下几个途径产生：①空气的溶解；②正常运行中产生的气体；③变压器故障运行中产生的气体；④气体的其它来源。

2.2.1　空气的溶解

变压器在其制造、运输和储存过程中会与大气接触，吸收空气。对采用强油循环的变压器，因油泵的空穴作用和管路密封不严等会混入空气。一般，变压器油中溶解气体的主要成分是氮气和氧气，且通常来源于空气。在103.3kPa、25℃时，空气在油中溶解的饱和含量约为10%（体积比），但其组成与空气不一样。空气中的氮气占79%，氧气占20%，其他气体占1%。而油中溶解的空气中氮气占71%，氧气占28%，其他气体占1%。其原因是氧气在变压器油中的溶解度（0.156）比氮气（0.085）大。空气在变压器油中的溶解量与变压器密封程度有很大的关系，即：设备密封良好，运行中油的含气量可控制在标准数值范围之内，否则，油中含气量会随着时间的推移而增长，甚至达到饱和状态，即油中含气量可达10%左右。另外，充氮运输以及用氮气密封的变压器中通常会含有较高含量的氮气。

2.2.2　正常运行中产生的气体

正常运行变压器油中的溶解气体主要是氮气和氧气。但由于一些原因，即使是正常运行的变压器其油中也会含有故障特征气体。

变压器在正常运行中，内部的绝缘油和固体绝缘材料由于受温度、电场、氧气、水分以及铜、铁等材料的催化作用，随设备运行时间的增加而发生缓慢老化和分解，除生成一定量的酸、脂、油泥等劣化产物外也会生成少量的氢气，以及低分子烃类气体（CH_4、C_2H_4、C_2H_6、C_2H_2、C_3H_6、C_3H_8）和碳的氧化物（CO、CO_2）等。其中，碳的氧化物成分最多，其次是氢气和烃类气体。纤维纸板正常老化分解产生的主要气体是少量的CO和CO_2，其比值在7～10倍。油中CO和CO_2含量与变压器的绝缘材料性质、运行年限、负荷及油保护方式有关，开放式变压器油中的CO含量一般低于300μL/L，对储油柜中带有隔膜（或胶囊）

的密封式变压器，其油中 CO 含量一般均高于开放式变压器。

因此，在变压器正式投运前，绝缘油中就可能含有少量氢气以及低分子烃类气体和碳氧化物气体。通过对运行中正常产气设备的统计分析，发现油中气体在运行前第 1 年增长最快，以后气体增长速率会很快下降，3～4 年后基本趋于稳定。

2.2.3 变压器故障运行中产生的气体

当变压器内部存在或出现某种故障时，故障点附近的绝缘油和固体绝缘材料在热（电流效应）或电（电压效应）故障作用下裂（分）解产生气体。故障点产生的气体组分与含量主要由故障点的故障类型、故障能量以及涉及的绝缘材料决定。

2.2.4 气体的其它来源

在某些情况下，有些气体可能不是设备故障所造成的，如：

(1) 油中含有水，可以与铁作用生成氢气。

(2) 过热的铁心层间油膜裂解生成氢气。

(3) 在温度较高、油中有溶解氧时，设备中某些油漆（醇酸树脂）在某些不锈钢的催化下，可能生成大量的氢气，或者不锈钢与油的催化反应也可生成大量的氢气。

(4) 新的不锈钢中也可能在加工过程中吸附氢或焊接时产生氢气，在运行中逐渐释放到油中。

(5) 在制造厂干燥、浸渍及电气试验过程中，绝缘材料受热和电应力的作用产生的气体被多孔性纤维材料吸附，残留于线圈和纸板内，其后在运行时溶解于油中。

(6) 故障处理后的设备，即使对油进行了脱气处理，但以前发生故障所产生的气体仍有少量被纤维材料吸附并渐渐释放到油中。

(7) 有些改型的聚酰亚胺型绝缘材料与油接触也可生成某些特征气体。

(8) 油在阳光照射下可以生成某些特征气体。

(9) 油在精炼过程中可能形成少量气体，在脱气时未完全除去。

(10) 有载调压变压器切换开关油室的油向变压器主油箱渗漏，选择开关在某个位置动作时（如极性转换时）形成电火花，会使变压器本体油中出现乙炔气体。

(11) 安装时，设备热油循环处理过程中产生一定量的 CO_2 气体，甚至少量的 CH_4 等气体。

(12) 冷却系统附属设备（如潜油泵）故障产生的气体也会进入到变压器本体油中。

(13) 在变压器本体油箱或辅助设备上施焊时，即使不带油，但箱壁残油受热也会分解产气。

这些气体的存在一般不影响设备的正常运行，但当利用气体分析结果确定设备内部是否存在故障及其严重程度时，应特别注意这些非故障气体的干扰可能引起的误判断。

2.3 绝缘材料的产气机理及其影响因素

变压器油和固体绝缘材料在热性或电性故障作用下分解产生的气体多达 20 余种，目前对变压器故障诊断有价值的气体主要有 H_2、CH_4、C_2H_4、C_2H_6、C_2H_2、CO、CO_2、O_2 和

N_2 9种。

2.3.1 油纸绝缘材料分解产气的机理

绝缘油在使用过程中，因受温度、电场、氧气以及水分和金属等的作用，发生氧化、裂解与碳化等反应，生成某些氧化产物及其缩合物——油泥，产生氢及低分子烃类气体和固体X蜡等。这一过程称为油的劣化。

绝缘油劣化反应过程如式（2-1）：

$$RH + e \rightarrow R^{\cdot} + H^{\cdot} \tag{2-1}$$

其中 e 为作用于油分子RH的能量，$R^{\cdot}$ 和 $H^{\cdot}$ 分别为R和H的游离基。游离基是极其活泼的基团。以上游离基与油中氧作用生成更活泼的游离基——过氧化基，即式（2-2）和式（2-3）：

$$R^{\cdot} + O_2 \rightarrow ROO^{\cdot} \quad (\text{过氧化基}) \tag{2-2}$$

$$H^{\cdot} + H^{\cdot} \rightarrow H_2 \tag{2-3}$$

过氧化基继续对烃类作用，生成过氧化氢物，见式（2-4）：

$$ROO^{\cdot} + RH \rightarrow ROOH + R^{\cdot} \tag{2-4}$$

这里所生成的过氧化氢也是极不稳定的，它可分解成两个游离基，即 $ROO^{\cdot}$ 和 $OH^{\cdot}$，使氧化反应继续下去。这种以游离基为活化中心的反应就称为链式反应。一旦劣化开始，在有游离基存在的情况下，即使外界不供给什么能量也能把反应自动持续下去，且反应速度越来越快。只有加入抗氧化剂（惰性基团）使反应链断裂，氧化反应才得以终止。实验证明，绝缘油未加抗氧化剂时产气速率若为100%，则有抗氧化剂时的产气速率仅为26.9%。这就证明，抗氧化剂对链式反应是有抑制作用的。

上述 $ROO^{\cdot}$、$R^{\cdot}$ 也会继续反应，如式（2-5）和式（2-6）：

$$ROO^{\cdot} + R^{\cdot} \rightarrow ROOR \quad (\text{过氧化物}) \tag{2-5}$$

$$ROO^{\cdot} + RO_2 \rightarrow ROOR(\text{过氧化物}) + O_2 \tag{2-6}$$

或式（2-7）和式（2-8）：

$$ROO^{\cdot} + RO_2 \rightarrow R - R + O_2 \tag{2-7}$$

$$R^{\cdot} + R^{\cdot} \rightarrow R - R \tag{2-8}$$

过氧化物再经式（2-9）～式（2-12）的反应：

$$ROOH \rightarrow RO^{\cdot} + OH \tag{2-9}$$

$$R^{\cdot} + RH \rightarrow ROH + R^{\cdot} \tag{2-10}$$

$$ROH \xrightarrow{\text{氧化}} RCHO \xrightarrow{\text{氧化}} RCOOH \tag{2-11}$$

$$RCOR \xrightarrow{\text{氧化}} RCOOH \tag{2-12}$$

此外，在无氧气参加反应时，RH也会生成低分子烃类，如以丙烷（C_3H_8）为例见式（2-13）和式（2-14）：

$$C_3H_8 \rightarrow C_2H_4 + CH_4 \tag{2-13}$$

$$2C_3H_8 \rightarrow 2C_2H_6 + C_2H_4 \tag{2-14}$$

绝缘油在受高电场能量的作用时，即使温度较低，也会分解产气。表2-4为25～30℃时，在130kV/cm的电场作用下绝缘油的产气成分。

表 2-4　　25～30℃时在 130kV/cm 的电场下绝缘油产气成分（体积%）

编号	CH_4	C_2H_6	C_2H_4	C_2H_2
1	3.3	1.7	1.9	3.0
2	2.2	1.4	2.3	2.4
3	3.72	1.01	1.61	1.42

绝缘油电劣化产气机理，仍基于电场能量使油中发生和发展游离基链式反应的理论，在绝缘油中溶解的气体在电场作用下将发生游离。气体游离过程中要释放出高能电子，它与油分子发生碰撞，有可能 C-H 或 C-C 链把其中的 H 原子或 CH_3 原子团游离出来，形成游离基，促使产生二次气泡。例如：若以 e^* 表示电场能量，其化学反应式见式（2-15）～式（2-17）：

$$CH_4 + e^* \rightarrow CH_3^{\cdot} + H^{\cdot} \tag{2-15}$$

$$\begin{cases} CH_3^{\cdot} + C_nH_{2n+1} \rightarrow CH_4 + C_nH_{2n+1} \\ H^{\cdot} + H^{\cdot} \rightarrow H_2 \end{cases} \tag{2-16}$$

$$3C_nH_{2n+1} \rightarrow C_nH_{2n+2} + C_nC_{2n} \tag{2-17}$$

上述反应只要电场能量足够即可发生。其产气速率取决于化学链强度，键强度越高，产气速率越低。同时，产气速率亦与电场强弱和液相表面气体的压力有关。这可以用经验关系式（2-18）描述：

$$\frac{dp}{dt} = k(u - u_a)^n p^{\gamma} \tag{2-18}$$

式中 $\frac{dp}{dt}$——产气速率；

k——常数，为 0.06；

u——工作电压，kV；

u_a——析气时起始电压，一般为（3±0.5）kV；

p——油面气体压力；

n——常数，为 1.82；

γ——常数，为 0.16。

如上所述，在热、电、氧的作用下，绝缘油劣化过程是按游离基链式反应进行的，其反应历程十分复杂。反应速率随着温度的上升而增加，氧和水分的存在及其含量高低对反应影响很大，且铜和铁等金属亦起触媒作用，使反应加速。老化后所生成的酸和水及油泥等对油的绝缘特性的危害是很大的。

2.3.2　绝缘油的裂解产气

变压器内绝缘材料的产气机理建立在化学热力动力学基础理论之上，绝缘材料的产气过程就是液体绝缘介质（主要成分为碳氢化合物）和固体绝缘介质（主要成分为纤维素）化合键的断裂重组过程。

变压器油是由许多不同分子量的碳氢化合物分子组成的混合物，分子中含有 $CH_3^{\cdot}$、$CH_2^{\cdot}$ 和 $CH^{\cdot}$ 化学基团，通过碳原子连接成碳链或碳环，也有的与别的元素原子连接成杂环，其中 C-C 化学键又分为三种，即 C-C 键（烷键）、C=C（烯键）、C≡C（炔键）。物质分子是原子以化学键连接所构成的。变压器热解产气取决于具有不同化学键结构的碳氢化合物分子在高温下的不同稳定性。化学键可以用键长（平衡状态时原子之间的距离）和键能（形成或破坏这些键时所需要的能量）来表示。表 2-5 给出了绝缘油中各化学键的平均键能。表 2-6 可揭示出具有不同化学键结构的碳氢化合物分子在高温下不同稳定性的本质，从而了解绝缘油裂解产气的一般规律。即：产生烃类气体的不饱和度随裂解能量密度（温度）的增大而增加，随着热裂解温度的增高，烃类裂解产物出现的顺序是烷烃→烯烃→炔烃→焦炭，这是因为 C-C、C═C、C≡C 化学键具有不同的键能的缘故。

表 2-5　　各化学键的平均键能

化学键	C-O	C-H	H-H	O-H	C═O	C-C	C═C	C≡C
键能（kcal/mol）	86	99	104	111	176	83	146	200

表 2-6　　不同化学键的不同键能

化学键	断裂键能（kJ/mol）	代表性气体
C-H	338	H_2
C-C	607	CH_4、C_2H_6
C═C	720	C_2H_4
C≡C	960	C_2H_2

当变压器内部发生、存在潜伏性故障时，在电、热、机械应力和氧、水分及铜、铁等金属的作用下，这些碳氢化合物将发生裂解，某些 C-H 键和 C-C 键断裂，生成不稳定的 H_2、CH_3、CH_2、CH、C 等游离基。这些游离基通过复杂的化学反应迅速重新化合，最终生成氢气和低分子烃类气体，如甲烷、乙烷、乙烯、乙炔等，也可能生成碳的固体颗粒及碳氢聚合物（X 蜡）。碳的固体颗粒及碳氢聚合物可沉积在设备的内部。在故障初期，所形成的气体溶解于油中，当故障能量较大时，也可能聚积成游离气体。

根据 M·shirai 等人对矿物绝缘油分解的热力学研究结果，烃类热分解可分为两个阶段：第一阶段分解生成物由原烃类平衡；第二阶段分解物包括第一阶段分解生成物在内，进一步发生热解。组成变压器油的烃类组分中，烷烃的热稳定性最差。在热点温度较低或油与热点接触时间较短时，变压器油分解过程处于第一阶段，主要为烷烃中的 C-C 键裂解或脱氢，生成较低分子烷烃和烯烃及氢气等。烷烃热解，同时发生反应。反应式见式（2-19）～式（2-21）。

$$C_nH_{2n+2} \rightleftarrows H_2 + C_nH_{2n} \tag{2-19}$$

$$C_nH_{2n+2} \rightleftarrows CH_4 + C_{n-1}H_{2(n-1)} \tag{2-20}$$

$$C_nH_{2n+2} \rightleftarrows C_{n-2}H_{2(n-2)} + C_2H_4 + H_2 \tag{2-21}$$

烷烃在低温下分解是随碳分子数而增加的，在 300℃热分解平衡条件时，全部烷烃分解为碳原子数在 C_4 以下的烃类。并且在第一阶段分解时，饱和烃气体析出量大于不饱和烃气体的析出量。因此，当变压器油分解气体中乙烯及丙烯含量低于乙烷和丙烷时，该变压器油可能仅仅发生了第一阶段分解。

变压器内部热点温度升高时，不仅会发生第一阶段分解，还会产生第二阶段分解。第二

阶段分解是烯烃、环烷烃和芳香烃的分解。虽然烯烃比烷烃的热稳定性好，且新绝缘油中一般不含烯烃，但第一阶段热分解过程中所产生的烯烃在高温下又会在第二阶段热分解中进一步分解。这种分解也是C-C键裂解和脱氢反应。其产物是烷烃及二烯属烃或炔烃，其中炔烃或二烯属烃脱氢反应将生成氢气。

环烷烃的碳环开环反应后生成烯烃，它的热稳定性由于碳原子数结构的不同而不同。C_5和C_6的稳定性最大，稳定温度为400～500℃，C_7和C_8的分解温度比C_5、C_6的低，而C_2和C_4仅在室温下即处于不稳定状态，所以绝缘油中所希望的是C_5和C_6环烷烃。

芳香烃热稳定性最佳，苯环在1000℃以上时分解为低分子烃类，例如$C_6H_6 \rightarrow 3C_2H_2$。以丙烷分解为例，当分解物达到平衡时，式（2-22）～式（2-26）的反应成立。

$$C_3H_8 \rightleftarrows CH_4 + C_2H_4 \tag{2-22}$$

$$C_3H_8 \rightleftarrows C_3H_6 + H_2 \tag{2-23}$$

$$C_3H_6 \rightleftarrows CH_4 + C_2H_2 \tag{2-24}$$

$$C_2H_4 \rightleftarrows H_2 + C_2H_2 \tag{2-25}$$

$$2CH_4 \rightleftarrows 3H_2 + C_2H_2 \tag{2-26}$$

低能量放电性故障，如局部放电通过离子反应促使最弱的键C-H键（338kJ/mol）断裂，主要重新化合成氢气而积累。C-C键的断裂需要较高的温度及较多的能量，然后迅速以C-C键（607kJ/mol）、C=C键（702kJ/mol）和C≡C键（960kJ/mol）的形式重新化合成烃类气体，依次需要越来越高的温度和越来越多的能量。

虽然在较低温度时也有少量乙烯生成，但主要是在高于生成甲烷和乙烷的温度，即大约500℃下生成。乙炔一般在800～1200℃的温度下生成，而且当温度降低时，反应迅速被抑制，作为重新化合的稳定产物而积累。因此，虽然在较低的温度下（低于500℃）也会有少量的乙炔生成，但大量的乙炔是在电弧放电的弧道中产生。

油在起氧化反应时，伴随生成少量的CO和CO_2，并且CO和CO_2能长期积累，成为数量显著的特征气体。油碳化生成碳粒的温度约为500～800℃。

化学反应就是以一定的能量破坏反应物中的键能而使旧化学键断裂和产物中的新化学键生成的过程。绝缘油裂解也不例外，其烃类的碳键断裂或脱氢的反应过程都需要一定的能量——活化能。在变压器油的裂解过程中，氧气是基本因素，而水分、铜、铁是主要的催化剂，电、热、机械应力则起到了加速剂的作用。根据化学热力动力学的阿累乌斯方程（Arrhenius equation），化学反应速度系数k与温度T呈指数关系，见式（2-27）。

$$\ln k = -\frac{E}{RT} + \ln A \tag{2-27}$$

式中 k——化学反应速度系数；

R——理想气体常数；

T——绝对温度，K；

A——经验常数；

E——活化能，kcal/mol。

式中定量表示 k 与 T 之间的关系，常用于计算不同温度 T 所对应的反应速度系数 k 以及反应的活化能 E。化学反应速度取决于温度（故障点能量密度）、浓度和催化剂，其中温度是关键，它与反应速率常数呈指数关系，不同分子具有不同的活化能，绝缘油的活化能平均约为 50kcal/mol，但是它与温度有关。日本月冈等人研究得出绝缘油的活化能在不同温度下的数值，如表 2-7 所示。

表 2-7　　油的活化能与温度的关系

温度（℃）	200～300	400～500	500～600
活化能（kcal/mol）	11	23	54

变压器在正常状态下的热和电的能量是不足以使这些键都遭受破坏的，因此，绝缘油正常劣化的结果是只形成极少量的氢、甲烷、乙烷等。但是当变压器内部存在电弧或高温热点时，故障点的热能会使烃类的键更多地断裂而产生大量的低分子烃类气体和氢气。

英国中央电气研究所哈斯特（Halstead）根据热动力学理论，对矿物油在故障下裂解产气的规律进行了模拟研究。在模拟试验中，假定油在整个裂解过程中，在一定的温度下，其全部活化能的变化是一定的。作为反应物的油，不管裂解反应进行采取什么途径，最终分解产物都是一样的简单分子，即产生少量的烃类气体及 C（固体）。假设反应后生成的每种气体与其他产物处于平衡状态，则在平衡条件下系统总压力为 1 个标准大气压，根据化学反应式（2-28）～式（2-32）用热动力学模拟可以计算出每种气体产物的平衡分压作为温度函数的关系，如图 2-9 所示。由图 2-9 可见，氢气产气量多，但与温度的相关性不明显；烃类气体各自有唯一的依赖温度，尤为明显的是乙炔在接近 1000℃时才可产生。哈斯特的研究结果是基于假定平衡状态下得到的，在实际故障状态下一般不可能存在等温的平衡情况，但是，这一研究揭示了设备发生的故障与热动力模拟的某些相关性。

$$C(\text{固体}) + 2H_2 \rightleftarrows CH_4 \tag{2-28}$$

$$2CH_4 \rightleftarrows 2H_2 + C_2H_4 \tag{2-29}$$

$$C_2H_4 \rightleftarrows H_2 + C_2H_2 \tag{2-30}$$

$$C_2H_4 + H_2 \rightleftarrows C_2H_6 \tag{2-31}$$

$$C_2H_2 + 2H_2 \rightleftarrows C_2H_6 \tag{2-32}$$

哈斯特的研究表明，油裂解时任何一种烃类气体的产气速率依赖于故障能量（热点温度）的高低。随着热裂解温度的变化，烃类气体各组分的相互比例是不同的。每一种气体在某一特定温度下，有一最大产气速率，随着温度的上升，各气体组分最大产气速率出现的顺序是甲烷、乙烷、乙烯、乙炔，如图 2-10 所示。该图直观地反映了绝缘油承受不同裂解温度（能量）时，其产气速率与裂解温度的非定量关系。

哈斯特的研究结果为利用气体组分相对含量（或比值法）进行充油电气设备故障检测诊断，以及估计故障点温度提供了理论依据。

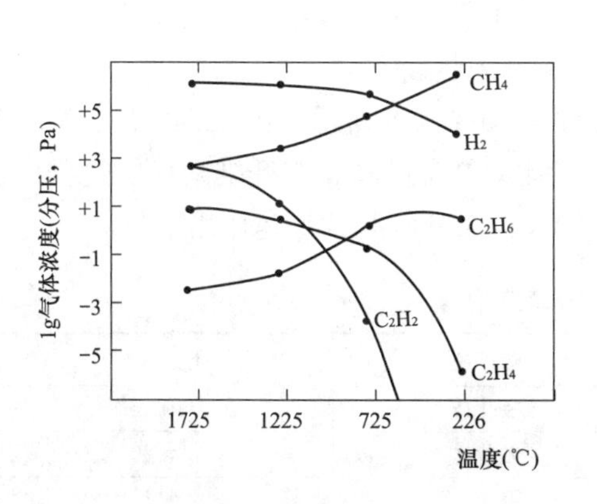

图 2-9 哈斯特气体分压-温度关系图

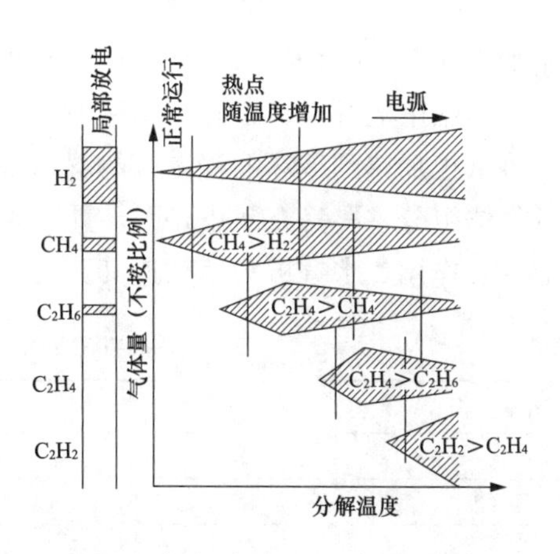

图 2-10 油的产气速率与分解能量非定量关系

2.3.3 固体纸绝缘材料的裂解产气

固体纸绝缘的化学结构见本章 2.1.2 节。纸纤维长度可达 1～4mm，一般新纸的平均聚合度可达 1300，极度老化以致寿命终止的绝缘纸约为 200。有关实验表明，当聚合度降至 300 左右时，油中糠醛浓度已很高，达到 5mg/L 以上，此时绝缘纸已严重脆化。纤维素分子呈链状，是主链中含有六节环的线型高分子化合物，每个链节中含有 3 个羟基（即-OH)，每根长链间由羟基生成氢键。氢键是由与电负性很大的元素如 F、O 相结合的氢原子与另一个分子中电负性很大的原子间的引力而形成。由于受氢键长期互相之间的引力和摩擦力作用，纤维素有很大的强度和弹性，因此机械性良好。

纸、层压板或木块等固体绝缘材料分子内含有大量的无水右旋糖环和弱的 C-O 键及葡萄糖甙键，它们的热稳定性比油中的碳氢键要弱，并能在较低的温度下重新化合。当受到电、热和机械应力以及氧、水分等作用时，聚合物发生氧化分解、裂解（解聚）、水解化学反应，使 C-O、C-H、C-C 键断裂，生成 CO、CO_2 少量的烃类气体和水、醛类（糠醛等）。这一过程的主要影响因素也是电、热、机械应力、水分、氧气。图 2-11 给出了葡萄糖和纤维素的结构式。

CH_2OH OH CH_2OH O O OH OH O O OH OH O 配糖键 OH OH CH_2OH OH
CH_2OH 葡萄糖 → O OH OH OH OH

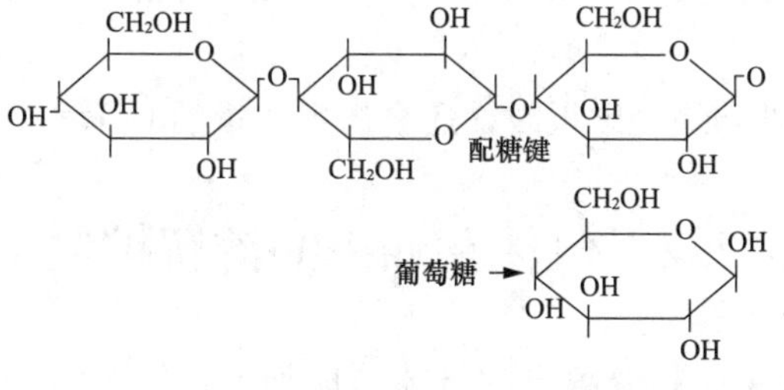

图 2-11 葡萄糖和纤维素的结构式

聚合物裂解的有效温度高于 105℃，聚合物热解（完全裂解和碳化）温度高于 300℃，在生成水的同时，生成大量的 CO 和 CO_2 以及少量烃类气体和糠醛化合物，同时油被氧化。CO 和 CO_2 的生成不仅随温度升高而加快，而且随油中氧的含量和纸的湿度增大而增加。

在实验室，模拟变压器在运行条件下固体绝缘材料分解的实验结果为：纤维纸板在密封条件下过热时，在 140℃时，分解的主要气体是 CO、CO_2，但 CO_2 含量比 CO 高；在 250℃

时，分解的 CO 含量比 CO_2 高，CO 的体积可能为 CO_2 体积的 4 倍，甚至更高。总之，纤维纸板随着受热温度的升高，CO 在气体组分中所占比例越来越高。

将纤维纸板加热到破坏的程度（热解），其热解产物如表 2-8 所示。由该表可知，纤维素热分解的气体组分主要是 CO 和 CO_2，且 CO_2 含量又比 CO 含量高。在纤维素热解过程中温度和氧起主要作用，水分极大地加速其分解，金属触媒也对分解起到加速作用。

表 2-8　在 470℃ 时纤维素热分解产物

分解产物	质量（%）	分解产物	质量（%）
水	35.5	二氧化碳	10.40
醋酸	1.40	一氧化碳	4.20
丙酮	0.07	甲烷	0.27
焦油	4.20	乙烯	0.17
其他有机物质	5.20	焦炭	39.59

综上所述，不同的化学键具有不同的键能。对变压器油，最弱的分子键是 C-H 键，在较低的温度下即可能发生断裂，因此氢气、甲烷、乙烷在较低温度下即可形成，乙烯的形成温度在 500℃以上，而乙炔组分只有在 800～1200℃才会形成。对于纤维素中的 C-O 键，其热稳定性比变压器油中最弱的 C-H 键还差，因此绝缘纸、绝缘纸板的分解温度比油还低，大于 105℃时聚合链就会快速断裂，高于 300℃就会完全分解和炭化。绝缘纸、绝缘纸板分解的主要产物是 CO 和 CO_2，其形成量随氧含量和水分含量的增加而增加。在相同的温度下纸、纸板劣化产生的 CO 和 CO_2 远比油劣化所产生的量大，因此油中 CO、CO_2 气体主要是反映绝缘纸、绝缘纸板的指标。

利用油中溶解气体分析进行设备内部故障判断的原理正是基于绝缘材料的这种产气特点。不同的故障，由于故障点能量、温度以及涉及的绝缘材料不同，其产气情况也不同（即不同的故障具有不同的特征气体）。

1）过热故障：主要特征气体是 CH_4、C_2H_4。随着故障点温度的增高，C_2H_4 含量将大大增加，当温度高于 800℃时还会出现少量的 C_2H_2。

2）放电故障：主要特征气体是 H_2、C_2H_2。当故障点能量较大（如电弧放电）时还会产生大量的 C_2H_4。

3）当故障涉及绝缘纸和绝缘纸板时，还会产生大量的 CO 和 CO_2。

2.4　气体在油中的溶解扩散

充油电气设备内部绝缘材料分解出的气体形成气泡，经扩散和对流，不断溶解于油中，其传质的过程包括气泡的运动、气体分子的扩散、对流、交换、释放与向外逸散。

2.4.1　气体在绝缘油中的溶解

正常运行的变压器油中往往会溶解一部分“正常气体”，运行过程中溶解气体的增长是油和固体绝缘材料的正常老化及内部潜伏性故障所致。在一定的温度与压力下，绝缘材料分解产生的气体形成气泡，在油中经扩散和对流，不断溶解于油中。当气体在油中的溶解速度

等于气体从油中析出的速度时，则气—油液两相处于动态平衡，此时，一定量的油中溶解气体量即为气体在油中的溶解度。

在气液两相的密闭体系中，气体对液体的溶解最终在某一压力和温度之下，达到溶解与释放的动态平衡。绝缘油与气体接触时，气体溶解于油中。根据亨利定律，油中溶解气体与油面气体在等温平衡状态下，油中溶解气体组分 i 的浓度与油面气体组分 i 的平衡分压成正比，如式（2-33）所示：

$$C_{il} = K_i P_i \tag{2-33}$$

式中 C_{il}——i 组分溶于油中的摩尔浓度；

K_i——平衡时 i 组分在油面上的分压；

P_i——溶解度系数（亦称分配系数）。

另外，根据道尔顿分压原理，油面上混合气体的总压力 P_E 等于各组分的分压力之和，如式（2-34）所示：

$$P_E = P_1 + P_2 + P_3 + \cdots + P_i = \sum_{i=1}^{n} P_i \tag{2-34}$$

因为各气体组分的分压 P_i 等于油面总压力 P_E 与该组分在气相中的体积浓度（摩尔浓度）的乘积，如式（2-35）所示：

$$P_i = P_E C_{ig} \tag{2-35}$$

式中 C_{ig}——气相中 i 组分的体积摩尔浓度或体积浓度。

将式（2-34）代入式（2-35）中，则得式（2-36）：

$$C_{il} = K_i P_E C_{ig} \tag{2-36}$$

由式（2-36），当气体的总压力 P_E 为 1 标准大气压（101.3kPa）时，可得到式（2-37）：

$$C_{il} = K_i C_{ig} \tag{2-37}$$

或式（2-38）：

$$K_i = \frac{C_{il}}{C_{ig}} \tag{2-38}$$

式中 C_{il}——平衡条件下，气体组分 i 溶解在油（液相）中的浓度，μL/L；

C_{ig}——平衡条件下，气体组分 i 在气相中的浓度，μL/L。

K_i 又称为奥斯特瓦尔德（Ostwald）系数，油中气体溶解度常用此系数来表示。K_i 是一个比例常数，其值决定于温度、气体和油的性质，而与被测气体组分的实际分压无关，可以在实验室测定。GB/T 17623—2017《绝缘油中溶解气体组分含量的气相色谱测定法》附录 D 给出了检测方法。IEC 60599 2007—05 和 GB/T 17623—2017 均给出了矿物绝缘油中溶解气体各组分的奥斯特瓦尔德系数，见表 2-9。

表 2-9　　各种气体在矿物绝缘油中的奥斯特瓦尔德系数

气体组分名称	K_i		
	IEC 60599 2007—05		GB/T 17623—2017
	20℃	50℃	50℃
氮气	0.09	0.09	0.09
氧气	0.17	0.17	0.17
氢气	0.05	0.05	0.06

续表

气体组分名称	K_i		
	IEC 60599 2007—05		GB/T 17623—2017
	20℃	50℃	50℃
一氧化碳	0.12	0.12	0.12
二氧化碳	1.08	1.00	0.92
甲烷	0.43	0.40	0.39
乙烷	2.4	1.8	2.3
乙烯	1.7	1.4	1.46
乙炔	1.2	0.9	1.02

注 GB/T 17623—2017 给出的是 50℃时国产矿物绝缘油的 K_i 值。

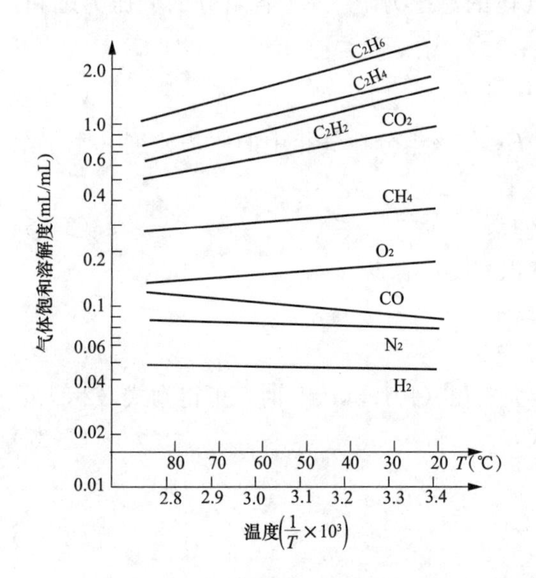

图 2-12 101.3kPa 时各种气体饱和溶解度与温度的关系

气体在绝缘油中的溶解度大小与气体的化学结构、油的化学组成以及溶解时油的温度等因素都有密切的关系。另外还受到油黏度影响，黏度小的油其溶解能力大于黏度大的油，如烃类气体的溶解度随分子量的增加而增加。同时亦可看出，气体溶解度与温度的关系是：溶解度低的气体，如氢气、氮气、一氧化碳等有随温度上升而其溶解度增加的特性，低分子烃类气体、CO_2 的溶解度则随温度升高而下降。101.3kPa 时各种气体对变压器油的饱和溶解度与温度的关系如图 2-12 所示。

当变压器内部存在潜伏性故障时，热分解产生的气体是气体分子的形态，如果产气速度很慢，则仍以分子的形态扩散并溶解于周围的油中。所以，即使油中气体含量很高，只要尚未达到饱和，就不会有游离气体释放出来。如果故障存在的时间较长，油中溶解气体已接近或达到饱和状态，就会释放出游离气体，进入气体继电器中。

如果产气速率很高，分解气体一部分溶于油中之外，还会有一部分成为气泡上浮，并在上浮过程中把油中溶解的氧气和氮气转换出一部分。这种气体转换过程与气泡大小和油的黏度有关，即与气泡上升的速度有关。气泡越小或油的黏度越大，上升越慢，与油接触的时间就越长，转换就越充分，直至所有的气体组分达到溶解平衡为止。特别是对于溶解度大的，且尚未被油溶解饱和的气体，气泡可能完全溶于油中，最终进入气体继电器的就几乎只有空气成分和少量溶解度低的气体，如氢气、甲烷等。在故障早期阶段，一般为低温过热，绝缘材料分解较缓慢，产气速率亦较缓慢，形成的气泡较小，在上升过程中与油充分接触，甚至会被完全吸收，只有溶解度低的气体才会聚积于气体继电器中，而溶解度高的气体在油中的含量较高。

相反，气泡大、上升快、与油接触时间短、溶解和转换过程来不及充分进行时，分解气

体就以气泡的形态进入气体继电器中。这就是在突发性故障时，气体继电器中积存的故障特征气体往往比油中含量高得多的原因。

如上所述，热分解气体在油中的溶解度与压力和温度有关。它在一定的压力和温度下达到饱和后，如果压力降低或温度升高，就会有一部分以分子的形态释放出来，形成游离气体。

由于温度升高时，空气在油中的溶解度是增加的。因此，对于空气饱和的油，若温度降低，将会有空气释放出来。当设备负荷或环境温度突然下降时，油中溶解的空气也会释放出来。所以，运行中即使是正常的变压器，有时压力和温度下降时（如凌晨），油中空气也会因过饱和而逸出，严重时甚至引起气体继电器报警。

变压器内部绝缘材料热分解产生气体时，即使有游离气体进入气体继电器，但其成分并非完全是热分解气体。例如：若在含有饱和氮气或空气的油中发生溶解与游离的交换，这种交换将一直进行到新的平衡状态时为止。这样，热分解的可燃性气体各组分，依其分压和溶解度的大小而溶解于油中，被置换的氮气或空气游离出来，进入气体继电器中。随同进入气体继电器中的热分解气体只有溶解度小的组分。如果此时仅仅分析气体继电器中的积存气体，就不能正确判断故障，因此必须对油中溶解气体加以分析。

此外，气体在油中的溶解或释放与机械振动亦有关，机械振动将使饱和溶解度降低。例如，强迫油循环系统常会产生湍流，引起空穴而析出气泡；又如，变压器过励磁时，由于铁心强烈振动也会释放出气体。变压器运行时，由于这两个原因分别造成气体继电器报警的现象时有发生。

研究和掌握上述规律，对于判断变压器运行中突然释放出的气体，是空气偶然释放还是内部故障气体析出的是十分有益的。

2.4.2 气体在变压器中的扩散、吸附和损失

变压器内部故障气体是通过扩散和对流而均匀溶解于油中的。气体在单位时间内和单位表面上的扩散量是与浓度与成正比的，其比例系数即为扩散系数。它是浓度和压力的函数，并且随温度的增加和黏度的降低而增大。

变压器各部分油温的差别引起油的连续自然循环，即对流。正因为这种循环，溶解于油中的气体才得以转移到变压器的各个部分。对于强迫油循环的变压器，这种对流的速度更快。因此，故障点周围高浓度的气体仅仅是瞬间存在着的。同样，由于储油柜的温度低于变压器本体油箱的温度，从而引起两者之间油的对流。这种对流速率取决于变压器油箱与连接储油柜管道的尺寸以及环境温度。它将气体从变压器油箱向储油柜及油面气相连续转移，从而造成气体损失。

变压器内部固体材料的吸附作用也可能使油中溶解气体减少，这是因为固体绝缘材料表面的原子和分子能够吸附外界分子的缘故。吸附的容量取决于被吸附物质的化学组成和表面结构。某些故障气体，特别是碳的氧化物，结构类似于纤维素，因而极易被绝缘纸吸附。此外，某些金属材料如碳素钢和奥氏体不锈钢也易于吸附氢。因此，对于新投入运行的变压器油中的某些气体，如 CO、CO_2 或 H_2 的含量较高，应考虑制造过程中干燥工艺或电气试验和温升试验时所产生的气体被固体绝缘材料或不锈钢吸附，而在运行中可能重新释放于油中的情况。另一情况是对于运行中的变压器在故障初期，油中某些气体浓度绝对值仍然很低，甚至计算得到的产气速率也不太高，其原因可能是固体绝缘材料吸附作用导致的油中气体含

量降低。

变压器带负荷时，线圈发热，并使变压器油加热而膨胀，其膨胀系数约为 0.0008/℃。一般，变压器的负荷在 24h 内较有规律的涨落变化，膨胀和收缩的油量也是较有规律地交替变化的。因此，相应于温度的变化，膨胀的油量在变压器油箱和储油柜之间来回流动，并相应地吸入大气或排出油面气体，这就是变压器的呼吸作用。对于自由呼吸的变压器（开放式），当温度升高时，变压器本体油箱中含气的油到达储油柜并与油面空气相接触，其结果是油中气体含量力图与气相达到平衡，从而逸散于油面上的空气里，并呼出于储油柜之外。反之，当变压器温度低时，含气量低的油从储油柜流回到本体油箱里，并有相当量的新鲜空气吸入储油柜中，这样就降低了储油柜内气相的气体含量，从而加速了储油柜油中溶解气体向气相的释放。这就是变压器油温交替变化的呼吸作用造成油中溶解气体逸散损失的过程。

芬兰安德松（R·Anderson）等人对此曾做过研究，研究表明：自由呼吸的变压器内热分解气体的逸散损失率与变压器运行温度变化的周期和幅度有密切的关系。如果把变压器一天内的负荷涨落作为一个周期，则气体的逸散损失率与该周期内的温度变化幅度（ΔT）呈一定函数关系，试验结果如图 2-13 和图 2-14 所示。

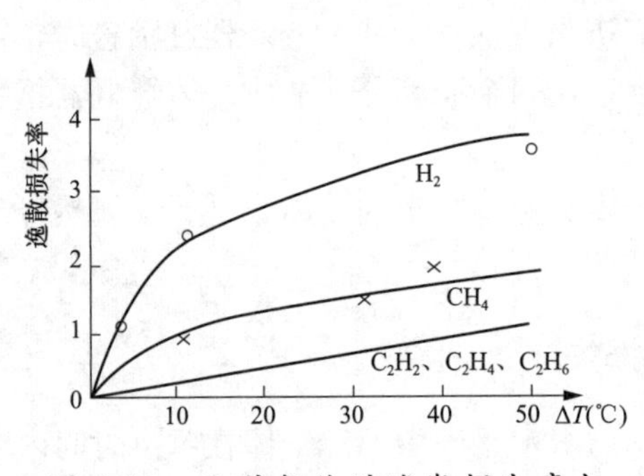

图 2-13　几种气体的逸散损失率与温度变化幅度（ΔT）的关系

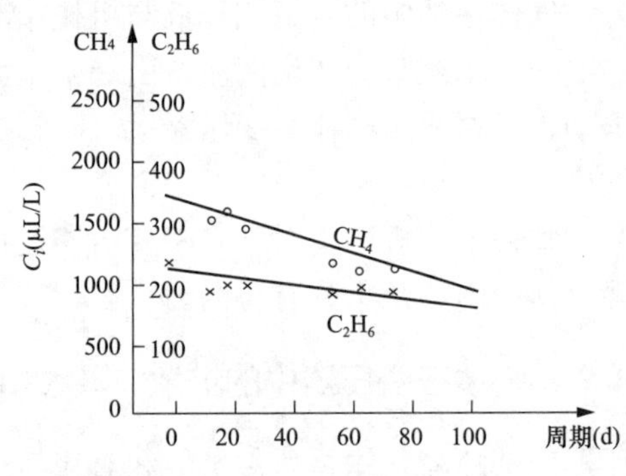

图 2-14　自由呼吸变压器油中气体含量的损失率

简单地说，从安德松等人的研究可知：如果温度变化幅度 $\Delta T=10$℃，在一个周期（1天）内，氢气的逸散损失率约为 2.5%/d，甲烷约为 0.7%/d，其他烃类气体约为 0.2%/d。因此，在计算自由呼吸变压器的绝对产气速率，或者计算在某一时间间隔内的产气总量时，应引入逸散损失率（%/d）予以修正，即若以一天为一个周期，则第 i 个组分气体的绝对产气速率可由式（2-39）得到：

$$r_a=\frac{H}{100}\times C_i\times V+\frac{\sum\Delta C_i}{n}V \tag{2-39}$$

式中　r_a——i 组分气体绝对产气速率，mL/d；

H——i 组分气体逸散相对损失率，%/d；

C_i——油中 i 组分气体浓度，μL/L；

V——油量，m^3；

n——呼吸周期数（天数），d；

$\sum\Delta C_i$——n 个呼吸周期内油中 i 组分气体浓度的变化，μL/L。

实际上，充油电气设备中热解气体的传质过程十分复杂，可大致归结如下：

（1）热解气体气泡的运动与交换。故障点产生的气泡会因浮力而做上升运动，在其运动过程中会与附近油中已溶解的气体发生交换，如图 2-15 所示。气泡的运动与交换还使进入气体继电器气室的气体成分和实际故障源产生的气体组分发生变化。据此可以帮助了解故障的性质与发展趋势，例如可以配合气体继电器中气体分析诊断故障的性质。

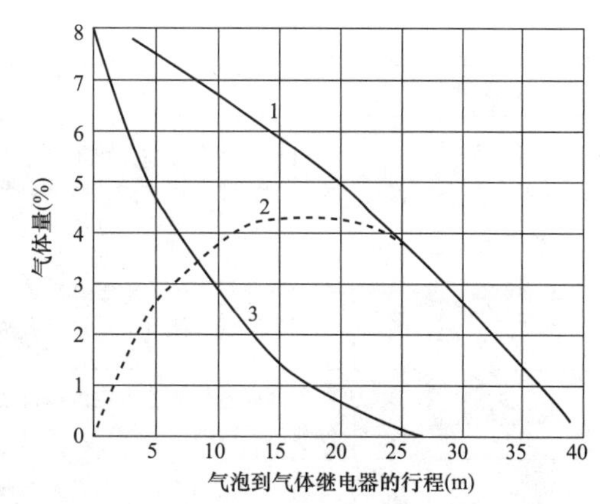

图 2-15 气泡和油中气体的互换过程

1—气泡中总含气量；2—油中气体进入气泡的量；3—气泡中原有的热解气量

（2）热解气体的析出与逸散。当热解气体溶解于油而达到饱和时，如果不向外逸散，在压力、温度变化的条件下，饱和油内便会析出已溶解的热解气体而形成气泡；变压器在运行中还会受到油的运动、机械振动及电场的影响，使气体在油中的饱和溶解度减小而析出气泡。在诊断变压器故障时，特别是诊断具有开放式油箱的变压器故障时应考虑这种情况，将使诊断更加符合实际。

（3）热解气体的隐藏与重现。大量的研究发现，充油电气设备的固体绝缘对热解气体存在吸附现象。当油温在 80℃以下时，随着温度的降低，绝缘纸对 CO、CO_2 及烃类气体的吸附量会随之增加，使油中这些气体组分含量不断减少，称为热的隐藏；当油温大于 80℃后，吸附现象消失，绝缘纸中吸附气体又会重新释放出来，称为热的重现。因此，在对充油电气设备故障的发展进行追踪观察时，应密切注意变压器的油温、负荷等运行状况。如遇油中气体含量异常变化，应考虑热解气体的隐藏与重现。

2.5 变压器内部故障的产气特征

运用气相色谱分析结果对变压器故障进行分析诊断，其关键在于掌握变压器设备内部发生故障的类型、变压器故障类型与油中溶解气体之间的关联机理和规律。

2.5.1 变压器故障的分类

变压器的内部故障主要有热性故障和电性故障。至于变压器的机械故障，除因运输不慎受震动，使某些紧固件松动、线圈位移或引线损伤等外，也可能由于电应力的作用，如过励磁振动造成，但最终仍将以热性或电性故障的形式表现出来。变压器内部进水受潮作为一种内部潜伏性故障，最终也会发展成电性故障。

油浸式电力设备的典型故障详见表 2-10～表 2-12。

表 2-10　　充油变压器（电抗器）的典型故障

故障类型	典型故障
局部放电	（1）纸浸渍不完全、纸湿度高。 （2）油中溶解气体过饱和或气泡。 （3）油流静电导致的放电

续表

故障类型	典型故障
低能量放电	（1）不同电位间连接不良或电位悬浮造成的火花放电，如：磁屏蔽（静电屏蔽）连接不良，绕组中相邻的线饼间或匝间以及连线开焊处或铁心的闭合回路中放电。 （2）木质绝缘块、绝缘构件胶合处以及绕组垫块的沿面放电，绝缘纸（板）表面爬电。 （3）环绕主磁通或漏磁通的两个邻近导体之间放电。 （4）穿缆套管中穿缆和导管之间放电。 （5）有载分接开关的极性开关切断容性电流
高能量放电	局部高能量的或有电流通过的闪络、沿面放电或电弧，如绕组对地、绕组间、引线对箱体、分接头之间放电
过热 t<300℃	（1）变压器在短期急救负载状态下运行。 （2）绕组中油流被阻塞。 （3）铁轭夹件中的漏磁
过热 300℃<t<700℃	（1）连接不良导致的过热，如：螺栓连接处（特别是低压铜排）、选择开关动静触头接触面以及引线与套管的连接不良导致的过热。 （2）环流导致的过热，如：铁轭夹件和螺栓之间、夹件和硅钢片之间、铁心多点接地、穿缆套管中穿缆和导管之间形成的环流导致的过热，磁屏蔽的不良焊接或不良接地导致的过热。 （3）绕组中多股并绕的相邻导线之间绝缘磨损导致的过热
过热 t>700℃	（1）油箱和铁心上的大的环流。 （2）硅钢片之间短路

表 2-11　　充油套管的典型故障

故障类型	典型故障
局部放电	（1）纸受潮、不完全浸渍。 （2）油的过饱和或污染。 （3）纸有皱褶造成的充气空腔中的放电
低能量放电	（1）电容末屏连接不良引起的火花放电。 （2）静电屏蔽连接不良引起的电弧。 （3）纸沿面放电
高能量放电	（1）在电容屏局部击穿短路，局部高电流密度可使铝箔局部熔化，但不会导致套管爆炸。 （2）电容屏贯穿性击穿具有很大的破坏性，会造成设备损坏或爆炸，而在事故之后进行油中溶解气体分析一般是不可能的
过热 300℃<t<700℃	（1）由于污染或不合理地选择绝缘材料引起的高介质损耗，从而造成纸绝缘中的环流，并造成热崩溃。 （2）引线接触不良引起的过热

表 2-12　　充油互感器的典型故障

故障类型	典型故障
局部放电	（1）纸受潮、不完全浸渍，油的过饱和或污染，或纸有皱褶造成的充气空腔中的放电。 （2）附近变电站开关操作导致局部放电（电流互感器）。 （3）电容元件边缘上过电压引起的局部放电（电容型电压互感器）
低能量放电	（1）电容末屏连接不良引起的火花放电。 （2）连接松动或悬浮电位引起的火花放电。 （3）纸沿面放电。 （4）静电屏蔽连接不良导致的电弧

续表

故障类型	典型故障
高能量放电	(1) 电容屏局部击穿短路，局部高电流密度可使铝箔局部熔化。 (2) 电容屏贯穿性击穿具有很大的破坏性，会造成设备损坏或爆炸，而在事故之后进行油中溶解气体分析一般是不可能的
过热	(1) X-蜡的污染、受潮或选择绝缘材料错误，都可引起纸的介质损耗过高，从而导致纸绝缘中产生环流，并造成绝缘过热和热崩溃。 (2) 连接点接触不良或焊接不良。 (3) 铁磁谐振造成电磁互感器过热
过热	在硅钢片边缘上的环流

2.5.2 变压器的过热故障及其产气特征

油浸式变压器采用油—纸绝缘结构，其主要绝缘材料是油、绝缘纸和绝缘纸板。当变压器内部发生或存在潜伏故障时，在热和电的作用下，变压器油和有机绝缘材料将逐渐老化和分解，产生少量的各种低分子烃类及 CO_2、CO 等气体。由于含有不同化学键结构的碳氢化合物有着不同的热稳定性，故障产生气体的组分和数量同故障类型、部位和故障点能量密度密切相关，用油中溶解气体分析进行变压器故障判断的原理就是基于绝缘材料的这种产气特点。

2.5.2.1 变压器的过热故障

过热故障的有效热应力可造成绝缘加速劣化，通常具有中等水平的能量密度，其有别于变压器正常运行下的发热。过热指局部过热，是由变压器内部故障引起的，局部温度超过了变压器的正常运行温度，并使绝缘材料分解出气体。变压器的过热故障区别于变压器正常运行因铜损和铁损而转化的发热。由于铜损和铁损转化而来的热量，在正常运行下一般变压器上层油温不大于 85℃。变压器过热故障的危害虽不如放电故障那么严重，但是热源促使绝缘材料老化分解，甚至烧坏附近的金属部件和破坏附近的绝缘材料，也会造成设备的损坏。

一般认为，除某些特殊故障（如漏磁通在某一部位特别集中产生的过热或在线圈内部有较大的涡流发热源）外，一般过热故障的发展不会很快危及设备的安全运行，来得及监视故障发展趋势和及时安排停电检修进行处理。

按出现在变压器的导电或导磁回路区分，过热故障可分为导电回路过热故障、磁回路过热故障和其他部位的过热故障等。

(1) 导电回路过热故障。导电回路的过热故障按部位分主要有分接开关故障、引线部分故障、高低压绕组故障和漏磁环流引起的局部过热。

(2) 磁路回路过热故障。磁回路过热故障按原因和部位可分为铁心故障和零序磁通引起的局部过热。

(3) 其他部位的过热故障。其他部位过热故障有局部油道堵塞致使局部散热不良引起的局部过热，潜油泵、油冷却器故障等。这些故障的几率虽很小但不可忽视。

2.5.2.2 过热故障的产气特征及模拟试验

1. 过热故障产气特征

热应力只影响到热源处变压器油的分解而不涉及固体绝缘时，产生的气体主要是低分子烃类气体，其中 CH_4、C_2H_4 为特征气体，一般二者之和占总烃的 80%以上。当故障点温度较低时，CH_4 占比大；随着热点温度的升高（500℃以上），C_2H_4 组分急剧增加，占比增大。氢气的含量与热源温度也有密切的关系，一般来说，高、中温过热时，氢气占氢烃总量的 27%以上，约为 30%左右。分析其原因可能是当温度升高时，烃类气体增长速度很快，尽管氢气的绝对含量也有所增长，但其比例相对降低了。

通常过热故障是不会产生乙炔的。一般低于 500℃的过热，C_2H_2 的含量不会超过总烃的 2%；严重过热（800℃以上）时，也会产生少量的 C_2H_2，但其最大含量也不超过总烃含量的 6%。

涉及固体绝缘的过热故障时，除产生上述低分子烃类气体外，还产生较多的 CO、CO_2，并随着温度的升高，CO 与 CO_2 的比值逐渐增大。对只限于局部油区堵塞或散热不良的过热故障，由于过热温度较低且过热面积较大，此时对变压器油的热解作用不大，因而低分子烃类气体不一定多。固体绝缘材料热击穿时产生的气体如图 2-16 所示。

2. 过热故障产气的模拟试验

变压器油加热到高温时，分解出的各种气体量与油温的关系如图 2-17 所示。这一结果已为许多模拟试验所证实，如日本山岗道彦将变压器油加热到 230～600℃时，变压器油的分解产物如表 2-13 所示。

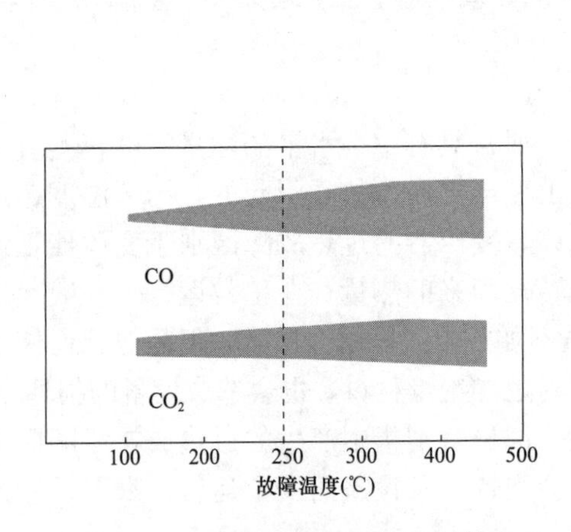

图 2-16 固体绝缘材料热击穿时产生气体示意图

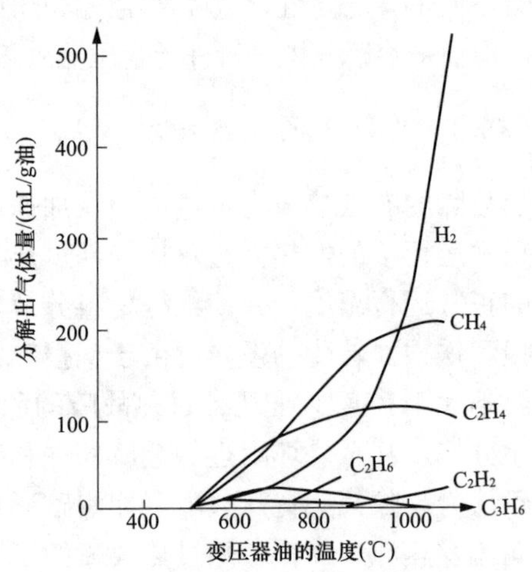

图 2-17 变压器油热分解出的各种气体与油温的关系

表 2-13 230～600℃局部加热时变压器油分解的气体量（$\times10^{-1}$ mg/g 油）

气体种类	温度				
	230℃	300℃	400℃	500℃	600℃
H_2	—	—	—	1.52	3.2
CH_4	—	—	0.42	42.58	58.48
C_2H_6	—	—	—	0.45	26.01
C_2H_4	—	—	—	0.17	32.47
C_3H_8	—	—	—	1.18	2.08
C_4H_8（异丁烯）	—	—	—	3.26	6.97
CO_2	0.17	0.22	2.19	0.67	0.28
其他	—	—	—	0.96	2.25

对于目前采用的由植物纤维制成的绝缘纸，其纤维素在高温（470℃）下的热分解产物模拟试验结果如表 2-14 所示。从表中数据可见，在纤维素热分解产物中，碳氢化合物很少，主要是水、CO_2、CO 和焦炭，这与变压器油的分解产物明显不同。

表 2-14　　纤维素在 470℃ 时热分解的产物

分解产物	CO	CO_2	CH_4	C_2H_4	焦炭	水	醋酸	丙酮	焦油	其他
质量（%）	4.2	10.4	0.27	0.17	39.59	35.5	1.4	0.07	4.2	5.2

当变压器内部发生各种过热故障时，由于局部温度较高，可导致热点附近的绝缘物发生热分解而析出气体。变压器内油浸绝缘纸开始热解时产生的主要气体是 CO_2，随温度的升高，产生的 CO 含量也增多，使 CO 与 CO_2 比值升高；到 800℃时，比值可高达 2.5。虽然局部过热危害不如放电故障严重，但热点可加速绝缘物的老化、分解，产生各种气体；低温热点发展成为高温热点，使热点附近的绝缘物被破坏并导致故障扩大。

3. 过热故障发生的部位

在变压器内常发生的过热故障部位主要有：①载流导线和接头不良引起的过热故障。如分接开关动静触头接触不良、引线接头虚焊、线圈股间短路、引线过长或包扎绝缘损伤引起导体接触产生环流发热，超负荷运行发热、线圈绝缘膨胀、油道堵塞而引起的散热不良等；②磁路故障，如铁心多点接地、铁心片间短路、铁心与穿心螺钉短路、漏磁引起的油箱、夹件、压环等局部过热。

少油设备（互感器和电容套管）发生的热故障部位主要有：电流互感器的一次引线紧固螺母松动，分流比抽头紧固螺母松动等；电容套管的穿缆线鼻与引线接头焊接不良，导管与将军帽等连接螺母配合不当等。

2.5.3 变压器的电性故障及其产气特征

2.5.3.1 电性故障

电性故障是在高电应力作用下造成的绝缘劣化，由于能量密度的不同，分为高能量放电、低能量放电（即局部放电和火花放电）等不同的故障类型。高能量放电将导致绝缘电弧击穿。局部放电的能量密度最低，并常常发生在气隙和悬浮带电体的空间。火花放电是一种间歇性的放电。

2.5.3.2 电弧放电

电弧放电又称高能量放电，以线圈、层间击穿为主要故障模式，其次是引线断裂或对地闪络和分接开关飞弧等。其特点是产气急剧而且量大，尤其是匝、层间绝缘故障，因无先兆，一般难以预测，最终以突发性事故暴露出来。

电弧放电故障时，其故障特征气体主要是 C_2H_2、H_2，其次是大量的 C_2H_4、CH_4。由于电弧放电故障速度发展很快，往往气体还来不及溶解于油中就聚焦到气体继电器内，因此，油中溶解气体组分含量往往与故障点位置、油流速度和故障持续时间有很大关系。一般 C_2H_2 占总烃 20%～70%，H_2 占总烃的 30%～90%，绝大多数情况下 C_2H_2 高于 CH_4。在涉及固体绝缘时，气体继电器中气体和油中的气体的 CO 含量较高。当油中气体组分中

C_2H_2 含量占主要成分且超标时，很可能是变压器绕组短路或分接开关切换产生弧光放电所致；如果其他成分没有超标，而 C_2H_2 超标且增长速率较快，则可能是变压器内部存在高能量放电故障。

在变压器的固体绝缘材料中发生高能量电弧放电时，不仅产生较多的 CO 和 CO_2，而且因电弧放电的能量密度高，在电场力作用下会产生高速电子流，固体绝缘材料遭受这些电子轰击后，将受到严重破坏；同时，产生的大量气体一方面会进一步降低绝缘，另一方面还含有较多的可燃气体。因此，若不及时处理电弧放电故障，严重时有可能造成变压器的重大损坏或爆炸事故。

实验室中模拟电弧放电时变压器油中溶解气体的分析结果如表 2-15 所示。从表 2-15 可知，在电弧作用下，油—纸绝缘分解出较多的 C_2H_2 等气体。

表 2-15　　模拟电弧放电产生的气体（体积比）

气体种类	H_2	C_2H_2	CH_4	C_2H_4	CO	CO_2	O_2	N_2
变压器油	57～74	14～24	0～3	0～1	0～1	0～3	1～3	2～12
油浸纸板	41～53	14～21	1～10	1～11	13～24	1～2	2～3	4～7
油—酚醛树脂	41～54	4～11	2～9	0～3	24～35	0～2	1～3	2～6

高能量放电（电弧放电）在变压器、套管、互感器内均有发生。引起电弧放电故障的原因通常是线圈匝层间绝缘击穿，过电压引起内部闪络，引线断裂引起闪弧，分接开关飞弧和电容屏击穿等。这种故障气体产气速率高、产气量大，故障气体来不及溶解于油而聚焦到气体继电器中，因此引起瓦斯保护动作。

2.5.3.3　火花放电

火花放电一般是低能量放电，即一种间隙性放电故障，在变压器、套管、互感器中均有发生。火花放电常发生于不同电位的导体与导体、绝缘体与绝缘体之间以及不固定电位的悬浮体，在电场及不均匀或畸变以及感应电压下，都可能引起火花放电。

火花放电时，其特征气体以 C_2H_2、H_2 为主，因故障能量小，一般总烃含量不高，但油中溶解的 C_2H_2 在总烃中所占比例可达 25%～90%，C_2H_4 含量约占总烃的 20%以下，H_2 占总烃总量的 30%以上。

当 H_2 和 CH_4 的增长不能忽视，接着又出现 C_2H_4 时，可能存在着由低能放电发展成高能放电的危险。因此，当出现这种情况时，即使是 C_2H_2 含量未达到注意值，也应高度重视。

火花放电除了产生烃类气体外，与热故障一样，只要有固体绝缘介入，都会产生 CO 和 CO_2。但总的来看，电性故障产气速率比热故障的产气速率高。

实验室中模拟火花放电，变压器油溶解气体的分析结果如表 2-16 所示。

表 2-16　　模拟火花放电产生的气体（体积比）

气体种类	H_2	CH_4	C_2H_4	CO	CO_2
变压器油	77.0	4.0	18.0	无	无
油浸纸板	41.0	8.7	41.2	2.0	7.1

2.5.3.4 局部放电

局部放电是指油—纸绝缘结构中的气隙（泡）和尖端，因绝缘薄弱、电场集中而发生局部和重复性击穿现象。局部放电往往发生在一个和几个很小的空间内，放电的能量很小，局部放电短时并不影响设备的绝缘强度。但设备在运行电压下，如在不可恢复的绝缘中局部放电呈不断蔓延与发展趋势，这些微弱的放电能量和由此产生的不良效应，可以缓慢损坏绝缘，最终发展到整个绝缘被击穿。电力变压器中引起局部放电的原因有：①变压器中局部电场强度集中，由此引起变压器油的放电。②绝缘材料或油中存在气体（一般是空气），由于气体的介电系数小，其击穿电压比油和固体绝缘材料都低。当运行过程中绝缘材料内部气体中的电场强度超过其允许承受的电场强度时就会引起气体放电，此时绝缘材料内部的气体将成为变压器局部放电的发源地。一般气隙刚放电时放电量不超过几百皮库，但发展到油中也出现局部放电时，放电量可达几千皮库到几十万皮库，往往引起绝缘纸层损坏而逐渐发展到严重事故。

从产生局部放电的原因和部位分析，引起局部放电的关键因素有：①导电体和非导电体的尖角毛刺；②固体绝缘的空穴和缝隙中的空气及油中的微量气泡；③在高电场下产生悬浮电位的金属物；④绝缘体表面的灰尘和脏污。

设备在运行中，由于负荷变化所引起的热胀冷缩，用泵循环油所引起的湍流，以及铁心的磁致伸缩效应所引起的机械振动等，都会导致形成空穴和油释放溶解气体。如果产生的气泡集在设备绝缘结构的高电压应力区域内，在较高电场下会引起气隙放电（一般称为局部放电），而放电本身又能进一步引起油的分解和附近固体绝缘材料的分解而产生气体，这些气体在电应力作用下会更有利于放电并产生气体。这种放电使油分解产生的气体主要是氢气和少量甲烷。

局部放电，尤其是当匝、层间和围屏这些部位由于局部放电导致其绝缘受损后，其沿面放电电压将降低，在受到内部或外部过电压的冲击后，绝缘性能迅速下降，引起局部放电乃至发展成电弧放电而被烧毁。电流互感器和电容套管的电容芯绕包工艺不良或真空干燥工艺不良等，都会造成局部放电。

一般认为，局部放电对绝缘的破坏有三个危害：①局部放电产生的电子和离子轰击绝缘材料表面，造成表面侵蚀和局部过热，使高聚物裂解；②局部放电产生的臭氧、硝酸以及其他产物与绝缘材料发生化学反应，使绝缘材料劣化；③局部放电产生的紫外线、软X射线等辐射，促使绝缘材料老化。实际上，这三种破坏形式可能同时存在。变压器内部局部放电也有一个从电晕发展到爬电、火花放电，最后形成电弧放电的过程。其发展速度取决于故障部位和故障能量的大小。

在变压器油—纸绝缘结构中，局部放电起始阶段很不稳定，间断地出现；若发生在气隙或油隙中，通常油隙中放电的起始电压和放电量比气隙中的高得多。如果油的吸气性能好，即使在开始时有些气隙放电，但逐渐地会使大气隙分为小气隙，最终都被油所吸收，因此，油隙的放电是主要的危险。如果油的吸气性能不好，加上在放电过程中不断地放出新的气体，就会使小气隙变成大气隙，气隙放电愈来愈严重。这种情况下气隙放电往往成为主要的危险，而且会很快导致击穿。由于变压器油释放出的气体随电场强度提高而增加，因此，在低场强下吸气的油在高场强下可能变为释放气体。当变压器油温升高时，释放出的气体一般趋向于增加，但十二烷基苯却是在高温下吸气性能好，若在油中增加芳烃含量，使油的浓度和折射率增大，将会减少放气甚至变为吸气，因此在高场强和高温下局部放电将更为严重。同时，由于在油隙中放电过程比较缓慢，一次放电时间约为微秒数量级，要比气隙中的一次放电长，因此，在变压器油表面上的局部放电和内部局部放电相比，放电重复率比较高，放电量也比较大，放电起始电压比较低。在相同放电能量下，变压器油内部局部放电比表面局部放电释放出来的气体更多，而且大量的是不饱和烃如 C_2H_2 和 C_2H_4，也有少量的 H_2 和 CH_4。此外，油—纸绝缘结构在经受局部放电作用之后，变压器油中产生淡橘黄色的软蜡并沉积在绝缘纸表面上。

发生局部放电时，其特征气体组分含量依放电能量密度不同而不同，一般总烃不高，主要成分是 H_2，通常占氢烃总量的 90%以上，其次是 CH_4，占总烃的 90%以上。当放电能量密度增高时也可出现 C_2H_2，但在总烃中所占比例一般不超过 2%。这是与电弧放电和火花放电的主要区别。

实验室中模拟局部放电，变压器油中溶解气体的分析结果如表 2-17 所示。

表 2-17　模拟局部放电产生的气体（体积比）

气体种类	H_2	CH_4	CO	CO_2
变压器油	50	45	—	5
油浸纸板	26	54	10.5	9.5

变压器内部进水受潮后，油中水分和含湿气的杂质易形成"小桥"，能引起局部放电而产生 H_2；水分在电场作用下的电解作用和水与铁的化学反应，也可产生大量 H_2。水与铁反应产生氢气的反应式为

$$3H_2O + 2Fe \rightarrow Fe_2O_3 + 3H_2 \quad (2\text{-}40)$$

上式表明，在理论上水对铁腐蚀，每克铁产生 $0.6dm^3$ 的 H_2。因此在进水受潮的设备里，H_2 在总烃中占比更高。由于变压器油正常劣化时也产生少量的甲烷，所以在受潮的变压器油中也有 CH_4，但其比例有所下降。

考虑到在受潮的变压器中，有时局部放电和受潮两种异常现象共存，且特征气体基本相同，单靠油中气体分析结果往往难以区分，必要时可根据外部检查和其他试验结果加以综合判断，如局部放电和油中微量水分测试分析等。当 C_2H_2 含量较大时，往往表现为绝缘介质内部存在严重的局部放电故障，同时常伴有电弧烧伤与过热，因此，不仅会出现 C_2H_2 含量明显增大，而且在总烃中所占比例也较大。

2.5.3.5　产气特征

不同类型的变压器故障，故障产气具有如下特征：电弧放电的电流大，变压器主要分解出 C_2H_2、H_2 及少量的 CH_4；局部放电的电流较小，变压器油主要分解出 H_2 和 CH_4；变压器油过热时分解出 H_2 和 CH_4、C_2H_4、C_2H_6 等，而纸和某些绝缘材料过热时还分解出 CO 和 CO_2 等气体。DL/T 722—2014《变压器油中溶解气体分析和判断导则》中将不同故障类型产生的主要特征气体和次要特征气体进行了归纳，如表 2-18 所示，由此可推断设备的故障类型。

如果仅应用特征气体法来诊断设备状况，会带有较多的主观因素。为获得较高的准确

率，一般采用基于比值和图形的判断准则，即第四章所要介绍的油中气体的常规诊断规则。

表 2-18　不同故障类型产生的气体组分

故障类型	主要特征气体	次要特征气体
油过热	CH_4、C_2H_4	H_2、C_2H_6
油和纸过热	CH_4、C_2H_4、CO	H_2、C_2H_6、CO_2
油纸绝缘中局部放电	H_2、CH_4、CO	C_2H_4、C_2H_6、C_2H_2
油中火花放电	H_2、C_2H_2	—
油中电弧	H_2、C_2H_2、C_2H_4	CH_4、C_2H_6
油和纸中电弧	H_2、C_2H_2、C_2H_4、CO	CH_4、C_2H_6、CO_2
受潮或油中气泡	H_2	—

注 1. 油过热：至少分为两种情况，即中低温过热（低于 700℃）和高温（高于 700℃）以上过热。如温度较低（低于 300℃），烃类气体组分中 CH_4、C_2H_6 含量较多，C_2H_4 较 C_2H_6 少甚至没有；随着温度增高，C_2H_4 含量增加明显。

2. 油和纸过热：固体绝缘材料过热会生成大量的 CO、CO_2，过热部位达到一定温度，纤维素逐渐炭化并使过热部位油温升高，才使 CH_4、C_2H_6 和 C_2H_4 等气体增加。因此，涉及固体绝缘材料的低温过热在初期烃类气体组分的增加并不明显。

3. 油纸绝缘中局部放电：主要产生 H_2、CH_4。当涉及固体绝缘时产生 CO，并与油中原有 CO、CO_2 含量有关，以没有或极少产生 C_2H_4 为主要特征。

4. 电弧放电：高能量放电，产生大量的 H_2 和 C_2H_2 以及相当数量的 CH_4 和 C_2H_4。涉及固体绝缘时，CO 显著增加，纸和油可能被炭化。

3 油中气体故障分析技术

变压器油中溶解气体分析（DGA）技术是基于油中溶解气体类型与内部故障的对应关系，采用气相色谱仪分析溶解于油中的气体，根据气体的组分和各种气体的含量判断变压器内部有无异常情况，诊断其故障类型、大概部位、严重程度和发展趋势的技术。其特点是能发现用电气试验不易发现的潜伏性故障，对变压器内部潜伏故障进行早期和实时的诊断识别非常有效。

利用气相色谱分析油中溶解气体，检测诊断油浸式变压器内部故障及潜伏性故障，已经成为变压器类充油电气设备绝缘监督的一个重要手段。通过油中溶解气体分析，对早期诊断变压器内部故障和故障性质（包括故障类型、故障严重程度及发展趋势等），提出针对性防范措施，实现变压器不停电检测和早期故障诊断等具有重要的指导意义。气相色谱法诊断变压器故障的常用方法有特征气体法和比值法两大类。比值法及其衍生出来的图形诊断方法将在第 4 章论述。本章论述油中气体故障分析在应用中的相关问题。

3.1 油中故障特征气体的选择

变压器绝缘材料分解所产生的可燃和非可燃气体多达 20 余种，选择哪几种油中溶解气体作为检测分析对象，对准确、有效分析诊断变压器故障类型、故障能量、故障程度及故障发展趋势极其重要。油中溶解气体的检测种类，在国外可多达 12 种（丙烷、丙烯和异丁烷等）。DL/T 722—2014《变压器油中溶解气体分析和判断导则》中将 H_2、CH_4、C_2H_4、C_2H_6、C_2H_2、CO、CO_2 作为对判断充油电气设备内部故障有价值的气体，称为特征气体；将 CH_4、C_2H_4、C_2H_6、C_2H_2 四种烃类特征气体含量的总和称为总烃；并将 O_2、N_2 作为推荐检测气体。

油中各种溶解气体的分析目的见表 3-1。

表 3-1 油中 9 种溶解气体的分析目的

被分析的气体组分		分析目的
推荐检测气体	O_2	了解绝缘油脱气程度和设备密封（或漏气）情况，严重过热时也会因极度消耗而明显减少
	N_2	在进行 N_2 测定时，可了解 N_2 饱和程度，与 O_2 的比值可更准确地分析 O_2 的消耗情况。在正常情况下，通过 N_2、O_2、CO 及 CO_2 之和还可计算出油的总含气量

续表

被分析的气体组分		分析目的
必测气体	H_2	与甲烷之比可以判断并了解过热故障点温度，或了解是否有局部放电和受潮情况
	CH_4	了解过热故障点温度
	C_2H_4	
	C_2H_6	
	C_2H_2	了解有无放电现象或存在极高的过热故障点温度
	CO	了解固体绝缘的老化情况或内部平均温度是否过高
	CO_2	与CO结合，可判断固体绝缘是否存在热分解

3.2 故障诊断步骤

对油中溶解气体进行检测的步骤如下：

首先，判定有无故障；其次，判断故障类型，如高、中、低温过热；电弧放电、火花放电和局部放电等；然后，诊断故障状况，如热点温度、故障功率、严重程度、发展趋势以及油中气体饱和水平和达到气体继电器报警所需时间等；最后，给出处置建议。

3.2.1 有无故障的判断

当人们掌握了油中溶解气体组分与设备内部状况的定性关系之后，一个新的问题就是如何确定这些特征气体的含量与设备内部故障的定量关系。IEEE C57.104—2008《油浸变压器产生气体的解释用IEEE指南》给出了单一气体组分的浓度限值，如表3-2所示。

表3-2　　溶解气体浓度

状态	溶解的关键气体浓度限值（μL/L）							
	氢气（H_2）	甲烷（CH_4）	乙炔（C_2H_2）	乙烯（C_2H_4）	乙烷（C_2H_6）	一氧化碳（CO）	二氧化碳（CO_2）	总可燃性气体（TDCG）
第一级	100	120	1	50	65	350	2500	720
第二级	101～700	121～400	2～9	51～100	66～100	351～570	2500～4000	721～1920
第三级	701～1800	401～1000	10～35	101～200	101～150	571～1400	4001～10000	1921～4630
第四级	＞1800	＞1000	＞35	＞200	＞150	＞1400	＞10000	＞4630

注　总可燃性气体（TDCG）是指氢气、甲烷、乙烯、乙烷、乙炔和一氧化碳的总和。

当某一气体超过表3-2的极限值时，变压器就据此确定运行状态等级，然后考察特征气体的总量的产气速率，并按产气速率确定追踪分析周期，如表3-3所示。然后按产气速率决定设备四种等级的运行方式，例如第1级产气速率小于10μL/L/d时，设备正常运行；大于10μL/L/d时，加强注意，确定产气量与负荷的关系。当第4级产气速率小于30μL/L/d时，应特别注意，拟订停运计划；大于30μL/L/d时，考虑停止运行，进行检查修理。

表 3-3　　按产气速率划分追踪周期

等级	总可燃性气体水平（μL/L）	总可燃性气体（TDCG）产气速率（μL/L/day）	根据气体产气速率确定油样采样间隔和采取措施	
			采样间隔	采取措施
等级 4	＞4630	＞30	每天 1 次	考虑退出运行；建议维修
		10～30	每天 1 次	
		＜10	每周 1 次	注意，谨慎行事；气体组分分析；计划设备退出；建议维修
等级 3	1921～4630	＞30	每周 1 次	注意，谨慎行事；气体组分分析；计划设备退出；建议维修
		10～30	每周 1 次	
		＜10	每月 1 次	
等级 2	721～1920	＞30	每月 1 次	注意，谨慎行事；气体组分分析；确定负荷水平
		10～30	每月 1 次	
		＜10	每季 1 次	
等级 1	≤720	＞30	每月 1 次	注意，谨慎行事；气体组分分析；确定负荷水平
		10～30	每季 1 次	继续正常运行
		＜10	常规周期	

DL/T 722—2014《变压器油中溶解气体分析和判断导则》给出了新设备投运前油中溶解气体含量要求（见表 3-4）和运行中设备油中溶解气体的注意值（见表 3-5）。要求投运前后的两次检测结果不应有明显的区别，运行中设备油中溶解气体含量若超过表 3-5 所列数值时，应引起注意。

表 3-4　　新设备投运前油中溶解气体含量要求　　μL/L

设备	气体组分	含量	
		330kV 及以上	220kV 及以下
变压器和电抗器	氢气	＜10	＜30
	乙炔	＜0.1	＜0.1
	总烃	＜10	＜20
互感器	氢气	＜50	＜100
	乙炔	＜0.1	＜0.1
	总烃	＜10	＜10
套管	氢气	＜50	＜150
	乙炔	＜0.1	＜0.1
	总烃	＜10	＜10

表 3-5　　运行中设备油中溶解气体含量注意值　　$\mu L/L$

设备	气体组分	含量	
		330kV 及以上	220kV 及以下
变压器和电抗器	氢气	150	150
	乙炔	1	5
	总烃	150	150
电流互感器	氢气	150	300
	乙炔	1	2
	总烃	100	100
电压互感器	氢气	150	150
	乙炔	2	3
	总烃	100	100
套管	氢气	500	500
	乙炔	1	2
	总烃	150	150

注　该表所列数值不适用于从气体继电器取出的气体。

必须注意，某些非故障原因也会使设备油中存在一定量的故障特征气体，有时这种非故障原因所产生的特征气体浓度甚至远远超过表 3-5 中的注意值。因此，判定设备内部有无故障时，应特别注意防止这些非故障气体的干扰而造成错误判断。在实际判定工作中，首先应将油中溶解气体分析结果的主要指标（总烃、乙炔、氢气）与表 3-5 中的注意值作比较。当油中溶解气体含量任一主要指标超过表 3-5 中数值时应引起注意。但是，DL/T 722—2014《变压器油中溶解气体分析和判断导则》推荐的注意值是指导性的，它不是划分设备是否正常的唯一判据，不应机械地执行。判定设备有无故障还应根据追踪分析，考察特征气体的增长速率。有时即使特征气体含量基值超过注意值，也不能立即判定有故障，而必须与历史数据比较。如果没有历史数据，则需确定一个适当的周期进行追踪分析。一般，仅仅根据一次分析结果就判定为故障，甚至采取停电内检维修或限制负荷等措施是不经济的。实际判断时，某项指标分析结果的绝对值超过表 3-5 的注意值，且产气速率超过注意值时，判定为故障。

将气体浓度绝对值与表 3-5 比较时，对于故障检修后的设备，特别是变压器和电抗器，即使检修后已将油进行了真空脱气处理，但是由于油浸绝缘纸会吸附气体和残油，而残存的油中溶解的故障特征气体将释放至已脱气的油中，在追踪分析初期往往发现故障特征气体有明显的增长。这时，有可能误判断为故障还未消除或者怀疑有新的故障产生。因此，即使检修时油已充分脱气，在修后的两三个月内，如果特征气体增长速率比正常设备快，则应对溶解在设备内部纤维材料中的残油中的残气进行估算。其估算步骤及公式推导如下。

（1）绝缘纸中浸渍的油量 V_1(L) 的计算公式为：

$$V_1 = V_P\left(1-\frac{d_1}{d}\right) \tag{3-1}$$

(2) 绝缘纸板中浸渍的油量 V_2(L) 的计算公式为:

$$V_2 = V_B\left(1-\frac{d_2}{d}\right) \tag{3-2}$$

式中 d_1——绝缘纸的密度，取0.8;

d_2——纸板的密度，取1.3;

d——纤维素的密度，取1.5;

V_P——设备中绝缘纸的体积，L;

V_B——设备中绝缘纸板的体积，L。

V_P 和 V_B 可由制造厂家提供。

(3) 设备内部绝缘纸和纸板中浸渍的总油量计算公式为:

$$V = V_1 + V_2 \tag{3-3}$$

(4) 设备修理前油中气体组分 i 的浓度已知，即为 C_i(μL/L)，则纸和纸板中残油所残存的组分 i 气体总量计算公式为:

$$G_i = VC_i \times 10^{-6} \tag{3-4}$$

(5) 当设备装油量为 V_0(L) 时，修复并运行一段时间之后，上述残气 G_i 再均匀扩散至体积为 V_0 的油中，其浓度表达式为:

$$C_i' = \frac{G_i}{V_0} \times 10^6 = \frac{VG_i}{V_0} \tag{3-5}$$

(6) 将式 (3-3) 和式 (3-4) 代入式 (3-5)，即得式 (3-6):

$$C_i' = \frac{C_i}{V_0} \cdot \left[V_P\left(1-\frac{d_1}{d}\right)+V_B\left(1-\frac{d_2}{d}\right)\right] \tag{3-6}$$

因此，设备故障修复后，油中气体分析所得的各组分浓度应分别减去 C_i'值，才是设备修复后油中气体的真实浓度。

3.2.2 故障严重程度诊断

大量事实表明，仅仅依靠分析结果的绝对值很难对故障的严重程度做出正确的判断，必须根据产气速率来诊断故障的发展趋势。产气速率与故障所消耗的能量大小、故障部位、故障性质和故障点的温度等情况有直接关系，还与设备类型、负荷情况和所用绝缘材料的体积及其老化程度有关。因此，计算故障产气速率，既可以进一步明确设备内部有无故障，又可以对故障的严重性作出初步估计。值得注意的是，气体的产生时间可能仅在两次检测周期内的某一时间段，因此产气速率的计算值可能小于实际值。

DL/T 722—2014《变压器油中溶解气体分析和判断导则》给出以下两种产气速率的计算方式。

3.2.2.1 绝对产气速率

绝对产气速率是每运行日产生某种气体的平均值，计算公式为:

$$\gamma_a = \frac{C_{i,2}-C_{i,1}}{\Delta t} \times \frac{m}{\rho} \tag{3-7}$$

式中 γ_a——绝对产气速率，mL/d;

$C_{i,2}$——第二次取样测得油中某气体浓度，μL/L;

$C_{i,1}$——第一次取样测得油中某气体浓度，μL/L；

Δt——二次取样时间间隔中的实际运行时间，d；

m——设备总油量，t；

ρ——油的密度，t/m^3。

式（3-7）没有考虑气体的逸散损失。事实上，特别是对于开放式变压器，这种气体逸散损失是不可忽视的。若考虑到气体的逸散损失率 H（%/d），则由式（2-39）对式（3-7）进行修正。

即

$$\gamma_a = \left(\frac{H}{100}C_{i1} + \frac{C_{i,2} - C_{i,1}}{n}\right) \times \frac{m}{\rho} \tag{3-8}$$

3.2.2.2 相对产气速率

相对产气速率是每运行月（或折算到月）某种气体含量增加值相对原有值的百分数，计算公式为：

$$\gamma_r = \frac{C_{i,2} - C_{i,1}}{C_{i,1}} \times \frac{1}{\Delta t} \times 100\% \tag{3-9}$$

式中 γ_r——相对产气速率，%/月；

$C_{i,2}$——第二次取样测得油中某气体浓度，μL/L；

$C_{i,1}$——第一次取样测得油中某气体浓度，μL/L；

Δt——二次取样时间间隔中的实际运行时间，月。

对于变压器和电抗器，绝对产气速率的注意值如表 3-6 所示，总烃的相对产气速率注意值为 10%（对总烃起始含量很低的设备，不宜采用此判据）。对气体含量有缓慢增长趋势的设备，可使用气体在线监测装置随时监视设备的气体增长情况。

表 3-6 运行设备油中溶解气体绝对产气速率注意值 mL/d

气体组分	密封式	开放式
氢气	10	5
乙炔	0.2	0.1
总烃	12	6
一氧化碳	100	50
二氧化碳	200	100

注 1. 对乙炔<0.1μL/L 且总烃小于新设备投运要求时，总烃的绝对产气率可不做分析（判断）。
2. 新设备投运初期，一氧化碳和二氧化碳的产气速率可能会超过表中的注意值。
3. 当检测周期已缩短时，本表中注意值仅供参考，周期较短时，不适用。

IEEE 57.104—2008 判断法是以 μL/L 为单位来考察产气速率。当某一特征气体超过所规定的极限浓度时，设备就据此确定等级（共 4 级）。然后，应考察产气速率，并把产气速率按大小划分 3 级，在每一级内再依据设备所处的等级确定追踪分析周期、设备运行方式及处理措施。

国外还有的以 μL/L/月为单位来表示产气速率。据统计结果表明，对于开放式变压器，总烃大于 16μL/L/月时就应予以注意，一般很可能存在故障。如果大于 40μL/L/月时，可能是较严重的故障。应用此判据简单、方便、快捷，作为辅助判据是比较实用的。

绝对产气速率表示法能直接反映出故障性质和发展速度，包括故障源的功率、温度和面积等。不同设备的绝对产气速率具有可比性，不同性质故障的绝对产气速率也有其独特性，其计算方法也较简单。对同一设备故障前后或故障前期与后期的绝对产气速率进行对比，能看出故障的发展趋势。但是，不同设备由于容量与油量的不同，缺乏可比性，不能直接反映故障源的有关参数。

3.2.2.3 气体含量及产气速率注意值的应用原则

（1）气体含量注意值不是划分设备内部有无故障的唯一判断依据。当气体含量超过注意值时，可按以下要求缩短检测周期，并结合产气速率进行判断。

当怀疑设备内部有下列异常时，应根据情况缩短检测周期进行监测或退出运行。在监测过程中，若增长趋势明显，须采取其他相应措施；若在相近运行工况下，检测 3 次后含量稳定，可适当延长检测周期，直至恢复正常检测周期。

（a）过热性故障：怀疑主磁回路或漏磁回路存在故障时，可缩短到每周一次；当怀疑导电回路存在故障时，宜缩短到至少每天一次。

（b）放电性故障：怀疑存在低能量放电时，宜缩短到每天一次；当怀疑存在高能量放电时，应进一步检查或退出运行。

若气体含量超过注意值但长期稳定，可在超过注意值的情况下运行。另外，气体含量虽低于注意值，但产气速率超过注意值，也应按上述要求缩短检测周期。

（2）330kV 及以上电压等级设备，当油中首次检测到 C_2H_2（$\geqslant$0.1μL/L）时应引起注意。

（3）当产气速率突然增长或故障性质发生变化时，须视情况采取必要措施。

（4）影响油中 H_2 含量的因素较多，若仅 H_2 含量超过注意值，但无明显增长趋势，也可判断为正常。

（5）注意区别非故障情况下的气体来源。

表 3-7 给出了导致油色谱分析误判的非故障产气原因。

表 3-7　导致油色谱分析误判的非故障产气原因

序号	非故障产气原因	对油中溶解气体组分变化的影响	误判可能
1	有载调压开关灭弧室向本体渗漏油	导致油中乙炔异常增长较快	内部放电故障
2	使用有活性的金属材料，促进绝缘油分解或将原吸附的气体释放回油中	导致油中氢气异常增长较快	油中有水分
3	使用某些与绝缘油不相溶的绝缘材料，造成油分解	产生 CO 和 H_2 等，增加其在油中的浓度	固体绝缘老化受潮
4	注油时脱气不彻底	油中氢气含量偏高	密封不严
5	带油电焊	导致油中出现乙炔或乙炔增长	内部放电故障
6	滤油机控油不精确，导致绝缘油局部过热	导致油中出现乙炔或乙炔增长	内部放电故障
7	潜油泵电机故障	乙炔等可燃性气体增加	内部放电故障

3.2.3 故障状况诊断

故障状况诊断是为了向设备维护管理者提供故障严重程度和发展趋势的信息，作为制定合理的维护措施的重要依据。根据产气速率可以初步了解故障的严重程度，通过估算故障热源温度、故障源功率、故障点面积以及油中溶解气体饱和程度等信息，可以进一步确定故障对设备的危害程度。

3.2.3.1 热点温度估算

关于故障热源温度的推定，国内外已有不少研究，例如，三比值和四比值等判断方法都反映出比值与温度的依赖关系。法国赛伯特（Thibault）等人根据对绝缘纸的裂解研究，提出纸热解时，产气组分一氧化碳与二氧化碳的比值与温度的关系，结果如图 3-1 所示。日本木下仁志等人通过变压器模拟试验，提出烃类气体三组分之和与可燃性气体总量（*TCG*）的比值（*K*）与温度的关系，结果如图 3-2 所示。图中 *K* 值由式（3-10）计算得到：

$$K = \frac{CH_4 + C_2H_4 + C_3H_6}{TCG} \tag{3-10}$$

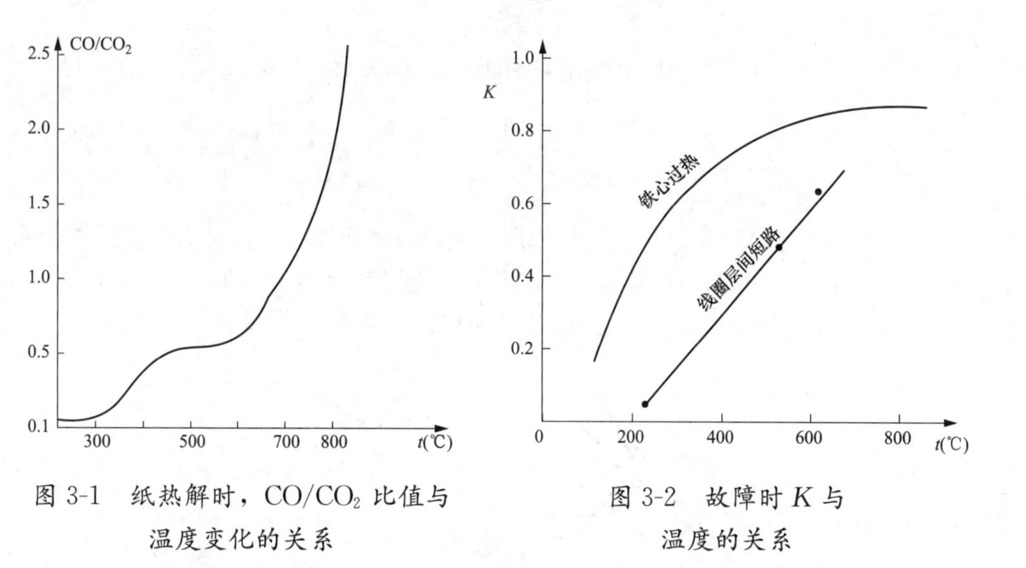

图 3-1 纸热解时，CO/CO_2 比值与温度变化的关系

图 3-2 故障时 *K* 与温度的关系

白井等人的 PEM 法也反映了丙烯、乙烯、甲烷三组分比值（%）与温度在 200～700℃范围内的关系，如图 3-3 所示。

日本月冈、大江等人于 1978 年研究并提出了纯油分解时三比值 C_2H_4/C_2H_6、C_3H_6/C_3H_8、C_2H_4/C_3H_8 与温度的关系，结果如图 3-4 所示。由该图可知，在 400℃以下时，上述比值变化不大，超过 400℃时，比值与温度成直线关系急剧上升。由此导出 400℃以上时三个比值与裂解温度的关系，见式（3-11）～式（3-13）。

$$T = 322\lg\left(\frac{C_2H_4}{C_2H_6}\right) + 525 \tag{3-11}$$

$$T = 260\lg\left(\frac{C_3H_6}{C_3H_8}\right) + 440 \tag{3-12}$$

$$T = 190\lg\left(\frac{C_2H_4}{C_3H_8}\right) + 465 \tag{3-13}$$

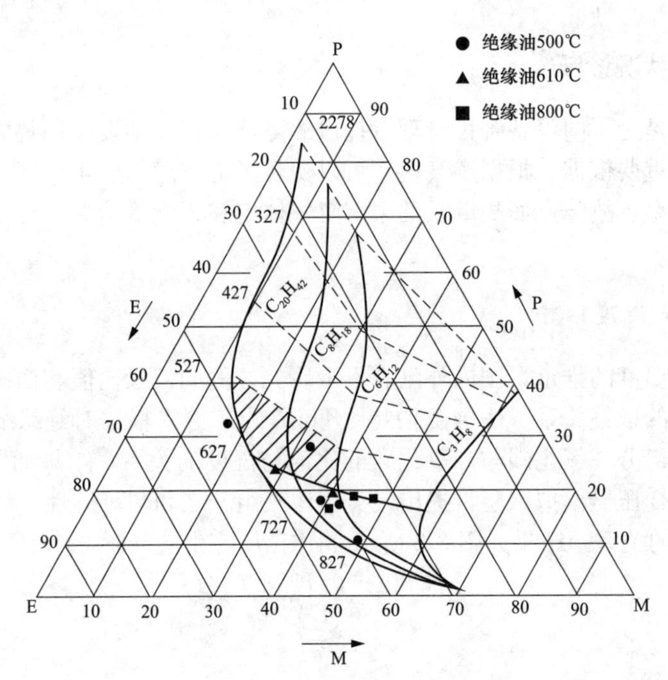

图 3-3 PEM 比值法

经验公式（3-12）～式（3-14）仅仅是根据纯油热裂解而得出的，它不涉及固体绝缘热分解的情况。1980 年，月冈和大江等人又发表了油纸绝缘热分解产气的 C_2H_4/C_2H_6、C_3H_6/C_3H_8、C_2H_4/C_3H_8 三比值与温度的关系，结果如图 3-5 所示。

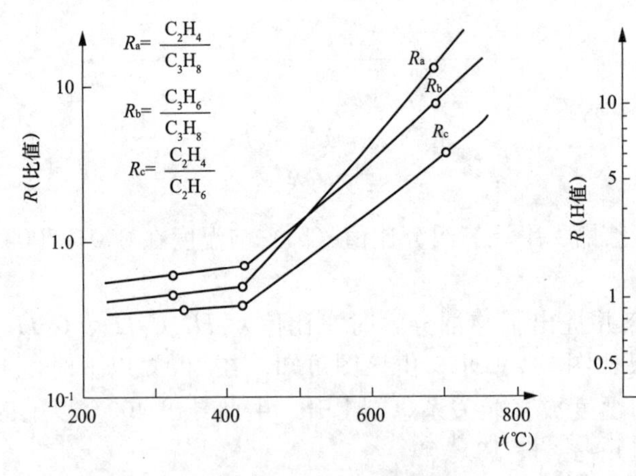

图 3-4 纯油裂解产气三组分比值与温度的关系

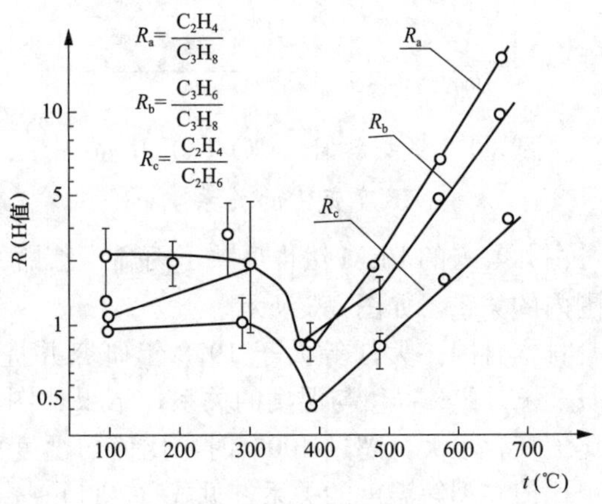

图 3-5 油纸绝缘裂解产气三组分比值的温度特性

由图 3-5 可知，在绝缘纸存在的情况下，热解温度在 400℃以上时，与图 3-4 所示的纯油裂解的情况几乎是一样的，即比值与温度成直线关系。但是，在 400℃以下时，比值与温度不成直线关系。他们同时研究了 100～700℃时绝缘纸在油中裂解产生 CO_2/CO 比值的温度

特性，结果如图 3-6 所示。从而，得出有绝缘纸存在的绝缘油局部过热时的热点温度经验公式，如式（3-14）和式（3-15）所示。

300℃以下时

$$T = -241\lg\left(\frac{CO_2}{CO}\right) + 373 \tag{3-14}$$

300℃以上时

$$T = -1196\lg\left(\frac{CO_2}{CO}\right) + 660 \tag{3-15}$$

由于所分析的气体对象不包括 C3，因此，实际工作中可以应用改良三比值法对热点温度进行估算。故障实例证明，这种估算一般是比较符合实际的。对于绝缘油高于 400℃的局部过热，也可应用式（3-12）进行估算。当故障涉及固体绝缘分解，例如导线过热时，可参考式（3-15）或式（3-16）进行估算。

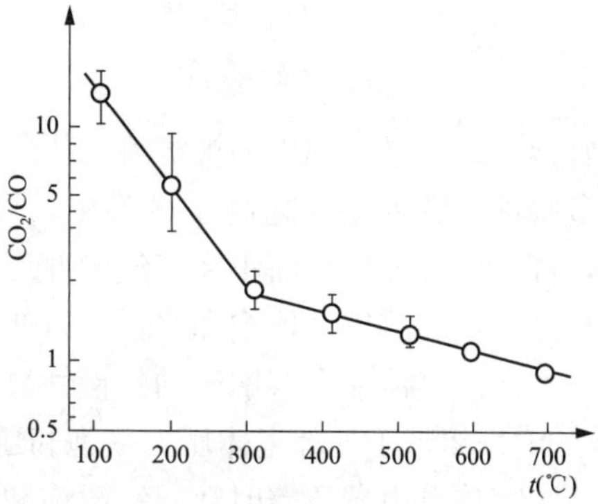

图 3-6 CO_2/CO 的温度特性

3.2.3.2 故障功率的估算

如前所述，绝缘油故障裂解时需要一定的能量——活化能。不同的分子量具有不同的活化能，绝缘油的平均活化能约为 50kcal/mol，即油热解产生 1mol 体积（标准状态下为 22.4L）的气体，需要热能为 50kcal。则每升热解气体所需的焦尔能可由式（3-16）计算得到：

$$Q = \frac{50\text{kcal}}{\text{mol}} \times \frac{4.18\text{kJ}}{\text{L}} \times \frac{1}{22.4} = 9.33\text{kJ/L} \tag{3-16}$$

Q 为理论热值，由于温度不同，油裂解实际消耗的热量一般大于理论值，因此需引入热解效率概念。热解效率系数 ε 可由式（3-17）计算得到，

$$\varepsilon = \frac{Q_i}{Q_P} \tag{3-17}$$

式中 Q_i——理论热值，kJ/L；

Q_P——实际热值，kJ/L。

从这一热解效率的概念导出故障功率的估算公式为：

$$P = \frac{Q_i \gamma}{\varepsilon H} \tag{3-18}$$

式中 Q_i——理论热值，9.33kJ/L；

γ——故障时间内的产气量，L；

ε——热解效率系数；

H——故障持续时间，s。

局部放电时，木下仁志测定 ε 值为 1.27×10^{-3}。另外，木下仁志通过铁心局部过热和线圈层间短路模拟试验测定 ε，其结果如图 3-7 所示。

为使用方便起见，根据该曲线推定出如下近似公式：

铁心局部过热：

$$\varepsilon = 10^{0.00988t - 9.7} \tag{3-19}$$

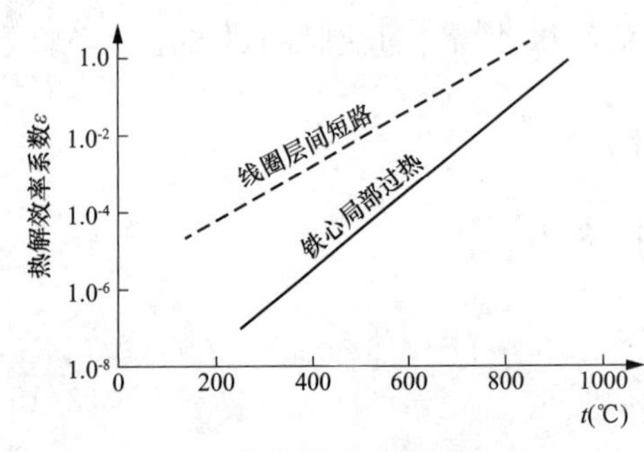

图 3-7 热解效率系数 ε 与温度 t 的关系

线圈层间短路：$\varepsilon = 10^{0.00686t-5.83}$ (3-20)

式中 t——热点温度，℃。

必须注意，由于气体损失和气体分析精度的影响，实际故障产气速率计算的误差可能较大（一般偏低），故障能量估算一般也可能偏低。因此，计算故障产气量时应对气体扩散损失加以修正。

3.2.3.3 油中气体饱和水平和饱和释放所需时间的估算

一般情况下，气体溶于油中并不妨碍变压器正常运行。但是，如果油被溶解气体所饱和，就会有某些游离气体以气泡形态释放出来，这是危险的。特别是在超高压设备中，可能在气泡中发生局部放电，甚至导致绝缘闪络。因此，即使对故障较轻而正在产气的变压器，为了监视不发生气体饱和释放，应根据油中气体分析结果估算溶解气体饱和水平，以便预测气体继电器可能动作的时间。

在故障气体完全溶解于油的慢性故障变压器中，如果全部溶解气体的分压力总和（包括 O_2、N_2）相当于外部气体压力（饱和压力），油将达到饱和状态。据此可以在理论上估算气体进入气体继电器所需时间。一般饱和压力相当于 1 个标准大气压，即 101.3kPa。为简化计算，这里不将气压换算到千帕，仍按 1 个标准大气压考虑。这时油中溶解气体饱和水平可由式（3-21）近似计算：

$$Sat\% = 10^{-4}\sum\frac{C_i}{K_i} \tag{3-21}$$

式中 C_i——气体组分 i（包括 O_2、N_2）的浓度，μL/L；

K_i——气体组分 i 的奥斯特瓦尔德常数。

同理，可以导出式（3-22）来估算溶解气体达到饱和所需的时间：

$$t = \frac{1-\sum\frac{C_{i2}}{K_i}\times 10^{-6}}{\sum\frac{C_{i2}-C_{i1}}{K_i\Delta t}\times 10^{-6}} \tag{3-22}$$

式中 C_{i1}——组分 i 第一次分析值，μL/L；

C_{i2}——组分 i 第二次分析值，μL/L；

Δt——两次分析间隔的时间，月；

K_i——气体组分 i 的奥斯特瓦尔德常数。

为了可靠地估算油中气体饱和水平和达到饱和的时间，准确测定油中 O_2 和 N_2 的含量是很重要的。如果没有测定 N_2 的含量，则可近似地取氮气的饱和分压为 0.8 标准大气压。这时，对故障设备而言，氧气往往被消耗，其分压接近 0 值，因此，氢烃类及碳的氧化物的饱和分压等于 (1－0.8)＝0.2 标准大气压，则式（3-22）可表达为：

$$t = \frac{0.2-\sum\frac{C_{i2}}{K_i}\times 10^{-6}}{\sum\frac{C_{i2}-C_{i1}}{K_i\Delta t}\times 10^{-6}} \tag{3-23}$$

应用式（3-21）～式（3-23）时，应注意以下问题：

（1）严格地讲，上述关系仅适用于静态平衡状态，由于运行中铁心振动和油泵运转等影响，变压器多数出现动态平衡状态。因此，油中气体释放往往出现在溶解气体总分压略低于1标准大气压情况下（一般在0.9～0.98标准大气压之间）。

（2）由于实际上故障发生往往是非等速的，因而在加速产气的情况下，估算出的时间可能比实际油中气体达到饱和的时间长，所以在追踪分析期间，应随时根据最大产气速率进行估算，并修正报警。必须注意，报警时间要尽可能提前。

3.2.3.4 故障源面积估算

月冈和大江等人通过对油热解产气的研究，得出产气速率与温度的关系，如图3-8所示。基于阿累尼乌斯的化学反应速度与温度关系公式，可以将其简化为：

$$\lg\kappa = \alpha - \frac{\beta}{T} \tag{3-24}$$

式中 κ——反应速率系数，在此即为产气速率系数；

T——绝对温度，K；

α、β——与温度有关的系数。

月冈和大江等人实测得到不同温度的 α、β 系数，从而得出式（3-25）～式（3-27）的经验公式：

$$t = 200 \sim 300℃,\quad \lg K = 1\times 20 - \frac{2460}{T} \tag{3-25}$$

$$t = 400 \sim 500℃,\quad \lg K = 5\times 50 - \frac{4930}{T} \tag{3-26}$$

$$t = 500 \sim 600℃,\quad \lg K = 14\times 40 - \frac{11800}{T} \tag{3-27}$$

式中 K——单位面积产气率，mL/(cm^2·h)；

T——绝对温度，K。

日本田村等人研究800℃以上过热时，单位面积产气速率的关系如图3-9所示。由图3-9以及式（3-25）～式（3-27）可求出不同温度下单位面积的产气速率，从而根据式（3-28）可以估算故障源的面积 S：

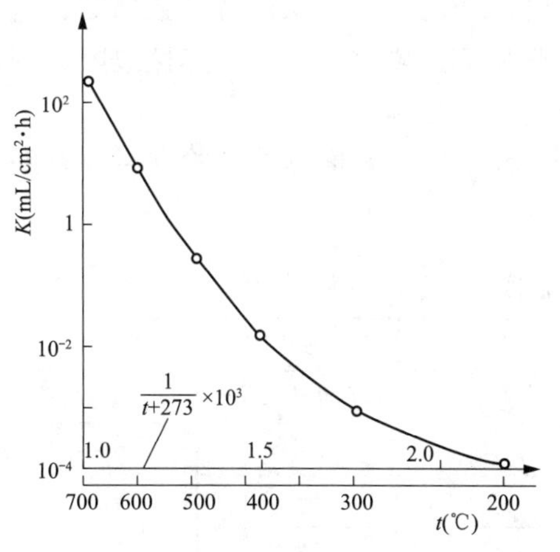

图3-8 油裂解产气速率与温度的关系（1）

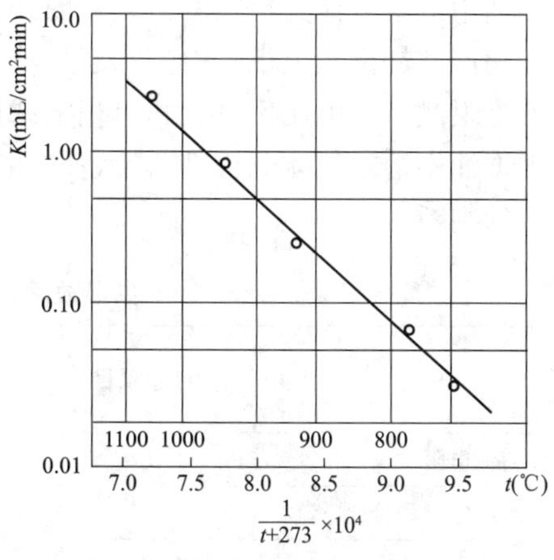

图3-9 油裂解产气速率与温度的关系（2）

$$S=\frac{\gamma}{K} \tag{3-28}$$

式中 γ——单位时间产气量，mL/min；

K——单位面积产气速率，mL/(mm^2·min)。

估算故障源面积时，单位时间的产气量可按油中气体追踪分析数据求得，并根据故障点的温度估算结果。在图 3-8 或图 3-9 可查出单位面积的产气速率 K，从而得出故障面积 S。例如，某变压器 1 年内产气 500L，1 年＝5.256×10^{5}min，过热点温度估算为 850℃，由图 3-8 或图 3-9 查得 K＝0.1mL/mm^2·min，则 $S=\frac{\frac{500\times1000}{5.256}\times10^5}{0.1}\approx10\text{mm}^2$。对该变压器内部进行检查，实际过热面积约为 9mm^2，基本相符。

此外，应该注意，如果考察产气量时没有计入气体损失率，则可能求得的单位时间的产气量偏低，由此估算出的故障面积也可能缩小。

3.2.3.5 故障点部位估计

变压器油中气体分析技术的最大不足之处就是不能判定故障部位，也就是说仅仅依靠油中气体分析的结果难以定位故障，根据不同部位取样分析结果来推定故障点距气体继电器的远近，误差也较大。经验表明，一般可根据导电回路和磁路产气特征的某些差异来推定故障点是在导电回路还是磁路部分。例如：根据经验，当故障在导电回路时往往有 C_2H_2，且含量较高，C_2H_4/C_2H_6 比值也较高，并且 C_2H_4 的产气率往往高于 CH_4 的产气率。对于磁路故障一般无 C_2H_2 或者很微少（一般只占氢烃总量的 2%以下），而且 C_2H_4/C_2H_6 比值较小，绝大多数情况下该比值小于 6。

变压器存在故障时油中产气速率与故障能量的大小有密切关系。英国 CEGB（中央电业管理局）研究指出，产气速率与负荷有着线性或倍增回归关系，如果将产气量与变压器负荷电流的平方之间进行回归，根据其相关系数和回归斜率以及回归截距分析，如果相关性很好，则说明产气过程依赖于欧姆热。同时，对回归斜率进行连续监视，还能判断故障的发展过程。

对于故障点部位的估计主要应结合运行检修情况调查和其他试验结果进行综合判断。例如，当油中溶解气体分析检测出设备内部存在放电性故障时，可以采用特高频局部放电带电检测、超声波局部放电带电检测和超声波定位技术来确定故障部位。对于热性故障，则可结合直流电阻测定、电压比试验和单相空载试验等来进行综合判断。

根据油中溶解气体分析判断设备内部有故障时，结合表 3-8 推荐的试验项目，有助于故障部位的判断。

表 3-8　判断故障时推荐的其他试验项目

变压器的试验项目	油中溶解气体分析结果	
	过热性故障	放电性故障
绕组直流电阻	√	√
铁心绝缘电阻和接地电流	√	√
空载损耗和空载电流测量或长时间空载	√	√

续表

变压器的试验项目	油中溶解气体分析结果	
	过热性故障	放电性故障
改变负载（或用短路法）试验	√	
油泵及水冷却器检查试验	√	√
有载分接开关油箱渗漏检查		√
绝缘特性（绝缘电阻、吸收比、极化指数、tanδ、泄漏电流）		√
绝缘油的击穿电压、tanδ、含水量		√
局部放电（可在变压器停运或运行中测量）		√
绝缘油中糠醛含量	√	
工频耐压		√
油箱表面温度分布和套管端部接头温度	√	

然而由于电气试验的灵敏度较低，往往仍难于获得准确的诊断。在综合判断时，如果工作人员有丰富的现场经验，对各种充油电气设备的结构和常见故障及其原因比较了解，则对故障点部位的推定是很有帮助的。

3.3 油中总气量和氧气含量对故障诊断的作用

测定油中溶解气体总量和氧气含量对于判断设备缺陷和不正常运行状态是有一定作用的。如前所述，正常运行的变压器油中溶解气体主要是氧气和氮气。在隔膜密封式变压器中，氧气是制造和安装时残留于油纸绝缘中的，当其溶解均匀之后，从理论上来说，运行设备油中氧气因绝缘物氧化而被消耗，应不断减少。在设备注油时，如果油脱气完全并保持全密封，则运行油中总气量和氧气含量很低。当总气量和氧气含量明显增长时，如果不是取样、脱气和分析过程中的偶然误差，则可能是隔膜或附件（如潜油泵）泄漏所致。如果总气量明显增长但氧气含量却很低时，则设备内部很可能有故障，此时应特别注意油中氢、烃类故障特征气体的分析结果。

在充氮密封变压器中，油面空间与隔膜密封式有某些不同，即当负荷和环境温度变化而使油温变化时，充入的氮气在油中的溶解度会随温度变化，但是不会造成油中氧气含量有太明显的改变。当总气量和氧气明显增加时，可能是氮封系统密封不良或防爆膜龟裂，应查明其原因。

开放式变压器因油面长期与空气接触，在相应的油温下，空气中会有一部分氧气溶于油中，由于对油的溶解度存在差异，通常油中氧气所占的比例也比空气中氧气的比例要大些。

无论哪种油保护方式的变压器，当内部存在慢性热故障时，分解气体将使油中总气量增加，同时由于故障热源处的氧化过程将加速氧气消耗，并且对油溶解度很高的故障特征气体还会从油中置换出部分氧气。由于很难通过油来补充氧，就会使油中氧气含量不断降低。实践证明，故障越严重或存在的时间越长，油中氧气含量就越低，总气量就越高。

DL/T 722—2014《变压器油中溶解气体分析和判断导则》中也提出了用 O_2/N_2 比值的辅助判断方法，认为一般在油中溶解有氧气和氮气，O_2/N_2 比值接近 0.5。运行中，由于油的氧化或纸的氧化降解都会造成氧气的消耗，O_2/N_2 比值会降低。负荷和保护系统也会影响 O_2/N_2 比值。对于开放式设备，当 O_2/N_2 比值小于 0.3 时，一般认为出现了氧气被过度消耗，应引起注意。对密封良好的设备，由于氧气的消耗，O_2/N_2 比值在正常情况下可能会低于 0.05。

当油中总气量和氧气含量都很低，而氢烃类气体并不高时，对于开放式变压器可能是呼吸器阻塞不畅，对于氮封变压器可能是输氮管路阻塞或氮气袋中缺少氮气。在此类情况下，轻气体继电器常在温度和负荷降低时动作报警。在特征气体完全溶于油中的缓慢性故障变压器中，为了尽可能可靠地估算达到油中溶解气体饱和释放所需的时间，正确测定变压器油中氧气和氮气的含量也是很重要的。

3.4 固体绝缘材料热解 CO 和 CO_2 诊断方法

当故障涉及固体绝缘时，会引起设备油中一氧化碳和二氧化碳气体含量的明显增长。但是，固体绝缘的正常老化过程与故障情况下的劣化分解表现在油中碳的氧化物的含量上，尚未发现明显的界限。

DL/T 722—2014《变压器油中溶解气体分析和判断导则》对 CO/CO_2 提供了经验判据，并对 CO 和 CO_2 产气速率提出了注意值。根据大量变压器油中气体的分析结果，可以得出以下判断经验：

（1）随着油和固体绝缘材料的老化，CO 和 CO_2 会呈现有规律的增长，当增长趋势发生突变时，应与其他气体的变化情况进行综合分析，判断故障是否涉及固体绝缘。

（2）由于 CO_2 较易溶解于油中，而 CO 在油中的溶解度小、易逸散，因此 CO_2/CO 一般是随着运行年限的增加而逐渐变大的。当故障涉及固体绝缘材料时，一般 CO_2/CO 小于 3，最好用 CO_2 和 CO 的增量进行计算；当 CO_2/CO 大于 7 时，认为绝缘可能老化，也可能是大面积低温过热故障引起的非正常老化。

（3）对变压器投运后 CO 含量的增长情况，有下列规律：

1）随着变压器运行时间增加，CO 含量虽有波动，但总的趋势是增加的。

2）变压器自投入运行后，CO 含量开始增加速度快，而后逐渐减缓，正常情况下不应发生陡增。

3）不同变压器（如生产厂家不同、年代不同）投运初期 CO 含量差别很大。

据此提出经验公式（3-29），不满足时应引起注意。

$$C_n \leqslant C_{n-1} \times 1.2^{\frac{2}{n}} (\mu L/L) \quad (n \geqslant 2) \tag{3-29}$$

式中 C_n——运行 n 年的 CO 年平均含量；

n——运行年数。

（4）对变压器油中 CO_2 气体分析结果，有以下经验公式（3-30），不满足时应引起注意。

$$C \leqslant 1000 \times (2+n) \quad (\mu L/L) \tag{3-30}$$

式中 C——运行 n 年的 CO_2 年平均含量；

n——运行年数。

日本田村等人的实验研究表明，固体绝缘分解产生 CO 和 CO_2 的速度，即 CO/CO_2 的比值，不仅决定于局部过热温度范围及其作用时间，而且还与固体绝缘的含湿量成反比，如图 3-10（a）所示，且与温度和作用时间成正比，见图 3-10（b）。温度一定而含湿量越高时，分解 CO_2 越多，反之温度一定而纤维含湿量越低时，分解 CO 就越多。亦即含湿量低时，CO/CO_2 比值高。对固体绝缘热分解的判断应综合 CO 和 CO_2 的绝对值及 CO/CO_2 的比值仔细分析，甚至应该与油中微水含量分析相结合来进行综合判定。

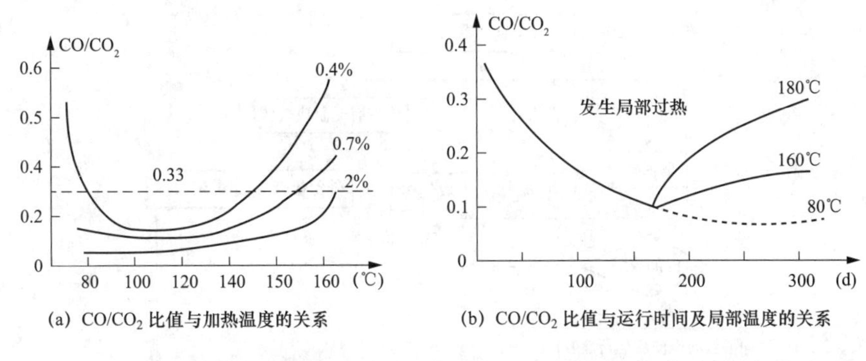

图 3-10 CO/CO_2 比值与加热温度、运行时间及局部温度关系图

必须指出，上述统计规律只适用于慢性故障。对于突发性故障，一般由于 CO 难以溶于油中，所以往往绝对值较小，其 CO/CO_2 的比值也较小。值得注意的是，油中溶解气体分析在判断过热故障是否涉及固体绝缘的准确性上一直没有得到很好的解决。对判断固体绝缘老化而言，与绝缘纸的抗张强度和纸绝缘聚合度相比，用 CO 和 CO_2 判断绝缘老化的不确定性更大。针对这种情况，目前在利用绝缘油开展对固体绝缘老化诊断方面，普遍采用油中糠醛含量检测来替代利用油中溶解气体 CO 和 CO_2 判断固体绝缘过热的不确定性。实践证明，通过检测油中糠醛含量对固体绝缘介质老化判断是有效的。且油中糠醛含量与绝缘纸聚合度有较好的对应关系，可实现在不停电条件下的取样与检测。

3.5 基于气体继电器中游离气体的故障诊断法

3.5.1 气体继电器

气体继电器是油浸式变压器瓦斯保护的主要元件，安装在油箱与储油柜之间的连接管道上（为使气体顺利进入气体继电器和储油柜，其顶盖与水平面的坡度为 1%～1.5%，连接管有 2%～4%的坡度），可以反映变压器内部的各种故障及异常运行状态。

变压器正常运行时，继电器内充满变压器油，当溶解于变压器油中的空气或内部故障气体，达到过饱和状态或临界饱和状态时，一般在温度或压力变化的情况下，都会以气泡的形态释放出来而聚焦在继电器容器的上部，迫使继电器浮子下降，当下降达到某一限定位置时，接通报警信号。若变压器内部发生严重故障，短时间内产生的大量故障气体来不及溶解于变压器油中而在管路里产生涌浪，油流冲击继电器档板，当档板运动到某一限定位置时，接通跳闸信号，自动切除变压器。

3.5.2 气体继电器动作原因判断流程

当气体继电器发出信号时，除立即取气体继电器中的游离气体进行检测外，还应同时取本体和气体继电器中油样进行溶解气体检测，并比较油中溶解气体与继电器中游离气体的含量，以判断游离气体与溶解气体是否处于平衡状态，进而可以判断故障的持续时间。

可按图 3-11 的流程对继电器动作后的设备运行状态进行判断。

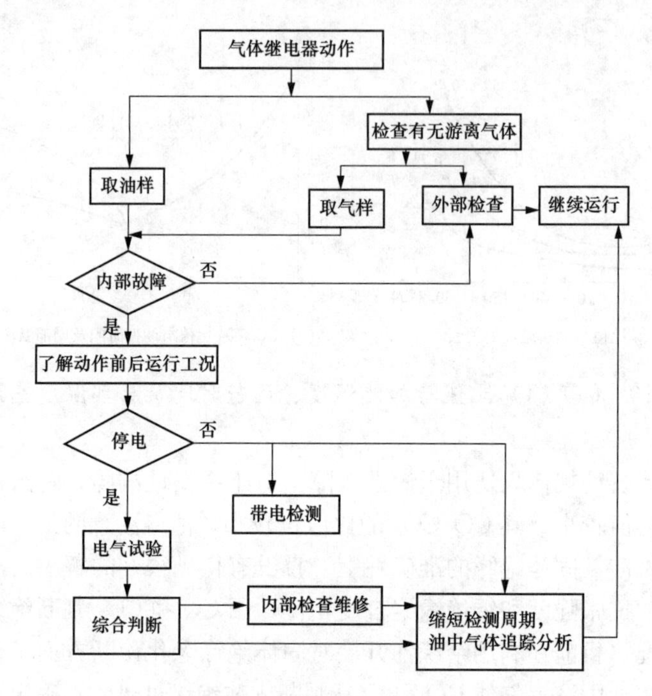

图 3-11 气体继电器动作后设备状态判断流程

3.5.3 气体继电器动作原因分析

表 3-9 列出了气体继电器动作的可能原因和对设备运行状态的故障推断，以供参考。

表 3-9 气体继电器动作原因判断

序号	动作类别	油中气体	游离气体	动作原因	故障推断
1	重气体继电器	空气成分，CO、CO_2 稍增加	无	260～400℃时油的气化	大量金属加热到260～400℃时，即接地事故、短路事故中绝缘未受损伤时
2	轻、重气体继电器	总气量高，含氧量低，总烃高，但 C_2H_2 很高，有时 CO 并不突出	有大量游离气体，CO、H_2 和 CH_4 含量均高	油纸绝缘分解产气，不饱和释放	电弧放电（匝、层间击穿，对地闪络等）

续表

序号	动作类别	油中气体	游离气体	动作原因	故障推断
3	轻、重气体继电器	总气量高、含氧量低，总烃高，但 CO 不高	有大量游离气体，H_2、CH_4、C_2H_2 高，但 CO 不高	油热分解产气不饱和释放	电弧放电未涉及固体绝缘（多见于分接开关飞弧）
4	轻气体继电器	空气成分，CO、CO_2 和 H_2 较高	有游离气体，有少量 H_2 和 CO	铁心强烈振动和导体短时过热	过励磁时（如系统振荡时）
5	轻气体继电器动作，放气后立即动作，越来越频繁	总气量增高，空气成分，氧含量高，H_2 略增，有时可见油中有气泡	大量气体，空气成分，有时 H_2 略高	附件泄漏引入大气（严重故障）	变压器外壳、管道、气体继电器、潜油泵等漏气
6	轻气体继电器动作，放气后每隔几小时动作一次			附件泄漏引入大气（中等故障）	
7	轻气体继电器动作，放气后较长时间又动作			附件泄漏引入大气（轻微故障）	
8	轻气体继电器动作，投运初期次数较多，越来越稀少，有时持续达半年之久	总气量很高，氧含量高，有时 H_2 略增	有游离气体，空气成分，有时有少量 H_2	油中空气饱和，温度和压力变化释放气体（常发生在深夜）	安装工艺不周，油未脱气和未真空注油
9	轻气体继电器	总气量高，空气成分，N_2 很高	有游离气体，空气成分，N_2 很高	氮气袋压力太大	油温急剧降低时，溶解于油中的氮气因过饱和而释放
10	轻气体继电器动作，几小时或十几小时动作一次	总气量高，含氮量低，总烃高，C_2H_2 和 CO 不高	有游离气体，无 C_2H_2、CO 少，H_2 和 CH_4 高	油热分解（300℃以上）产气，溶解达到饱和	过热性（慢性）故障，存在时间较长
		总气量高，含氮量低，总烃高，CO 和 CO_2 亦高	有游离气体，无 C_2H_2，CO_2、H_2 较高，CO 很高	油纸绝缘分解产气，饱和释放	过热性故障，热点涉及固体绝缘，存在时间较长
11	轻气体继电器	空气成分，含氧量正常	无	负压下油流冲击或油位过低（多发生在温度和负荷降低或深夜）	隔膜不能活动自如，充氮管路堵塞不畅，或氮气袋严重缺氮，或油位太低时（多因漏油）
12	轻气体继电器	空气成分，氧气含量很低，总气量低	无		开放式变压器呼吸器堵塞不畅，或漏油及其他原因使油面降低
13	轻气体继电器	空气成分	无	气体继电器接点短路	气体继电器外壳密封不良，进水造成接点短路
14	重气体继电器	空气成分	无	气体继电器安装坡度校正不当，或油枕与防爆筒无连通管的设备的防爆膜安放位置不当	无故障

续表

序号	动作类别	油中气体	游离气体	动作原因	故障推断
15	轻、重气体继电器	空气成分，氧含量较高	有游离气体，空气成分	补油时导管引入空气，或安装时油箱死角空气未排尽	无故障
16	重气体继电器	空气成分	无	地面强烈振动或继电器结构不良	无故障
17	轻、重气体继电器	空气成分	无	气体继电器进出油管直径不一致造成压差或强迫油循环变压器某组散热器阀门关闭	无故障

此外，当变压器的气体继电器动作时，可以使用气液平衡法来判断故障。其方法是在分析气体继电器中游离气体浓度的同时分析油中溶解气体，通过两个分析结果的比较，可以判断游离气体与溶解气体是否处于平衡状态，从而可以推定故障及所持续时间长短。

首先要把游离气体中各组分气体的含量值用各组分的分配系数 k_i 计算出平衡状态下油中溶解气体的理论值，再与从油样检测中得到的溶解气体组分的含量值进行比较。

计算公式为：

$$C_{o,i}=k_iC_{g,i} \tag{3-31}$$

式中 $C_{o,i}$——油中溶解气体组分 i 含量的理论值，μL/L；

$C_{g,i}$——继电器中游离气体中组分 i 的含量值，μL/L；

k_i——气体组分 i 在绝缘油中的分配系数，见表 2-9。

判断方法如下：

(1) 如果理论值和油中溶解气体的实测值近似相等，可认为气体是在平衡条件下释放出来的，这有两种可能：①特征气体各组分含量均很低，说明设备是正常的，但应进一步分析继电器报警的原因；②特征气体各组分含量较高，说明设备存在较缓慢地产生气体的潜伏性故障。

(2) 如果理论值明显高于油中溶解气体的实测值，说明设备内部存在产生气体较快的故障。

(3) 判断故障类型的方法，原则上与油中溶解气体相同，但是应将游离气体含量换算为平衡状况下的溶解气体含量，然后计算比值。

(4) 当气体继电器和本体油中未发现特征气体异常时，可进一步分析气样中 O_2、N_2 的含量，以判断气体来源。

实践证明，平衡比较法是有一定效果的，因此，当气体继电器动作时，有条件时必须同时取油样和游离气样进行分析比较。

应用平衡比较法时，应该注意：当故障缓慢时，产气慢，气体易溶于油中。这时，应用该方法的效果是比较理想的。然而，当故障发展到能量大、产气很快时，部分气体来不及溶解于油中，就会进入气体继电器内。这时油中溶解气体远远没有饱和，显然这是不平衡条件下释放出气体。这时以游离气体浓度为依据诊断故障比以溶解气体为依据诊断故障更为重要。此外，奥斯特瓦尔德系数受温度等参数的影响较大，开放式变压器的气体逸散损失亦不

可忽视，加之取样不慎时气体泄漏或取样不及时，某些气体如乙炔等对油的回溶等均有造成较大误差的可能。因此，应用该判断方法时必须考虑这些因素。

3.6 防止少油设备爆炸的有关问题

少油设备内部一般可承受2.5个标准大气压，即253.25kPa的最大压力。当少油设备内部故障使油纸绝缘材料分解产气，导致压力接近或超过该极限时，就可能发生爆炸事故。从少油设备事故现象分析，除有的是无先兆现象的突发性事故之外，也有许多是由有先兆现象的慢性故障，例如绝缘受潮、局部过热，树枝状爬电或火花放电等发展成突发性事故的。当发现少油设备内部存在上述慢性故障，且设备尚未退出运行时，必须根据追踪分析结果，考察产气速率，计算和监视设备内部压力的增长趋势，防止发生设备爆炸事故。

在少油设备内部存在慢性故障时，故障热源使绝缘材料分解产气，并大部分溶解于油中。假设在某一平衡状态下，当油中溶解气体浓度达到C_{i1}（μL/L）时，由式（3-32）可得到油面气体分压：

$$p_{i1} = 10^{-6}\frac{C_{i1}}{K_i} \tag{3-32}$$

式中　K_i——i组分气体的奥斯特瓦尔德系数。

根据分压定律，油面气体总压力可由式（3-33）计算得到：

$$P_{G1} = \sum p_{i1} = 10^{-6}\sum\frac{C_{i1}}{K_i} \tag{3-33}$$

此时分解气体在气液两相中处于溶解扩散的动态平衡状态。当不断分解产气使P_{G1}接近1标准大气压时，油中溶解气体即达到饱和状态（对于密封较好的设备，饱和压力将大于1标准大气压）。油中气体饱和后，将有大量的游离气体释放于油面空间，使油面气体压力急增。设此时压力增加P_{G2}，则气体在油中的溶解浓度将相应增加至C_{i2}：

$$P_{G2} = 10^{-6}\sum\frac{C_{i2}}{K_i} \tag{3-34}$$

从而气体在两相中处于新的平衡状态。这种不断建立新的动态平衡的过程，将使设备内部压力不断上升。

此外，运行中少油设备由于温升使油的体积膨胀，也增加了设备内部油面空腔的压力。当油温从20℃升至95℃时，油面空间气体压力按式（3-35）计算，油的体积增量可由式（3-36）计算得到：

$$P_{95} = \frac{P_{20}V_{20}T_{95}}{T_{20}(V_{20} - \Delta V_1)} \tag{3-35}$$

$$\Delta V_1 = V_L\alpha(95 - 20) \tag{3-36}$$

式中　P_{95}——95℃时设备内部油面空间气体压力；

P_{20}——20℃时设备内部油面空间气体压力，为1标准大气压力；

T_{95}——绝对温度，(273+95)K；

T_{20}——绝对温度，(273+20)K；

V_{20}——20℃时油面空间体积，L；

ΔV_1——当油温从20℃升至95℃时油的体积增量，L；

α——油的膨胀系数，取 0.0008/℃；

V_L——设备 20℃时油的体积，L。

对于存在慢性故障的少油设备，由于产气和油膨胀均使设备内部压力增长，当其达到了 2.5 标准大气压时，就可能发生爆炸，但是这里仅仅是指静态压力的情况。如果是突发性电弧放电的场合，则由于气体冲击波的作用，爆炸压力将更低。

油膨胀增加设备内压力对于所有运行中的少油设备都是存在的。只有故障设备才存在油中产气使设备内压力增加的现象。由于油中溶解气体饱和压力接近 1 标准大气压时，将释放出大量的游离气体，使压力剧增，因此对于已判定存在慢性故障的设备，应不断地根据油中气体分析结果，按式（3-34）估算其气体压力。当压力远小于 1 标准大气压时，可按式（3-22）估算油中气体达到饱和释放所需的时间。如果没有检测氮气的含量，这时仍可假设氮在油中的饱和压力为 0.8 标准大气压，则氢、烃、碳的氧化物等气体的饱和压力为 0.2 标准大气压，即 20.3kPa。

少油设备发生爆炸事故的原因主要有：

（1）绝缘受潮。当设备直接进水受潮时，往往绝缘突然击穿，导致突发性爆炸事故。这种事故是无法预知的。但是运行中少油设备的绝缘有很多是缓慢受潮的，这时从设备底部取油样分析油中氢气含量和含水量以及测定油击穿电压，可以检出这种异常现象。

（2）制造质量问题。由于制造质量不良，如绝缘不清洁，绝缘包绕松散，绝缘层间有褶皱、空隙、少放电屏而造成均压效果不佳，真空处理不彻底等。这类质量缺陷会使设备在运行中发生局部放电而分解出大量的氢气和甲烷气体，严重时会发生树枝状放电，产生少量的乙炔气体。放电将使绝缘老化，分解产生一氧化碳和二氧化碳，且介质损耗增加，局部放电很大。在投运初期，如果坚持对设备的介质损耗因数和局部放电测量及油中气体进行分析是可以检出这类缺陷的。

（3）末屏引线或接地线接触不良，甚至断线引起火花放电。这种情况在尚未导致绝缘击穿前，火花放电将产生大量的氢气、乙炔和其他烃类气体，当放电涉及固体绝缘时，还产生大量的一氧化碳和二氧化碳气体。表 3-10 为 LB2-220 型在听到电流互感器内部放电声后停运取油样分析的结果。按式（3-34）计算，特征气体分压为 0.18 标准大气压，即 18.12kPa。若计入氮气的分压，则油中溶解气体已呈饱和状态。若不及时停运，亦可能随时爆炸。该电流互感器解体后发现，末屏引线接地端因接触不良而过热熔断，末屏电位浮动，对地放电，末屏引出线处绝缘烧损。

表 3-10　LB2-220 型电流互感器油中气体分析　μL/L

气体组分	H_2	CO	CO_2	CH_4	C_2H_6	C_2H_4	C_2H_2	总烃
浓度	7496	245	10539	2983	557	5878	8023	17441

4 油中气体常规诊断规则

本章介绍比值法、图形法等油中气体常规诊断规则，并介绍本书作者提出的新 TD 图法，论述这些诊断规则在应用中需要注意的问题。

4.1 三 比 值 法

三比值判定法是目前最普遍采用的方法，又分为 IEC 三比值法、日本改良三比值法、国内改良三比值法等。

4.1.1 IEC 三比值法

IEC（国际电工委员会）三比值法是在热动力学和实践的基础上总结得出的，利用 5 种气体（CH_4，C_2H_4，C_2H_6，C_2H_2，H_2）的 3 对比值（C_2H_2/C_2H_4、CH_4/H_2、C_2H_4/C_2H_6）来进行故障类型判断。

哈斯特（Halstead）在 1973 年发表的报告中，对油中分解的碳氢气态化合物的产生过程进行了热动力学理论分析，认为对应于不同温度下的平衡压力，一种碳氢气体相对于另一种碳氢气体的比例取决于热点的温度。因此，建立了如下假设：特定碳氢气体的析出速率随温度而变化，每种气体在不同的温度下达到其最大析出速率，在特定温度下各类气体的相对析出速率是固定的。根据这一假设，随着温度升高，析出速率达到最大值的次序依次为 H_2、CH_4、C_2H_6、C_2H_4、C_2H_2。这个假设是应用油中溶解气体比值法诊断设备故障类型并估计热点温度的理论基础。根据这个假设，随温度的变化，故障点产生的气体组分间相对比例是不同的。

罗杰斯（Rogers）四比值法是在三比值法的基础上选择 5 种特征气体的 4 个相对比值（CH_4/H_2、C_2H_6/CH_4、C_2H_4/C_2H_6、C_2H_2/C_2H_4）来进行故障诊断。由于 C_2H_6/CH_4 只能反映油纸分解的极有限的温度范围，所以在 IEC 60599—1978《Interpretation of the analysis of gas in transformers and other oil-filled electrical equipment in service》提出的三比值法中删去了此比值。修改后的比值法将已知故障按从早期故障到重大故障的顺序做了合理的安排，此后，IEC 三比值法一直是利用 DGA 结果对充油电力设备进行故障诊断的最基本的方法。IEC 三比值法一般在特征气体含量超过注意值后使用。IEC 对每个区间的特征气体比值设置了相应的编码，这样的一组编码就有相应的故障种类。表 4-1 和表 4-2 列出了三比值法的编码规则及故障判断方法。

表 4-1　　　　编　码　规　则

气体比值范围	C_2H_2/C_2H_4	CH_4/H_2	C_2H_4/C_2H_6
<0.1	0	1	0
[0.1，1)	1	0	0
[1，3)	1	2	1

表 4-2　　　　故障类型判断方法

序号	比值编码范围			故障性质
	C_2H_2/C_2H_4	CH_4/H_2	C_2H_4/C_2H_6	
0	0	0	0	正常老化
1	0	1	0	低能量密度局部放电
2	1	1	0	高能量密度局部放电
3	1，2	0	1，2	低能量放电
4	1	0	2	高能量放电
5	0	0	1	低温过热（≤150℃）
6	0	2	0	低温过热（150～300℃）
7	0	2	1	中温过热（300～700℃）
8	0	2	2	高温过热（>700℃）

4.1.2　日本改良三比值法

1979 年日本电气协会把比值范围上下限做了更明确规定，判断方法如表 4-3 所示，该方法又称为改进电协研法（cooperative study group，CSG）。

表 4-3　　　　日本改良三比值法

故障	比值
电弧放电	$0.1\leqslant C_2H_2/C_2H_4<3$ $0.01\leqslant CH_4/H_2\leqslant 50$ $0.01\leqslant C_2H_4/C_2H_6\leqslant 50$
局部放电	$3\leqslant C_2H_2/C_2H_4\leqslant 50$ $0.01\leqslant CH_4/H_2<1$ $0.01\leqslant C_2H_4/C_2H_6\leqslant 50$
低温过热	$0.01\leqslant C_2H_2/C_2H_4<0.1$ $1\leqslant CH_4/H_2\leqslant 50$ $0.01\leqslant C_2H_4/C_2H_6<1$
中温	$0.01\leqslant C_2H_2/C_2H_4<0.1$ $1\leqslant CH_4/H_2\leqslant 50$ $0.01\leqslant C_2H_4/C_2H_6<50$
高温	$0.1\leqslant C_2H_2/C_2H_4<0.1$ $0.01\leqslant CH_4/H_2\leqslant 50$ $3\leqslant C_2H_4/C_2H_6\leqslant 50$

注　如果比值<0.01，就认为是 0.01；如果比值>50，就认为是 50。

4.1.3 国内改良三比值法

国内在大量实践的基础上，也对 IEC 三比值法进行了修正。改良的三比值法是用三对比值以不同的编码表示，编码规则与 IEC 完全相同；对编码组合和故障类型进行了细化，并增加了典型故障事例，其编码规则和故障类型判断方法见表 4-4 和表 4-5。该方法在国内广泛使用。

表 4-4 三比值法编码规则

气体比值范围	比值范围的编码		
	C_2H_2/C_2H_4	CH_4/H_2	C_2H_4/C_2H_6
<0.1	0	1	0
[0.1，1)	1	0	0
[1，3)	1	2	1
≥3	2	2	2

表 4-5 故障类型判断方法

编码组合			故障类型判断	故障实例（参考）
C_2H_2/C_2H_4	CH_4/H_2	C_2H_4/C_2H_6		
0	0	0	低温过热（低于 150℃）	纸包导线过热，注意 CO 和 CO_2 的增量和 CO_2/CO 值
	2	0	低温过热（150～300℃）	分接开关接触不良；引线连接不良；导线接头焊接不良，股间短路引起过热；铁心多点接地，硅钢片局部短路等
	2	1	中温过热（300～700℃）	
	0，1，2	2	高温过热（高于 700℃）	
	1	0	局部放电	高湿、气隙、毛刺、漆瘤、杂质等引起的低能量密度的放电
2	0，1	0，1，2	低能放电	不同电位之间的火花放电，引线与穿缆套管（或引线屏蔽管）之间的环流
	2	0，1，2	低能放电兼过热	
1	0，1	0，1，2	电弧放电	线圈匝间、层间短路、相间闪络、分接头引线间油隙闪络、分接开关飞弧、引线对箱壳放电、引线对箱壳或其他接地体放电
	2	0，1，2	电弧放电兼过热	

故障判断准确率可达 80%。由于比值法是将两种溶解度和扩散度系数接近的气体组分的比值作为判断故障性质的依据，所以消除了油体积的影响，提高了正确性，并且消除了一部分由于分析过程中各种因素造成的误差，从而使判断简单。

只有根据各组分的注意值或产气速率有理由判断可能存在故障时，才能进一步用比值法判断其故障的性质。而对气体含量正常的电力设备，比值没有意义。

假如气体的比值与以前的不同，可能有新的故障重叠在老故障或正常老化上。为了得到仅仅相应于新故障的气体比值，要从最后一次的检测结果中减去上一次的检测数据，并重新计算比值。

应注意：由于溶解气体检测本身存在试验误差，导致气体比值也存在某些不确定性。例如，GB/T 17623—1998《变压器油中溶解气体组分含量的气相色谱测定法》要求，对气体浓度大于 l0μL/L 的气体，两次的测试误差不应大于平均值的 10%，这样计算气体比值时误差将达到 20%，当气体浓度低于 10μL/L 时，误差会更大，使比值的精确度迅速降低。因此，在使用比值法判断设备故障性质时，应注意各种可能降低精确度的因素。

4.1.4 IEC 新导则

在长期的实践中发现 IEC 599 所提供的编码是不完全的，实际应用中有相当一部分 DGA 结果落在编码之外，以至于对某些情况无法进行诊断。因此，IEC 于 1999 年 10 月颁布了 IEC 60599《浸渍矿物油的电气设备溶解和游离气体分析结果解释导则》，与原导则相比，IEC 60599 的主要改动如下：标准名称由原来的色谱诊断的解释改为解释导则；取消原 IEC 的编码方法；比值范围进行了较大的改动；另外增加了图形诊断法。IEC 60599—1999 推荐的三比值法诊断表如表 4-6 所示。

表 4-6　　IEC 60599—1999 的诊断表

分类	故障特征	C_2H_2/C_2H_4	CH_4/H_2	C_2H_4/C_2H_6
PD	局部放电	NS①	<0.1	<0.2
D1	低能量放电	>1	0.1～0.5	>1
D2	高能量放电	0.6～2.5	0.1～1	>2
T1	热故障 $T<300℃$	NS	>1（除 NS 外）	<1
T2	热故障 $300℃<T<700℃$	<0.1	>1	1～4
T3	热故障 $T>700℃$	<0.2②	>1	>4

注　1. 在某些国家使用 C_2H_2/C_2H_6 比使用 CH_4/H_2 多，也有些国家使用稍有不同的比值极值。
2. 以上比值至少在上述气体之一超过正常增长率时计算才有效。
3. 在互感器中 $CH_4/H_2<0.2$ 时为局部放电。
4. 据报道，局部放电的气体裂解谱图和铁心过热导致的 140℃以上温度油裂解谱图相似。
① NS 表示什么数值均无意义。
② C_2H_2 的总量增加表明热点温度增加。

若气体组成落在表 4-6 范围外，没有相应的故障诊断，可以认为是多个故障的混合，或是新的故障具有很高的背景气体。在表 4-6 不能提供诊断的情况下，新标准推荐采用图 4-1 中的图形法进行诊断：图 4-1（a）为表 4-6 的平面诊断法，图 4-1（b）为表 4-6 的立体图判别法，能方便地观察出该色谱数据最接近于表 4-6 的哪一个故障特征区域，图 4-4 即为 DUVAL 的三角形法，总能给出确切的诊断。

IEC 60599—1999 还给出了另外几个气体比值的辅助判断：

（1）比值 O_2/N_2。一般在油中都溶解有 O_2 和 N_2，这是在开放式设备的储油柜中与空气作用的结果，或密封设备发生泄漏的结果。在设备里，考虑到 O_2 和 N_2 的相对溶解度，油中的比值反映空气的组成，O_2/N_2 比值接近 0.5。运行中由于油的氧化或纸的老化，这个比值可能降低。氧气的消耗比扩散更迅速。若比值小于 0.3 时，一般认为氧被极度消耗。

（2）比值 C_2H_2/H_2。在电力变压器中，有载调压操作产生的气体和低能量放电的情况相符。假如某些油或气体在有载调压油箱与主油箱相通或各自的储油柜之间相通，这些气体可能污染主油箱的油，并导致误判。

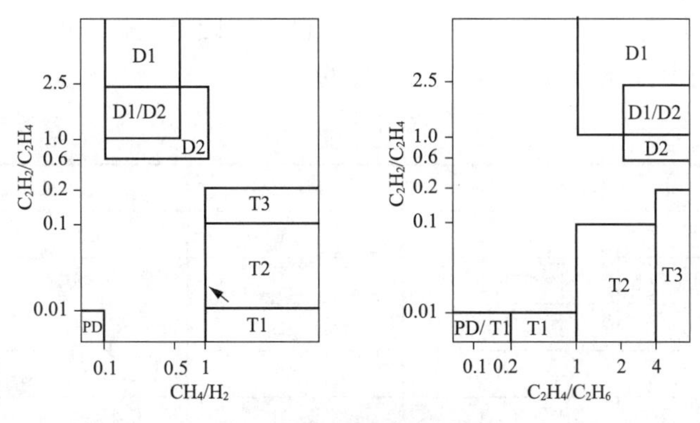

注：箭头表示温度增加。

(a) 气体比值平面图示法

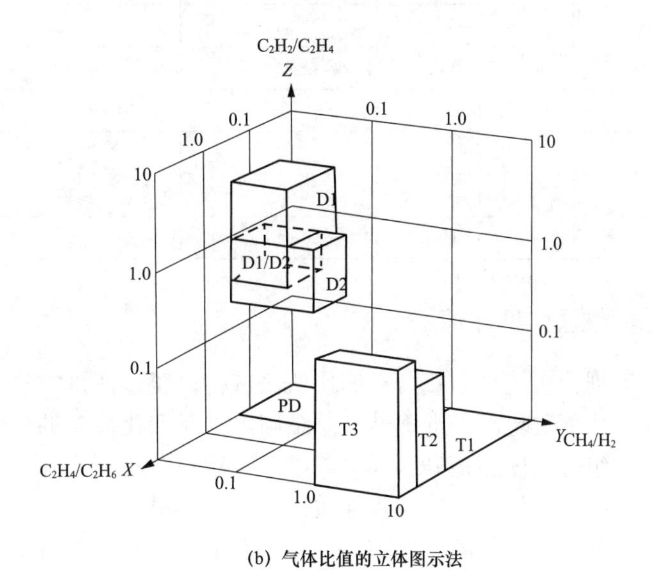

(b) 气体比值的立体图示法

图 4-1　气体比值的图形法

主油箱中 $C_2H_2/H_2>2$，认为是有载分接开关油（气）污染造成的。这种情况可通过比较主油箱、有载调压油箱和储油柜的油中溶解气体分析来确定。气体比值和 C_2H_2 浓度值与有载调压的操作次数和产生污染的方式有关。

4.2 四 比 值 法

过热性故障是运行变压器最常见的故障之一，在改良三比值法中，当故障类型为大于150℃过热时，无法判断该过热性故障是由导电回路异常引起还是由磁回路异常引起。在实际工作中，在使用改良三比值法对故障进行判断的同时，可以用四比值法作为辅助工具对故障类型进行进一步分析。

4.2.1　四比值法判断故障类型

四比值法的基本原理可归纳为：四比值法在三比值法 C_2H_2/C_2H_4、CH_4/H_2、$C_2H_4/$

C_2H_6 的基础上增加了 C_2H_6/CH_4，即利用五种气体组成四对比值，如表 4-7 所示。这里的四比值法与前面提到的 Rogers 四比值法是不一样的。

表 4-7　　　　四　比　值　法

故障类型	CH_4/H_2	C_2H_6/CH_4	C_2H_4/C_2H_6	C_2H_2/C_2H_4
一般损坏	0.1～1	<1	<1	<0.5
局部放电	≤0.1	<1	<1	<0.5
轻过热（150～200℃）	≥1	<1	<1	<0.5
过热	≥1	≥1	<1	<0.5
过热	0.1～1	≥1	<1	<0.5
导线过热	0.1～1	<1	1～3	<0.5
线圈中不平衡电流或接线过热	1～3	<1	1～3	<0.5
铁件或油箱出现不平衡电流	1～3	<1	≥3	<0.5
小能量击穿	0.1～1	<1	<1	0.5～3
电弧短路	0.1～1	<1	≥1	≥0.5
长时间刷形放电	0.1～1	<1	≥3	≥3
局部闪络放电	≤0.1	<1	<1	≥0.5

4.2.2　判断故障性质的四比值法

经过大量的故障数据分析统计，我国对四比值法进行修正，使该方法对导电回路和磁回路的过热故障具有比三比值法更高的准确性。总结国内外对四比值法的研究和应用经验，比值法的表示方法是：两组分浓度比值若大于 1，用 1 表示；若小于 1，则用 0 表示。在 1 左右，表示故障性质的中间变化故障，即故障性质暴露不太明显；比值越大，则故障性质的显示越明显。若同时有两种性质的故障，如 1011，则可解释为连续火花放电与过热，判断故障性质的四比值法如表 4-8 所示。

表 4-8　　　　判断故障性质的四比值法

CH_4/H_2	C_2H_6/CH_4	C_2H_4/C_2H_6	C_2H_2/C_2H_4	判断结果
0	0	0	0	$CH_4/H_2<0.1$，表示局部放电，其他表示老化
1	0	0	0	轻微过热，温度小于 150℃
1	1	0	0	轻微过热（150～200℃）
0	1	0	0	轻微过热（150～200℃）
0	0	1	0	一般导线过热
1	0	1	0	循环电流及（或）连接点过热
0	0	0	1	低能火花放电
0	1	0	1	电弧性烧损
0	0	1	1	永久性火花放电或电弧放电

四比值法与改良三比值法比较，有 3 个比值项是共同的，四比值法与改良三比值法结合使用可区分过热故障是发生在磁回路还是导电回路。在四比值法中，当 $CH_4/H_2=1\sim3$、

$C_2H_6/CH_4<1$、$C_2H_4/C_2H_6\geq3$、$C_2H_2/C_2H_4<0.5$时，表明变压器存在磁回路过热性故障，实践证明它对判断变压器磁回路过热性故障具有相当高的准确性；当$CH_4/H_2=1\sim3$、$C_2H_6/CH_4<1$、$C_2H_4/C_2H_6=1\sim3$、$C_2H_2/C_2H_4<0.5$时，变压器一般存在导电回路过热性故障。

4.3　气体组分谱图法

气体组分谱图法是以气体组分图为基础进行分析诊断的方法。采用这种方法，通过对曲线陡度和尖点的分析，比较容易定性地确定故障的类型。

气体组分图的横轴为取样时间或气体组分，纵轴为各种气体的浓度比或浓度百分比。如图 4-2 所示，横坐标为采样时间，纵坐标为 H_2、CO、CH_4、C_2H_6、C_2H_4、C_2H_2 六种气体浓度占总可燃气体浓度的百分数，根据每种气体浓度的百分比曲线，很容易看出气体浓度的走势，并可做进一步的分析。

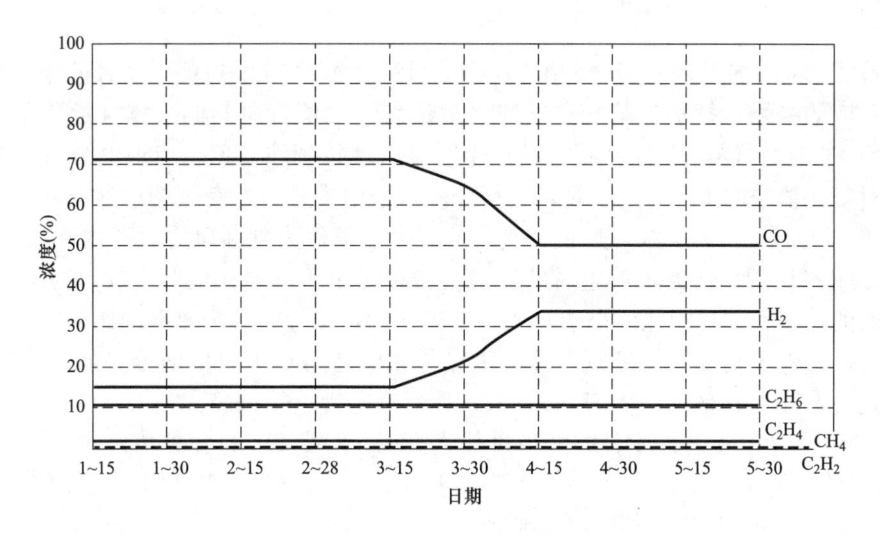

图 4-2　气体组分谱图

4.4　TD 图法

T（过热）D（放电）图是采用三比值法中的 C_2H_2/C_2H_4、CH_4/H_2 两个比值来进行判断的一种方法。当电力设备内部存在高温过热和放电性故障时，绝大部分 $C_2H_4/C_2H_6>3$，于是选择三比值中的其余两相构成直角坐标，以 CH_4/H_2 为纵坐标、C_2H_2/C_2H_4 为横坐标构成 TD 图，其实用条件是 $C_2H_4>C_2H_6$，如图 4-3 所示。TD 图主要用于判断设备是过热故障还是放电故障，按比值划分为局部过热、电晕放电、火花放电、电弧放电等区域，此法兼有气体组分谱图法和三比值法的优点。它将历年数据点在同一图上示出，能迅速准确地判断故障性质及其发展趋势。

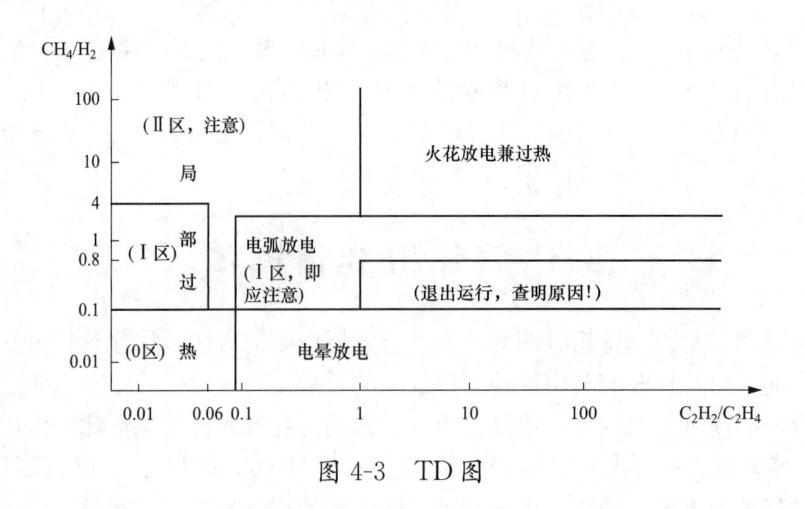

图 4-3　TD 图

4.5　二　比　值　法

三比值法中，一种故障对应一种编码，实际上电力设备故障可能是多种故障的组合，常常找不到对应的编码；特别是某一种气体含量达到注意值，而其他气体含量和总烃都很低（仅几十个）时，工作人员只能在报告结论上写某气体达到注意值，应追究分析等模糊性的结论。针对三比值法的不足，根据现场运行经验，采用了另一种有效的诊断方法——二比值法。该法用 CH_4/H_2、C_2H_2/C_2H_4 四种气体的两个比值作为判断电力设备内部故障的依据，在过热时 CH_4/H_2 的比值大于放电时的比值，击穿时小于放电比值；在放电时 C_2H_2/C_2H_4 大于过热时的比值，过热时此值小于 CH_4/H_2 的比值，击穿时大于放电的比值。总之，无论哪一个比值，其越大则说明故障越严重。过热与放电之间 CH_4/H_2 的分界值定为 0.5～1.0 时，也就是说 CH_4/H_2 的比值大于 0.5～1.0 时可确定为过热故障。当 CH_4/H_2 的比值小于 0.5～1.0 时可确定为放电故障。放电与过热之间 C_2H_2/C_2H_4 的分界值定为 0.5～1.0，即 C_2H_2/C_2H_4 的比值大于 0.5～1.0 时，可确定为放电故障。当 C_2H_2/C_2H_4 的比值小于 0.5～1.0 时可确定为过热性故障。二比值法判据如表 4-9 所示。

表 4-9　　二比值法判据

比值	判据
CH_4/H_2 比值（一）	小于 0.5～1.0 时放电故障，大于 0.5～1.0 时为过热故障
C_2H_2/C_2H_4 比值（二）	小于 0.5～1.0 时过热故障，大于 0.5～1.0 时为放电故障

以上两个比值可以这样来确定故障性质和部位：若两比值都大于 1，是过热兼放电，属局部高温，一般是分接开关烧坏和对地放电；若两比值都小于 1，也是过热兼放电，属低温过热小能量的火花放电，一般是分接开关、引线等接触不良；若两比值是（一）大、（二）小，属于裸金属过热，一般为多点接地或油道堵塞；若两比值是（一）小、（二）大，则为高能放电，可判定线圈匝间有电弧击穿等。总之，两比值中只要有一个达到 0.5～1.0 时，就可确定为内部有故障，这是与三比值法不同之处。不难发现，此法与 TD 图法极其相似，都是以 CH_4/H_4 和 C_2H_2/C_2H_4 的比值作为区分故障种类的分界线，只是 TD 图给人以一种

直观、但对故障种类较笼统的感觉，而二比值法对故障种类划分得较详细。

4.6 大卫三角形法

20世纪90年代中期，用大卫（DUVAL）三角形法进行油中气体诊断得到了有益的尝试，在IEC导则中也已被推荐。与比值法相比，三角形法突出的优点是，一些有意义的变压器油中气体数据由于落在提供的比值限值之外，而被IEC比值法漏判，而三角形法则考虑了这些数据。

三角形法通过CH_4、C_2H_4、C_2H_2的组分比例，判断故障性质。它们的计算公式为：

$$C_2H_2\% = \frac{100X}{X+Y+Z}$$

$$C_2H_4\% = \frac{100Y}{X+Y+Z}$$

$$CH_4\% = \frac{100Z}{X+Y+Z}$$

式中：$X=[C_2H_2]$，μL/L；$Y=[C_2H_4]$，μL/L；$Z=[CH_4]$，μL/L。

$CH_4\%$、$C_2H_4\%$、$C_2H_2\%$组成的等边三角形分为六个域，如图4-4所示。

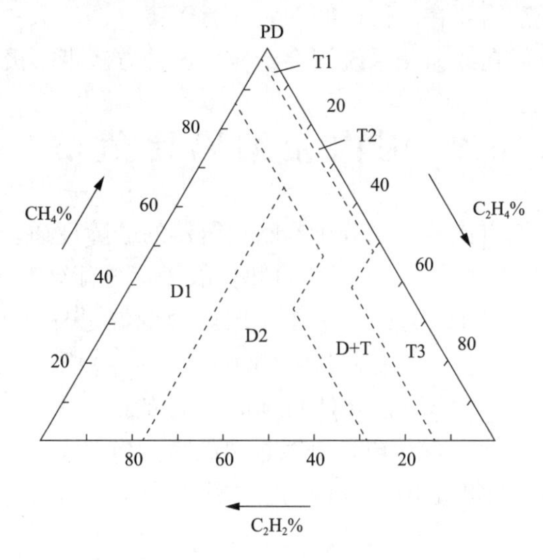

图4-4 图形诊断法中的三角形法

PD—局部放电；D1—低能放电；D2—高能放电；T1—热故障，$t<300℃$；
T2—热故障，$300℃<t<700℃$；T3—热故障，$t>700℃$

4.7 总烃伏安曲线法

当设备过热时，导电回路和非导电回路故障产生的气体区别不是很明显，因而仅以色谱分析数据来判断过热时的故障部位，准确率不太高。

但是，当出现导电回路或磁路过热故障时，故障点能耗随电流或电压的变化而变化，使色谱分析的数据随之变化。因此，有人提出在运行状态下用分析总烃与电流或电压的变化曲线之间的关系——总烃安伏曲线法进行初步判断。也就是说，三比值法和特征气体判断为过热性故障后，按变电运行日志提供的电流、电压数据计算出每日的设备电压、负荷电流的平均值，以日期为横轴绘成安伏曲线，再将总烃（CH_4、C_2H_6、C_2H_4、C_2H_2）按日期测取的数据绘于其上，即成为总烃安伏曲线，对 3 条曲线进行分析判断。

总烃安伏曲线法的判断原则是：总烃随电流增大而剧增，为导电回路故障；总烃随电压增高而剧增，为磁路故障。

判断方法具体如下：

(1) 取油样较密集时，总烃曲线的变化与电压曲线的趋势相近，为磁路故障；与电流趋势相近为电路故障。

(2) 当电压升高时，总烃上升快，电压降低时总烃呈下降或上升变缓（与电流关系不大或似乎成反比），为磁路故障。

(3) 若电流增大时，总烃上升快，电流减小时总烃呈下降或上升变缓（与电压关系不大或似乎成反比），为电路故障。

使用总烃安伏曲线法时需要注意的是：必要时可在采样前适当调整部分负荷，以形成电压与电流的明显差别；故障部位类似于“累积效应”缓慢发展；气体在油箱内溶解扩散平衡需要约 24h（视冷却系统而定）；色谱分析有一定的误差等。

显然，总烃安伏曲线法需要在一段时间内，相对密集（两三天一次）地采样设备的色谱数据，而使用油中溶解气体在线监测系统则会给应用这种方法带来极大的方便。

4.8 国内无编码比值法

国内一些单位采用无编码比值法来分析判断变压器的故障性质。无编码比值法首先计算 C_2H_2 和 C_2H_4 的比值，当其值小于 0.1 时为过热性故障，再计算 C_2H_4 和 C_2H_6 的比值，确定其过热温度。当 C_2H_4 和 C_2H_6 的比值小于 1 时，为低温过热（$T<300℃$）；当 C_2H_4 和 C_2H_6 的比值小于 3 而大于 1 时，为中温过热（$300℃<T<700℃$）；当 C_2H_4 和 C_2H_6 的比值大于 3 时，为高温过热（$T>700℃$）。当 C_2H_2 和 C_2H_4 的值大于 0.1 时，为放电性故障，再计算 CH_4 和 H_2 的比值，确定是纯放电还是兼过热故障。当 CH_4 和 H_2 的比值大于 1 时，为放电兼过热故障，反之为纯放电故障。分析判断方法如表 4-10 所示。

表 4-10　　无编码比值法

故障性质	C_2H_2/C_2H_4	C_2H_4/C_2H_6	CH_4/H_2	典型例子
低温过热（$T<300℃$）	<0.1	<1	无关	引线外包绝缘脆化，绕组油道堵塞，铁心局部短路
中温过热（$300℃<T<700℃$）	<0.1	$1<k<3$	无关	铁心多点接地或局部短路，分接开关引线接头接触不良
高温过热（$T>700℃$）	<0.1	>3	无关	
高能量放电	$0.1<k<3$	无关	<1	绕组匝间、饼间短路，引线对地放电，分接开关拔叉处围屏放电，有载分接开关选择开关切电流
高能量放电兼过热	$0.1<k<3$	无关	>1	
低能量放电	>3	无关	<1	围屏树枝状放电，分接开关错位，铁心接地铜片与铁心多点接地
低能量放电兼过热	>3	无关	>1	

无编码比值法与三比值法相比，有以下优点：

(1) 计算和判断方法简单，只需计算两个比值就可确定一个故障，免去先编码再由编码查故障的过程，可直接由两比值查故障。

(2) 解决了“三比值法”故障编码少，有些故障无法查寻的技术难题。

(3) 无编码比值法可以画成故障分区图进行判断，具有直观简单优点。对于色谱跟踪的变压器，还可以根据比值在故障分区图中的位置变化情况，了解故障发展趋势。

表 4-11 中的案例，三比值法编码为“000”，判断是正常老化、无故障。按无编码比值法均判断为过热性故障。实际情况，设备确有故障。

表 4-11　“000”码故障实例统计表

案例	发生时间	总烃 (μL/L)	编码			无编码比值法判断结论	实际故障情况
1	1973—7—28	772	0	0	0	低温过热	局部放电
2	1982—7—10	138	0	0	0	低温过热	铁心两点接地
3	1994—9	188	0	0	0	低温过热	过热
4	1995—3—16	103.2	0	0	0	低温过热	未查
5	1995—3—16	138.1	0	0	0	低温过热	未查
6	1996—6—27	126.1	0	0	0	低温过热	可能是烧焊引起

4.9 日本电气协作研究组合法

日本电气协作研究组合法（cooperative study group，CSG）的主要思路是：对于 C_2H_2、H_2、C_2H_4、CH_4、C_2H_6 和 CO 的浓度及可燃气体总量（TCG），规定告警含量和异常含量的极限值。如果气体的一种或多种成分的浓度超过规定的极限值，下面两个程序一定要完成。关于 C_2H_2，即使发现很少量，也一定要周期性的油中溶解气体分析。

首先，计算 C_2H_2/C_2H_4、CH_4/H_2、C_2H_4/C_2H_6 气体浓度的比值。这些组合如表 4-3 所示，它说明了变压器内部发生故障的种类。这个程序类似 IEC 方法。

其次，计算 H_2、CH_4、C_2H_4 和 C_2H_2 的浓度对气体浓度的浓度比，要计算这四种气体的最高浓度比。然后，画出这些比值的气体浓度特性曲线。氢气的浓度最大称之为 H_2 导前型，还有 CH_4 导前型、C_2H_4 导前型、C_2H_2 导前型。这些形式对应于变压器内的一些故障，如表 4-12 所示。这个程序是 CSG 法的特征。

表 4-12　根据气体浓度特性诊断

特性曲线	故障
H_2 型	放电： (1) 层间短路； (2) 绕组熔化； (3) 选择器切断电流； (4) 环流
CH_4 型	过热： (1) 选择器的触点接触不良； (2) 连接不良； (3) 绝缘损坏； (4) 多点接地

续表

特性曲线	故障
C_2H_4 型	与 CH_4 型相同
C_2H_2 型	放电： (1) 线圈短路； (2) 在轴头转换中飞弧

通常上述两个程序是一起使用，在一些气体浓度超过极限值（见表 4-13）时两个方法对所有 DGA 数据是合适的。然而，CSG 对于有些数据是不合适的。通过研究发现，大部分数据中 C_2H_6、H_2 和 CO 的一种或两种成分的浓度比其他成分的气体高得多，如表 4-14、表 4-15 和图 4-5 所示。对这些数据的处理如下：

（1）非常高的 H_2（无 C_2H_2）浓度也许是由于一些催化物质（例如不锈钢）或金属内部包含的 H_2 释放，并不表示变压器内存在异常。

（2）C_2H_6 的高浓度也许是由于低温过热和/或油的老化变质。

（3）CO 的高浓度可能是低温过热和固体绝缘的老化变质。

（4）老化变质程度可由 CO+CO_2 总量与绝缘纸的平均聚合度之间的关系确定。

表 4-13　CSG 气体浓度极限值　μL/L

容量		H_2	CH_4	C_2H_6	C_2H_4	CO	TCG
275kV 及以下	10MVA 以下	400	200	150	300	300	1000
	大于 10MVA	400	150	150	200	200	700
500kV		300	100	50	100	200	400

表 4-14　具有高 H_2 浓度的 DGA 数据

气体	H_2	CH_4	C_2H_6	C_2H_4	C_2H_2	CO
气体浓度（μL/L）	870	无	11	无	无	42
	1684	2	3	微量	无	29

表 4-15　具有高 CO 浓度的 DGA 数据

气体	H_2	CH_4	C_2H_6	C_2H_4	C_2H_2	CO
气体浓度（μL/L）	39	10	24	6	无	317
	28	13	5	无	无	363

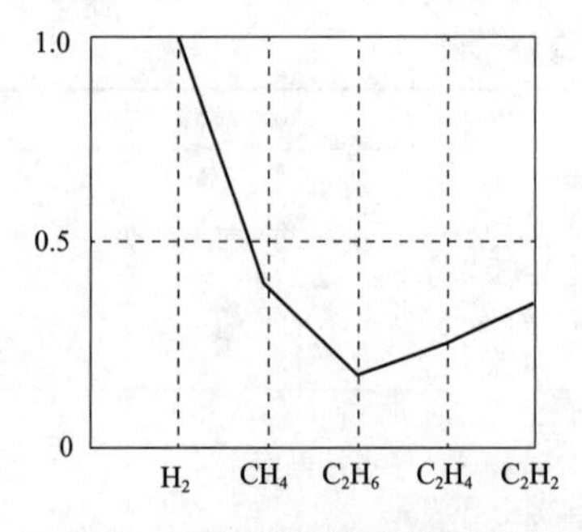

(a) H_2导前型的气体浓度特征曲线1

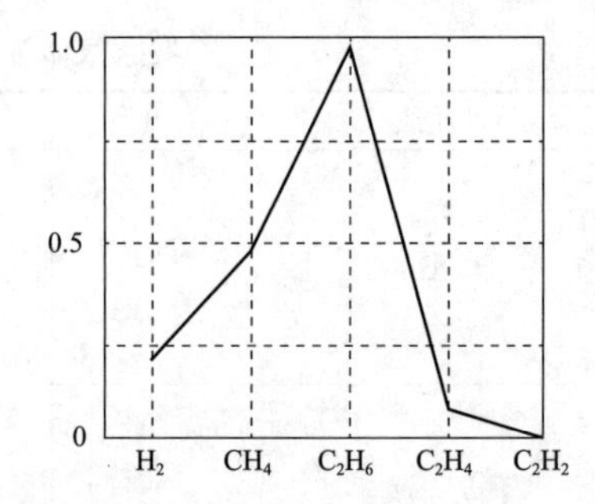

(b) 气体浓度特征曲线2

图 4-5　具有高 H_2 和 C_2H_6 浓度的 DGA 数据

4.10 呋喃化合物及溶解气体导则

CIGRE（国际大电网会议）成立了工作组，于1996年发表了《充油变压器中呋喃化合物及溶解气体的新导则》（*New guideline for furans analysis as well as dissolved gas analysis in oil-filled transformers*）。

4.10.1 关键气体的五个比值

1. 关键比值1：C_2H_2/C_2H_6

迹象：放电

比值1是确定放电性故障的关键比值。在这种情况下，$C_2H_2/C_2H_6>1$，IEC599中使用C_2H_2/C_2H_4，CIGRE选用关键比值不同的理由是：在放电的情况下，除C_2H_2外，还有大量的C_2H_4生成，而C_2H_6的量是缓慢增加，因此CIGRE的关键比值1能对放电性故障给出更明显的迹象。

2. 关键比值2：H_2/CH_4

迹象：局部放电

比值2是确定局部放电的关键比值，在这种情况下$H_2/CH_4>10$。IEC 599使用的是CH_4/H_2，颠倒使用的理由是高数值比很小的数值更能描绘故障特征。

3. 关键比值3：C_2H_4/C_2H_6

迹象：热故障

比值3是确定油中是否存在热故障的关键比值，在这种情况下$C_2H_4/C_2H_6>1$。使用该比值是因为这个比值是饱和烃和不饱和烃相互关系的代表。不饱和烃主要是在油中的热故障情况下形成的。

4. 关键比值4：CO_2/CO

迹象：纤维素劣化

比值4是是否涉及纤维素劣化的关键比值，在纤维素劣化的情况下$CO_2/CO>10$。在电故障造成纤维素劣化的情况下，通常$CO_2/CO<3$。该比值是初步鉴别纤维素是在电或热的作用下分解的特征比值。

5. 关键比值5：C_2H_2/H_2

迹象：调压开关不密封

该关键比值可以确定故障气体是否从不密封的有载调压油箱流到了主油箱（假如开关油箱和主油箱有公共的储油柜，将有类似的情况）。在这种情况下，C_2H_2/H_2的值接近2，并且C_2H_2的浓度较高。选择该关键气体比值的原因是因为通常在放电的情况下，C_2H_2很少比氢气高。因为与C_2H_2相比，氢气很少溶解在油中。当C_2H_2和如此少量的氢气扩散到主油箱时，变压器油中的C_2H_2含量比氢气高。

4.10.2 关键气体浓度的评估

在没有任何辅助资料，如设备以前的DGA数据、设备的型号和状态等，CIGRE给出了关键气体的浓度值作为DGA判断导则，如表4-16所示。

表 4-16　　CIGRE—1996 气体浓度论断法

关键气体	关键气体浓度（μL/L）	迹象估计
C_2H_2	＞20	强放电
H_2	＞100	局部放电
ΣC_xH_y	＞1000 ＞500	热故障（假如 C_1、C_2、C_3） 热故障（假如 C_1、C_2）
$\Sigma CO_x x=1，2$	＞10000	纤维素劣化

4.11　新 TD 图法

4.11.1　新 TD 图法规则

本书作者在综合日本改良三比值法、国内改良三比值法、无编码比值法、三角形法、CIGRE—1996、IEC 60599—1999 推荐方法的基础上，提出一种新的方法——新 TD 图法，如图 4-6 所示。其实质是国内无编码比值法与 IEC 60599—1999 新标准中图形法的结合。另外增加如下两个关键比值：

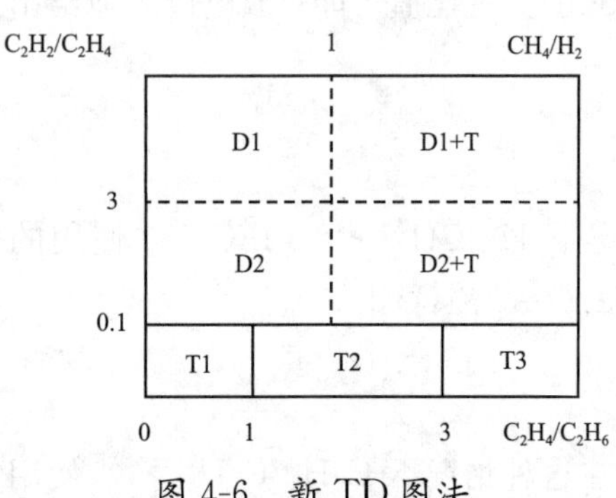

图 4-6　新 TD 图法

1. 关键比值 1：CO_2/CO

该比值是是否涉及纤维素劣化的关键比值，在纤维素劣化的情况下 $CO_2/CO>10$。在电故障造成纤维素劣化的情况下，通常 $CO_2/CO<3$。选该比值是初步鉴别纤维素是在电或热的作用下分解的特征比值。

2. 关键比值 2：C_2H_2/H_2

在电力变压器中，有载调压操作产生的气体和低能量放电的情况相符。假如某些油或气体在有载调压油箱与主油箱相通或各自的储油柜之间相通，这些气体可能污染主油箱的油，并导致误判。

主油箱中 $C_2H_2/H_2>2$，可认为是有载分接开关油（气）污染造成的。这种情况可通过比较主油箱、有载调压油箱和储油柜的油中溶解气体分析来确定。气体比值和 C_2H_2 浓度值依赖于有载调压的操作次数和产生污染的方式。

利用新 TD 图法，任一气体值都能在图形中发现对应的故障。因此我们建议只有气体各组分含量的注意值或气体增长率的注意值有理由判断设备可能存在故障时，气体比值才是有效的，并可以判断故障性质。

4.11.2　新 TD 图法的使用

新 TD 图法和三比值法相比有以下优点：

（1）计算和判断方法简单，免去先编码、再由编码查故障的过程，可直接由相应的两比值查故障。

（2）解决了三比值法故障编码少、有些故障无法查的技术难题。

(3) 从图形进行判断，具有直观、简单的优点。在对变压器进行油中气体跟踪时，还可以根据比值在故障分区图中的位置变化情况，了解故障发展趋势。

作者从国内公开发行期刊和电网公司收集的有明确故障原因的变压器色谱数据近 200 例，用不同的判断方法得出的准确率统计如表 4-17 所示。

表 4-17　　新 TD 图法的准确率

判断方法	国内改良三比值法	大卫三角形法	IEC 60599—1999	日本电协研法	新 TD 图法
准确率	66%	69%	50%	71%	100%

如某电厂 2 号主变压器色谱异常，色谱数据如表 4-18 所示，用以上 5 种方法的判断结果如表 4-19 所示。

表 4-18　　某电厂 2 号主变压器数据

日期	H_2	CO	CO_2	CH_4	C_2H_2	C_2H_4	C_2H_6
2002-5-8	68.8	251.4	774.0	7.1	0.0	0.6	1.2
2002-5-21	261	443.0	1081.0	10.3	0.0	1.1	4.6
2002-5-24	301.0	477.0	1028.0	14.6	0.0	1.1	5.7
2002-5-25	272.0	531.0	1190	17.4	0.0	1.3	7.4

表 4-19　　判 断 结 论

日期	国内改良三比值法	大卫三角形法	IEC 60599—1999	日本电协研法	新 TD 图法
2002-5-8	正常	正常	正常	正常	正常
2002-5-21	无法判断	低温过热	局部放电	无法判断	低温过热
2002-5-24	无法判断	低温过热	局部放电	无法判断	低温过热
2002-5-25	无法判断	低温过热	局部放电	无法判断	低温过热

用新 TD 图法判断的结论为：低于 300℃的低温过热，且造成纤维素的局部劣化。从 TD 图法的图形观察，故障没有增长趋势。解体结果证实了新 TD 图的判断。

4.12 国内相关标准

利用气相色谱分析油中溶解气体以监视充油电气设备的安全运行在我国已有 30 多年的使用经验，1986 年原水利电力部颁发的 SD 187—86《变压器油中溶解气体分析和判断导则》(1987 国家标准局颁发号为 GB 7252—87) 在电力安全生产中发挥了重要的作用，并积累了丰富的实践经验。该标准的故障判断方法主要根据 IEC 60599—1978 中推荐的三比值法进行分析判断。在近 20 年的实践过程中，人们发现 SD 187—86 对一些色谱数据是不适合的。2001 年 1 月 1 日，GB/T 7252—2001《变压器油中溶解气体分析判断》和 DL/T 722—2000《变压器油中溶解气体分析判断》发布，替代了 SD 187—86。这两个标准总结了 SD 187—86 的使用经验，并结合国际上最新导则的研究成果。这两个标准发布后的 10 多年里，我国电网有了巨大发展，超高压设备数量大增，换流变压器、油浸式平波电抗器等直流设备出现并大量在现场运行，750kV 和特高压设备相继投入运行。根据在这期间积累的油中溶解气体判断经验，对行标进行了修订，发布了 DL/T 722—2014《变压器油中溶解气体分析判断》。目前我国电力系统主要依据这一标准开展变压器油中气体分析，该标准使用的故障判断方法如下：

（1）特征气体法：根据基本原理可推断设备的故障类型。

（2）改良三比值法：推荐国内的改良三比值法作为判断设备故障类型的主要方法。

（3）图形诊断法：推荐气体比值立体图示法和大卫三角形法。

（4）可使用 IEC 60599—2000 关于三比值法中的溶解气体分析解释表和解释简表。

（5）提出了 CO_2/CO、C_2H_2/H_2、O_2/N_2 等气体比值的辅助判断。

（6）根据运行经验，还指出了利用三比值法的应用原则和判断故障的步骤，以及充油电气设备的典型故障实例。

4.13　其它需要注意的问题

4.13.1　乙炔的异常升高

（1）有载开关渗漏。在电力变压器中，有载调压操作产生的气体和低能量放电的情况相符。假如某些油或气体在有载调压油箱与主油箱相通或各自的储油柜之间相通或有载调压变压器的切换开关室和变压器本体之间渗漏。这些气体可能污染主油箱的油，并导致误判。由于该开关室中的油受切换动作时的电弧放电作用，分解产生大量的乙炔（可达总烃的 60%以上）和氢（可达氢烃总量的 40%），通过渗漏有可能使本体油被污染，而含量较高的乙炔使分析人员产生一种假象，认为此设备有电弧放电故障。

（2）变压器带电补焊。设备在安装和维修过程中带电补焊，可使油中产生大量的烃类气体和氢。表 4-20 是某变电站 120MVA 主变压器带油补焊前后烃类气体的变化情况。可见，若不预先掌握设备的检修情况，就有误判的可能。

表 4-20　补焊引起的色谱异常

时间	H_2	CH_4	C_2H_6	C_2H_4	C_2H_2
补焊前	6.21	12.34	1.23	9.10	2.23
补焊后 10 天	20.24	19.21	2.83	25.11	6.29

（3）潜油泵缺陷。变压器潜油泵的缺陷对油中气体有很大影响。例如，如果潜油泵本身烧毁，使本体油含有过热缺陷的特征气体。表 4-21 为某变电站一台主变压器潜油泵轴承轴珠碎裂，产生高温，引起色谱异常。潜油泵的另一类缺陷为窥视玻璃破裂或滤网堵塞形成负压，产生大量气泡，造成油中气泡放电。表 4-22 为某 110kV 变电站主变压器油中气泡放电引起的色谱异常数据。

表 4-21　潜油泵轴承磨损引起的色谱异常

特征气体	H_2	CH_4	C_2H_6	C_2H_4	C_2H_2	总烃	CO	CO_2
含量	134	61.1	12.1	31.7	60.5	165.6	959	4132

表 4-22　油中气泡放电引起的色谱异常

时间	H_2	CH_4	C_2H_6	C_2H_4	C_2H_2	总烃	CO	CO_2
脱气前	2662	117.3	10.8	158.4	1340.3	1626.8	875	2511
脱气后	26	2.2	0.3	0.7	5.0	8.2	16	304

4.13.2 检测周期及在线诊断技术

变压器出厂试验后，间隔取样，色谱分析数据如表4-23所示，因此试验后取样时间长短对分析结果有影响。

表4-23 取样时间对结果的影响

产品规格及型号	静放时间(h)	H_2	CH_4	C_2H_6	C_2H_4	C_2H_2	CO	CO_2
SFZ7—1000/38.5/10.5	15	8.12	8.49	2.42	0.25	2.64	94.65	629.7
	21	14.46	8.96	2.45	0.3	5.81	95.66	671.18
SFZ7—40000/110/38.5/6.3	18	15.22	4.1	1.63	0.56	0.31	72.64	633.0
	42	14.56	4.62	1.68	1.04	1.67	114.8	802.0
	114	11.67	5.56	2.10	1.14	1.79	101.58	719.78
S7—6300/63/11	19	8.75	11.12	2.0	1.11	0.28	62.64	608.56
	43	9.28	9.18	1.22	1.23	0.36	149.02	866.49
SFZ7—40000/11	5	1.12	3.14	0.56	1.34	0.34	56.88	557.97
	29	4.44	5.67	3.33	2.66	1.86	66.43	589.34

本章介绍的所有诊断方法都是针对离线色谱数据的，不同电压等级的变压器的离线采样周期为3个月、6个月甚至1年。随着油中气体在线监测技术在电力系统的迅速推广，大量的变压器有了在线监测数据，采样周期多为每天一次；采样频率更高，数据量更大，包含的信息量也更多。如果能研究出基于在线监测的故障诊断方法，可进一步提高诊断的准确度和实时性。本书提出一些研究方向和思路：

（1）利用油中气体在线监测数据，可以看到油中气体开始增长的起点。虽然此时数据可能并未超标，但可以根据变压器的工况变化来分析引起增长的原因，如冷却器分组投切、负荷增长、遭受过电压或短路冲击等。也可以改变工况，如降负荷、投运或停运某组冷却器（潜油泵），分析哪种工况与油中气体增长有关，从而找到气体增长的原因。

（2）将在线数据用于油中气体图形诊断的方法，能够更准确地判断故障的部位和发展趋势。

（3）产气速率法的应用可以更加广泛，相关公式更细化。

（4）现有的各种比值诊断法是针对静态数据的。针对在线监测数据，可以开发基于动态数据的比值诊断方法，例如，将产气速率和比值相结合，开发针对比值变化率的诊断方法，不仅可以判断故障的性质，还可以判断故障的发展趋势。

（5）离线诊断方法中，气体含量一般只有一个阈值。针对在线数据，可以设置更多的注意值、警示值，并开展更多的纵比、横比分析。

（6）误差源与离线方法不一样。离线色谱数据的误差主要是从取油样到油气分离再到色谱仪分析，由于人工操作带来的误差，而在线监测主要是长期运行后装置性能发生变化、劣化等造成的误差。

4.14 各种方法比较

利用油中溶解气体诊断设备故障，是一个技术和经验相结合的过程。以上几种判断方法各有优缺点，即使对同样的一台设备，在同样条件下，用不同的判断方法亦可能得出不同的结论。

三比值法是最通用的方法，缺点是编码不全，而且难以显示故障发展趋势；日本改良三比值法对低温过热不准确，国内改良 IEC 三比值法也存在着漏码和判断准确度不高等问题。另外，所有比值方法的共同缺陷是，比值区间是精确分割的，气体数据微小的变化可能导致与现实情况截然相反的结论。TD 图法的优点是比较直观，还能判断故障发展趋势，但它的适用范围有限（仅在 $C_2H_4>C_2H_6$ 时可用）；而且只有三种气体诊断，由于采用对数坐标，使用不方便。以上方法只能判断单一故障，二比值法的主要优点是可以判断混合故障。三角形法的特点是简单、直观，只考虑三种气体比值（CH_4、C_2H_6、C_2H_4）。组分谱图法和产气速率法并不直接判断故障，只是显示气体含量的走势。它们没有适用范围限制，前者用直观的图形来表示，后者用比值量化表示。总烃安伏曲线法主要用于区分导电回路和非导电回路过热故障。新 TD 图法是本书作者提出的，其实质是国内无编码比值法与 IEC 60599—1999 新标准中图形法的结合，经部分案例试用，准确率优于其他方法。

5 油气分离技术

用于变压器检测的油气分离技术包括实验室油气分离和在线检测油气分离技术两类方法。其中，实验室油气分离技术比较成熟，近年来没有大的发展，本书不做详细阐述。本书重点描述用于变压器在线检测的油气分离技术。

5.1 油气分离技术概述

各种气体传感器及气体分析仪一般不能和变压器油直接接触，油中溶解气体的分离就成了变压器油中溶解气体在线监测系统的重要环节。美国电力科学研究院（electric power research institute，EPRI）曾出巨资开发可直接放入油中的金属半导体气体传感器，最后以失败告终。目前尚未找到能检测全部故障特征气体的油中气体传感器。

目前变压器在线检测的油中溶解气体分离技术大致分为膜脱气法、动态顶空脱气法、真空脱气法。其中，膜脱气法是近20年随着在线监测的应用迅速发展起来的新技术；动态顶空脱气法、真空脱气法虽然在实验室也有应用，但在线检测装置与实验室装置在设计上有显著差异，所以也属于新技术。对于这三类新技术，行业内并无公认的准确定义和规范。从目前运行的系统看，不同制造厂家开发的装置原理各不相同，甚至对于如何区分动态顶空脱气法和真空脱气法，也没有明确的界限。本书主要介绍各种油气分离技术的机理、典型设计、影响分离性能的因素以及可能存在的问题或风险。

从油气分离机理上可以划分为以下两类：

(1) 完全脱气方法。仅有一部分真空脱气装置属于这类方法，在实验室和在线检测产品中都有应用。该方法将油中溶解的气体全部脱出来，脱气结果比较可靠，但装置的机械结构比较复杂，真空度要求高，操作控制繁琐。

(2) 部分脱气方法。目前大部分油气分离装置属于这类方法，其原理均可用溶解扩散理论（模型）来解释，模型中有液（油）相和气相。在各种情况下，总是只有一部分气体（溶解于油中的各气体组分的一部分）能够从液相被提取到气相。依据溶解扩散平衡理论，达到平衡时气体组分在气相和液相的浓度存在一定的比例关系，根据该比例关系可以从气体浓度反推出油中溶解气体的初始浓度。这类方法在实验室和在线检测系统中都有应用，如果液相和气相之间有特殊隔层（通常为高分子膜），就是膜脱气法；如果没有隔层，就是顶空脱气法或真空脱气法。

5.2 膜 脱 气 法

膜脱气法中，膜材料是最关键的技术。此外，膜结构、油路气路设计也对脱气性能有影响。

5.2.1 溶解扩散理论

变压器的膜油气分离技术，属于膜分离技术的气体分离领域中的气液分离。虽然膜分离技术应用很广，但在气液分离方面的研究很少，而且主要是水的脱气，使用温度不能高于30℃，与变压器在线监测用的油气分离技术差别很大。所以，变压器在线监测是膜分离的新的应用领域。

变压器在线监测用的膜油气分离装置，一般采用高分子致密膜作为隔离层，膜的一侧是变压器绝缘油（液相），另一侧是气室（气相）。膜在整个油气分离过程中起到隔离油液和透过气体分子的作用。

气体透过致密膜的机理一般用溶解扩散模型描述，如图 5-1 所示。油中溶解的气体分子撞击膜的表面并且融到膜的分子骨架中，其溶解速度与油中气体浓度成正比。已经溶解在高分子膜中的样气也会向膜两侧的气、液两相扩散，到达气、液两相后解吸。由于膜两侧的故障特征气体浓度（分压）不同，扩散解吸的速度也就不同。整个过程可以描述为：首先，气体流向膜，与膜面接触，如图 5-1（a）所示；然后，气体向膜的表面溶解，如图 5-1（b）所示；气体溶解产生的气体浓度梯度使气体在膜内向前扩散，随后气体达到膜的另一面，此过程一直处于非稳定状态，如图 5-1（c）所示；当膜中气体浓度沿膜厚度方向变成直线时达到稳定状态，即正反两方向的扩散速度达到动态平衡，如图 5-1（d）所示。在一定温度下，经过一段时间，正反两个方向的扩散速度达到动态平衡后，气室中气体的浓度保持不变。

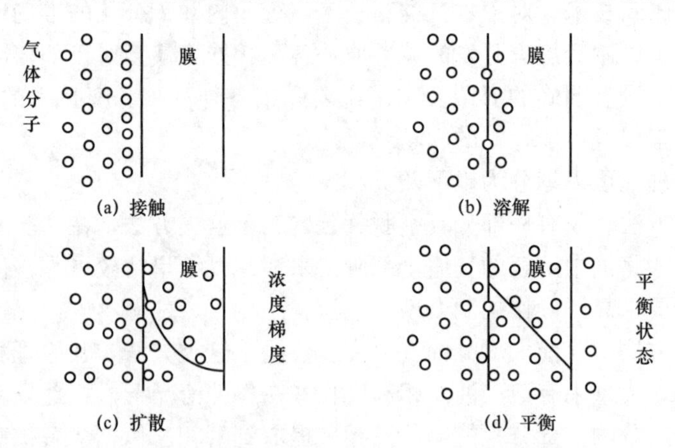

图 5-1 膜分离的溶解扩散模型

溶解扩散过程中，根据膜的两边气液两相的气体分压和亨利定律，导出如下关系式：

$$C=(9.87KC'-C_0)\times[1-\exp(-1.013\times10^5\times HAt/dV)]+C_0 \qquad (5\text{-}1)$$

式中 C——气室中气体浓度，μL/L（气相侧）；

C'——油中气体浓度，μL/L（液相侧）；

C_0——气室中气体起始浓度，μL/L；

V——气室容积，mL；

A——油与膜接触面积，cm^2；

d——膜的厚度，cm；

$9.87K$——气体的平衡常数［奥斯特瓦尔德（Ostwald）系数］；

t——渗透时间，s；

H——膜的渗透率，cm·ml/(cm^2·s·Pa)。

气室中气体浓度随渗透时间的延长而不断增加，经过足够长的时间，达到饱和状态，即油相中气体和气相中气体达到动态平衡，这时可认为：

$$\exp(-1.013\times10^5\times HAt/dV)=0 \tag{5-2}$$

即油气平衡时：

$$C=9.87KC' \tag{5-3}$$

当达到平衡状态时，气室中和绝缘油中的气体浓度满足一个固定的比例系数 K_i($K_i=9.87K$，是组分 i 的奥斯特瓦尔德系数)。因此通过对气室中的气体浓度进行定量测量就可以推算出平衡状态下气体分子在绝缘油中的浓度，如果气室是封闭、与变压器油箱隔离的，则可以推算出初始时刻气体分子在绝缘油中的浓度。

气体的平衡常数——奥斯特瓦尔德系数 K_i 只与气体的种类及温度有关，对于特定的气体，一定温度下的平衡系数是一个常量，表 5-1 给出了几种变压器故障特征气体在绝缘油中的奥斯特瓦尔德系数的值。另外需要指出的是，无论采用什么样的手段达到上述平衡，最终的平衡状态是不会受到影响的，都会满足式（5-3）描述的比例关系。

表 5-1　各种气体在矿物绝缘油中的奥斯特瓦尔德系数

标准	温度（℃）	H_2	CO	CO_2	CH_4	C_2H_2	C_2H_4	C_2H_6
GB/T 17623—1998*	50	0.06	0.12	0.92	0.39	1.02	1.46	2.30
IEC 60599—1999**	20	0.05	0.12	1.08	0.43	1.20	1.70	2.40
	50	0.05	0.12	1.00	0.40	0.90	1.40	1.80

* 国产油测试的平均值。

** 国际上几种最常用的牌号的变压器油的平均值，实际数据与表中的数据会有些不同，但可以使用这些数据而不影响计算结果得出的结论。

采用膜脱气法时，气室内的气体浓度和绝缘油中溶解的气体达到动态平衡往往需要十几小时、几十小时甚至一百小时以上。油气平衡所需要的时间就是监测仪的故障响应时间，或称为监测装置的检测周期。为提高监测的实时性，这个时间越短越好。根据式（5-1），影响平衡时间的因素有多种：气室容积 V 越小，膜厚度 d 越小，油膜接触面积 A 越大，气室初始浓度 C 越低，油中气体浓度 C' 越高，油膜的渗透率 H 越高，则气体渗透速度越快。所以，在线检测系统的设计应充分考虑以上各种因素，提高渗透速度。

5.2.2　膜的形态机构

5.2.2.1　膜的孔径

高分子膜大致可以分为致密膜和多孔膜两大类。致密膜也称为本体膜、反渗透膜，可以用于反渗透纯水制备。多孔膜在食品加工、医药加工、生物技术中有广泛的应用。多孔膜根据膜上孔径大小及膜过程的不同，大致分为纳滤（NF，平均孔径 2nm）、超滤（UF，孔径为十到数十 nm）、微滤（MF，孔径 0.1～10μm）等，见表 5-2。事实上，它们的划分尺度不统一、界限也有交叉。致密膜可以靠气体分子的溶解能力和扩散能力来达到分离的目的；而多孔膜的分离机理是筛分作用，是靠被分离分子的大小来达到分离的目的。

表 5-2　　膜 的 分 类

名称	微滤	超滤	纳滤	反渗透
孔径	0.1～10μm	2～100nm	1～2nm	1nm 以下
截留分子量	500000 以上	500～500000	200～500	200 以下
特点	截留微粒	截留大分子，即截留大于膜孔径的溶质，让溶剂和小分子通过	截留小分子量的有机物，让离子通过	截留离子（例如 NaCl）
应用	物质净化、分离、浓缩	溶液净化、分离、浓缩	水软化净化，有机低分子分级，有机物除盐净化	海水、苦咸水淡化，纯水制备，工业用水处理，物质脱水浓缩

油气分离膜应保证特征气体的分子通过膜，而油分子不会通过膜。变压器故障特征气体的动力学分子直径都在 0.2～0.4nm 之间；而变压器油中，有的小分子的分子量不到 200，为保证油分子不会透过膜，不能用多孔膜，只能选择致密膜。

5.2.2.2　膜的断面

按膜的断面的物理形态可分为对称膜、非对称膜和复合膜。

对称膜又称均质膜，包括致密均质膜、多孔均质膜。前者主要用于反渗透、气体分离、渗透汽化等；后者主要用于超滤、微滤，或用作复合膜的支撑层。

非对称膜由一层极薄的致密层（或多孔层）和一层厚的多孔支撑层组成，两层膜是同时制备形成的。极薄的致密层保证了分离效果，支撑层既保证了膜的机械强度，又不影响渗透速度。

复合膜是指致密层和支撑层采用不同的膜材料，广义上的非对称膜也包括了复合膜。

非对称膜虽然能在保证强度的情况下获得较高的渗透性，但成膜工艺复杂，成本有较大增加，而且有些材料，如聚四氟乙烯，是很难做成非对称膜的。

5.2.3　膜组件的结构

膜组件的结构可分为板框式、圆管式、螺旋卷式和中空纤维。

板框式即所谓平板膜，结构简单。

圆管式膜将支撑体和膜均制成管状，或将膜直接刮制在支撑管内（外），其外形类似管式换热器。

螺旋卷式实际上采用了板框膜，通常将其归入板框式。其组件结构是中间为多孔支撑材料、两边是膜的双层结构，其中三个边沿被密封而粘成膜袋状，就像是将一个信封卷成一卷。

中空纤维膜是一种极细的空心膜管，本身不需要支撑材料就可以耐很高的压力。中空纤维膜组件是把大量的纤维装入耐压容器内，纤维束的开口端用环氧树脂等材料浇铸封头；有

原液在纤维外流动的外压式，也有原液在纤维内流动的内压式。中空纤维是几种膜组件结构中有效膜面积最大的，膜材料消耗也是最多的。

出于结构简单、长期免维护运行的考虑，用于在线监测的膜油气分离装置大部分采用结构简单的板框式膜，也有少数系统采用了中空纤维膜油气分离装置。在线监测用的板框式膜，膜面积一般只有十多个平方厘米。而中空纤维组件有的安装了多达数百根中空纤维，油与膜的总接触面积可达数千平方厘米。这样由于油与膜的总接触面积得到数百倍的增加，显著提高了气体渗透速度。但是中空纤维的结构比板框膜复杂，变压器油温可能高达 80 ℃，对中空纤维的密封件也提出了严格的要求。下面介绍 2 个用于在线监测的中空纤维膜分离的实施案例。

图 5-2 某公司生产的中空纤维膜组件，中空纤维材料是聚四氟乙烯，浇铸中空纤维和真空腔体是填充玻璃的 PPS（聚苯硫醚），为内压式（变压器油在中空纤维内部流动）。典型组件的外部尺寸为 73×63×13mm，有的在线监测系统采用这种装置实现油气分离并在现场运行，油气分离时间为 4h。

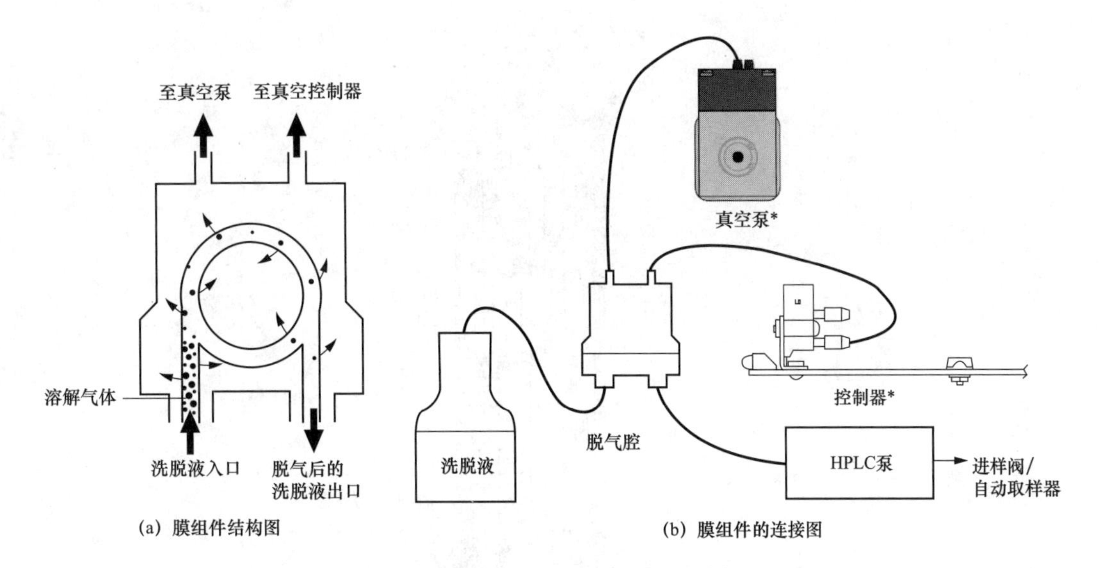

图 5-2　中空纤维膜组件

国外某型号在线监测系统采用了外压式中空纤维膜，油气平衡时间约 1h。外压式中空纤维可有效防止中空纤维膜被油压破。尽管板框膜采取了各种承压措施，但理论上还是存在膜被油压破的可能性。在外压式中空纤维组件中，纤维是自支撑的，壁厚达 100μm，能承受住正常的油压。万一油压出现异常增大，也只会将纤维压瘪，不会出现膜被压破而造成严重后果，这样有利于装置长期运行的安全性。

图 5-3 是外压式中空纤维膜分离装置，中空纤维外侧是液相，内侧是气相。中空纤维材料是聚偏氟乙烯。纤维外径 0.6mm，内径 0.4mm，长度 30cm，数量为 300 根。纤维外表面与油接触的总面积约 1700cm^2。真空泵驱动气路中的气体进行循环，油泵驱动油路中的油进行循环，油路、气路双循环在 1h 后结束。此时气相、液相的气体浓度平衡，然后将气路中的气体进样检测。

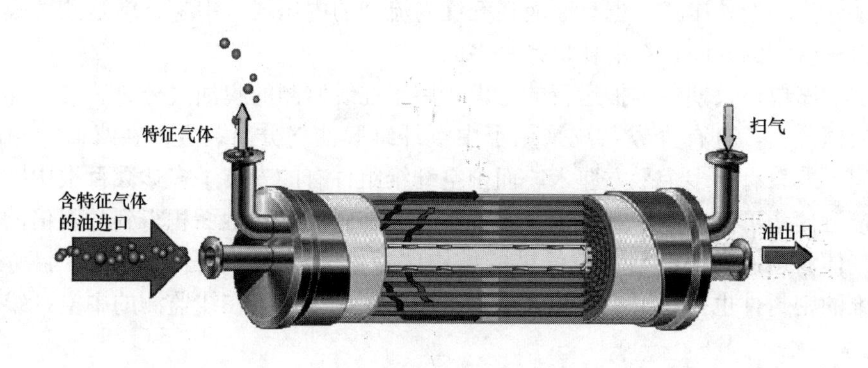

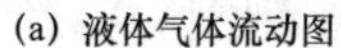
(a) 液体气体流动图

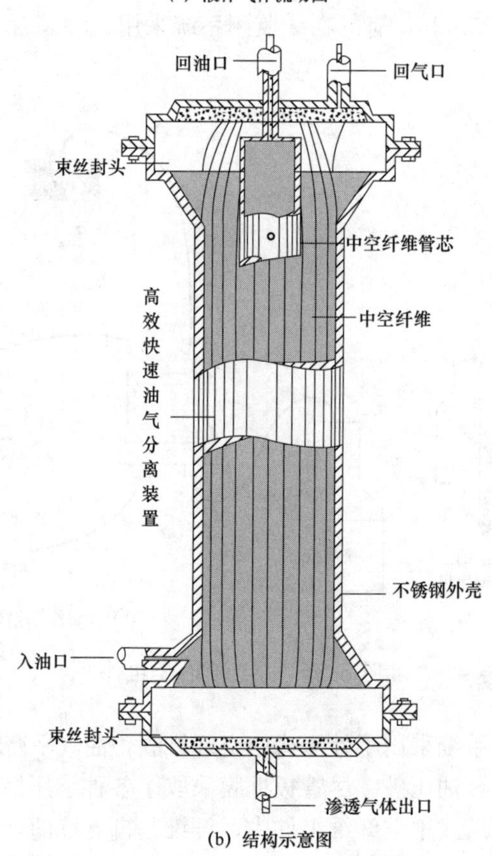

(b) 结构示意图

图 5-3　外压式中空纤维膜分离装置

5.2.4　油路和气路的设计

早期膜分离装置的油路和气路是不循环的。整个监测系统都直接安装在变压器油箱上，体积小，结构简单，气路很短，甚至传感器直接放在气室里，如加拿大 Hydran201R 在线氢气检测仪就采用这种方式。如果安装点选择不好，采集到的是“死”油，油样代表性较差，影响检测的实时性。

目前的装置普遍采用油路和气路双循环的工作方式。在工作状态，真空泵驱动气路中的气体进行循环，这样气室内的高浓度气体不断被外气路的低浓度气体更新，相当于式（5-1）中的气体起始浓度 C_0 相对较小，提高了气体渗透速度。另外，气路的容积应尽量小，避免小气室大气路的设计，既影响平衡时间，又降低检测结果的重复性。

在工作状态，由于不断渗透，与膜接触的油中的溶解气体会减少，所以油泵驱动油路中的油进行循环，变压器的油不断补充进来，使采集器内油的气体浓度基本保持不变，相当于式（5-1）中的 C' 保持在最大值，提高了气体渗透速度。油路循环的另一个重要作用是，避免采集到“死”油，保证了采集的变压器油样的代表性。

5.2.5 膜材料的选择

用作油中气体分离的高分子薄膜应具有以下性能：

（1）化学性能稳定，耐油、耐腐蚀、耐高温（80 ℃）；

（2）机械强度好，能长期承受油压；

（3）能快速渗透 H_2、CO、CO_2、CH_4、C_2H_6、C_2H_4、C_2H_2 等故障特征气体（有时还要求渗透 O_2、N_2）。

在变压器监测用的膜油气分离技术的长期发展过程中，膜材料的选择也经历了更新换代。下面介绍几种在线监测油气分离技术发展历程中有代表性的、并且在现场已有应用的油气分离膜。在描述膜的渗透性能时，除了GP100以外，均假设膜结构为板框式，并且没有采取特殊的提高渗透性能的措施，目的是介绍膜材料本身的渗透性能。事实上，通过改变膜组件结构（如采用中空纤维）、油气循环方式、降低膜厚度等措施，均有可能改善整个油气分离装置的平衡时间。

5.2.5.1 聚酰亚胺膜

聚酰亚胺（polymide，简称 PI）是分子结构中含有酰亚胺基链节的芳杂环高分子化合物，其分子结构特点是主链中带有刚性很大的芳环和以芳环为中心的均苯四甲酰亚胺环，还带有醚键，芳环和均苯四甲酰亚胺环之间以单键相连接。这种结构决定了聚酰亚胺薄膜有很高的热稳定性和机械强度，同时决定了它属于弱极性材料和具有不完全的疏水性。它的耐磨性好，绝缘性能优良，不溶于有机溶剂，同时有很好的尺寸稳定性。这种薄膜的连续耐热温度可以达到200℃，拉伸强度达到945kg/cm^2，压缩强度达到71700kg/cm^2。在20世纪80年代中期，聚酰亚胺以其优良的机械性能和热稳定性被首先用于在线监测油气分离膜上。聚酰亚胺膜的渗透有选择性，仅对 H_2 有较好的渗透性能。据相关报道，H_2 的平衡时间约40h。

5.2.5.2 聚四氟乙烯膜

聚四氟乙烯（PTFE）薄膜分子是由 CF_2 结构单元所构成的直链，如图5-4所示，链中碳原子排列呈锯齿形。由于分子的整体结构是对称的，所以是有规则的定向聚合体。同时，由于C-F键不易破坏，因此支化可能性很小，是规整化的线形结构。这样的结构使它具有高度的化学稳定性，素有“塑料王”之称。聚四氟乙烯薄膜的耐热性在塑料中是最好的，连续耐热温度可达260℃，在－100℃的低温下仍有柔韧性；可耐各种已知溶剂和强氧化剂，摩擦系数低，具有不粘性，介电系数和介损小，绝缘性能好；耐磨性能和机械强度较好，这种薄膜拉伸强度达 140～250kg/cm^2，压缩强度达 120kg/cm^2。

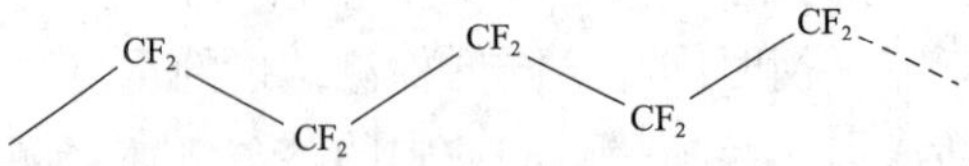

图 5-4　聚四氟乙烯分子结构

聚四氟乙烯膜的突出缺点是加工难度大、刚性低、不易粘结，很难做到与其他膜进行复合，因此实际工作中常根据不同用途，大量使用改性的聚四氟乙烯。在聚四氟乙烯中加入任何可以承受其烧结温度的填充剂。它的机械性能可获得极大改善，同时保持聚四氟乙烯其它的优良性能，如聚四氟亚乙基全氟烷基乙烯基醚（PFA），聚全氟乙丙烯（FEP）等。

聚四氟乙烯膜对 H_2 渗透性较好，也能渗透其他故障特征气体，在国内外早期的在线监测产品中应用较多。如加拿大 Syprotec 公司在 20 世纪 70 年代研制的 Hydran201R 在线氢气检测仪，Syprotec 称对氢气的检测周期是 24h。国内已安装了上千套 Hydran 检测仪。北京电子管厂生产的 BGY 型变压器检测仪也使用这种膜。聚四氟乙烯膜对其它几种故障特征气体渗透速度较慢，油气平衡时间长达 10 天，所以只适合氢气的在线监测，不适合多组分在线监测。

5.2.5.3　PFA 膜

聚四氟亚乙基全氟烷基乙烯基醚（polyfluoroalkoxy，PFA），为少量全氟丙基全氟乙烯基醚与聚四氟乙烯的共聚物。熔融粘结性增强，熔体浓度下降。长期使用温度为－80～260℃，耐化学腐蚀性很好，摩擦系数在塑料中最低，电性能很好，其电绝缘性不受温度影响，其抗蠕变性和压缩强度均比聚四氟乙烯好，拉伸强度高，介电性好，耐辐射性能优异，有良好的阻燃性。PFA 膜可以渗透各种特征气体，油气平衡时间约 7～10 天。

日本日立公司生产的在线色谱仪曾经使用 PFA 膜，由于这种膜过于柔软，不容易固定到容器上，可以将其微熔化贴在一个烧结而成的不锈钢盘上，称为熔化连结 PFA 膜。

5.2.5.4　F46 膜

F46 是四氟乙烯（C_2F_4）和六氟丙烯（C_3F_6）共聚生成，其中六氟丙烯含量约占 15%。F46 的全称是聚全氟乙丙烯，又名 FEP，是一种改性的聚四氟乙烯。由于与聚四氟乙烯结构上的差别，F46 加工性能较好，可以采用一般的热塑性加工成型，加工工艺大大简化，这是改性的主要目的。F46 的耐热性略低于聚四氟乙烯，长期使用温度为－85～205℃；低温柔软性优于聚四氟乙烯，常温下有较好的耐蠕变性能；因表面张力较小，熔融状态时与金属粘结性好；电绝缘性能与聚四氟乙烯类似，具有优异的化学稳定性，大气中抗氧化性非常好，耐辐照性优于聚四氟乙烯；F46 膜兼具 C_2F_4 的透气效果和 C_3F_6 良好的催化透气能力，透气性优于聚四氟乙烯。F46 对几种故障特征气体油气平衡时间约需几天时间。国内早期有的产品采用了这种分离膜，并在数十个变电站现场运行。

5.2.5.5　GP100

GP100 是加拿大 Morgan Schaffer 公司的集气装置，该装置使用了 42 根外径 0.6mm、

内径0.2mm、长220mm的U形聚四氟乙烯毛细管，U形管的两个开口端部是集气室。油中溶解气体渗透进入毛细管，靠自然扩散进入集气室。集气室内的气体可用注射器取样，也可用外管路引出。可见，GP100实际上是一种中空纤维膜结构，但气体和液体都没有采用强迫循环。由于毛细管能深入设备绝缘油内部，而且接触表面积大，气体渗透速度得到改善。GP100的最初设计意图是要永久安装在变压器本体，以方便使用便携式油中气体监测仪直接测量而不需要现场取油脱气。根据生产厂商提供的数据，氢气达到平衡的时间为1天左右，也能渗透其它几种气体。从模拟试验的结果看，对几种故障特征气体的油气平衡时间为4天左右。国内有的在线监测系统用GP100作油气分离单元，实现全部故障特征气体的油气分离。

5.2.5.6 H-FFV膜

式（5-1）中的渗透率H取决于膜材料，材料的透气性越好，渗透率就越高。渗透率可以用分子的自由体积理论来描述。自由体积V_f定义为0K时紧密堆积的分子受热膨胀所产生的体积：

$$V_f = V_T - V_0 \tag{5-4}$$

式中　V_0——0K时聚合物占据的体积；

V_T——温度为T时聚合物的表现体积。

定义自由体积分数（fraction freevolume，FFV）为：

$$v_f = V_f / V_T \tag{5-5}$$

FFV直接决定聚合物的渗透性能，它的少量增加会导致聚合物渗透率的大幅度提高。

常温下聚合物的相态有玻璃态和橡胶态两种。玻璃态聚合物在升温到一定值（玻璃化温度）时会转化为橡胶态。橡胶态聚合物的链段有高度的可动性，它的FFV高于玻璃态，所以其渗透系数远高于玻璃态。

例如，聚四氟乙烯就是玻璃态聚合物（玻璃化温度约300℃），它对CH_4的渗透率只有0.56Barrer［$1Barrer=10^{-10}cm^3 \cdot cm/(cm^2 \cdot s \cdot cmHg)$］；而常用作气体分离的甲基硅橡胶（PDMS）是橡胶态聚合物，它对CH_4的渗透率高达900Barrer。但是，橡胶态材料不易做成薄膜，受力后形变也大，耐油和耐高温性能也不理想，所以很难用于变压器油气分离。

以上所述是一般规律，也有少数玻璃态聚合物的FFV很高，渗透性甚至优于橡胶体。有一种FFV很高的高性能玻璃态高聚物膜，鉴于各在线监测厂家对其命名不一致，本书暂将其命名为H-FFV膜。H-FFV膜是在玻璃态聚合物中引入一种活化基团而生成的新一代功能材料。活化基团的作用之一是增加了分子的自由体积，使它的FFV高达30%以上。而一般玻璃态聚合物的FFV不到10%，例如聚四氟乙烯的FFV是2%～6%。因此，H-FFV膜的透气性能远远超过聚四氟乙烯，对几种故障特征气体的渗透率是聚四氟乙烯的几百到上千倍，几种气体的油气平衡时间约为1天。同时，H-FFV还具备优良的机械强度和耐油、耐高温性能。H-FFV膜已经成功用于变压器油中气体在线监测系统，并在现场大量运行。

5.3 动态顶空脱气法

如前所述，动态顶空脱气法和膜脱气法的机理是相似的，都可用溶解扩散理论来解释；但顶空脱气法的液相和气相是直接接触的、中间没有膜的隔层，它利用气体分子在绝缘油表面的扩散来使气体分子在油中和气室中的浓度达到动态平衡。将顶空脱气法应用于变压器在线监测，为了缩短油气平衡时间，加速平衡过程，常用的方法包括磁力搅拌、吹扫脱气、交替施加正压与负压等。

5.3.1 实验室顶空分析

5.3.1.1 顶空分析的原理

实际上，顶空分析是实验室气相色谱的一种广泛使用的进样分析方法，早在1939年就出现了，甚至比气相色谱还早10多年。世界各国都制定了有关顶空气相色谱的标准方法，用于分析聚合物材料中的残留容积或单位、工业废水中的挥发性有机物、食品中的气味等。

顶空分析的基本原理是：取样品基质（液体或固体）上方的气相部分进行色谱分析，也有人称之为液上色谱。顶空的英文（headspace）原本指罐头食品盒中顶部的气体，由于历史的原因，人们一直延用该词泛指样品基质上方的气体，中文译作顶空。

顶空分析通过样品基质上方的气体成分来测定这些组分在原样品中的含量。显然，这是一种间接分析方法，其基本理论依据是在一定条件下气相和凝聚相（液相或固相）之间存在着分配平衡。所以，气相的组成能反映凝聚相的组成。我们可以把顶空分析看成是一种气相萃取方法，即用气体作“溶剂”来萃取样品中的挥发性成分，因而，顶空分析就是一种理想的样品净化方法。

5.3.1.2 顶空分析的分类

顶空气相色谱分析通常包括取样、进样和气相色谱分析三个过程。根据取样和进样方式的不同，顶空分析有动态和静态之分。

所谓静态顶空就是将样品密封在一个容器中，在一定温度下放置一段时间使气液两相达到平衡，然后取气相部分进入气相色谱分析，所以静态顶空气相色谱又称为平衡顶空气相色谱，或叫一次气相萃取。根据这一次取样的分析结果，就可以测定原来样品中挥发性组分的含量。如果再取第二次样，结果就会不同于第一次取样的分析结果，这是因为第一次取样后样品组成已经发生了变化。

与此不同的是连续气相萃取，即多次取样，直到将样品中挥发性组分完全萃取出来，即动态顶空气相色谱。常用的方法是在样品中连续通入惰性气体，如氦气、氮气等，挥发性成分即随该萃取气体从样品中逸出，然后通过一个吸附装置（捕集器）将样品浓缩，最后再将样品加热解吸进入气相色谱仪进行分析。这种方法通常被称为吹扫—捕集（purge&trap）。所以，动态顶空气相色谱分析方法的过程是：动态顶空萃取—吸附—热解吸—色谱分析。这种方法目前广泛应用于石油、化工等行业。

吹扫—捕集技术的实施步骤如下：

第一步，将等份的样品注入一个可密封的玻璃样品瓶中，通常注入5mL样品就可以获得足够的测定灵敏度，如果想要获得更低的检出限可以注入25mL样品。使用高纯氦气或氮气以一恒定的流量、温度和时间对样品进行吹扫，从样品基质中吹扫出来的挥发性物质被吹扫气体输送到捕集阱中。捕集阱主要由吸附管和制冷剂组成，通常是在常温条件下进行捕集。吹扫气体通过捕集阱时，其中的挥发性物质被吸附管捕集浓缩，而吹扫气体流过吸附管

并排空。

第二步，在吹扫和捕集之后，通过快速加热吸附管将其中的挥发性物质热解吸出来并输送进入气相色谱分离柱中。此过程要求加热速度快、热解吸温度应当足够高、热解吸的时间足够长、吹扫捕集阱的载气流速和流量适当，它们的综合效果应当使解吸的物质在柱前形成一个窄的注射带（与注射器注入样品的状况一样）。此时，气相色谱开始对样品中挥发性物质进行分离和测定。

第三步，为了对下一个样品进行吹扫和捕集处理，捕集管需要进行清洗以排除由于样品可能有残存而引进测定误差。通常采用升高温度和高纯载气吹扫的方法对吸附捕集管进行清洗，载气的流动方向与热解吸时的流动方向相反。此步骤称为“烘烤”，可在色谱测定样品的过程中同时进行。

吹扫—捕集中的捕集效率与被测定的化合物和使用的吸附材料有关，诸如：化合物的蒸气压、吸附材料的比表面积、被测定化合物与吸附材料之间的作用等。通常在较低的温度下，吸附材料对化合物的吸附捕集效率会得到改善。为了减少和防止吸附管穿透，浓缩捕集的温度应当保持在 25℃±2℃，不能超过 30℃。在常温条件下捕集某些化合物时，有时需要冷却装置，例如使用液氮或者液体二氧化碳制冷剂降低吸附阱的温度。由于使用了制冷装置，吹扫和捕集系统就变得复杂化，操作也会变得繁琐。在早期的吸附管内填充的吸附材料是等量的 Tenax、硅球和活性炭。Tenax 可吸附捕集常温是液体的化合物、硅球可吸附捕集常温是气体的化合物，活性炭可吸附捕集卤代烃（例如二氯乙烷）。虽然已经出现了许多种吸附材料，但是由于上述的吸附材料具有很好的吸附捕集效率，目前一直在使用。

5.3.2 各种顶空脱气方法

5.3.2.1 机械震荡脱气法

在实验室里利用顶空脱气法进行变压器油中气体分析，常用的实现方式是机械震荡脱气法，该方法基本步骤是：向装有一定体积（如 40mL）油的密闭注射器中注入一定量（如 5mL）的洗脱气体，一般为氮气或氩气等惰性气体，将玻璃注射器置于振荡器中，恒温（如 50℃）条件下振荡一段时间（如 20min），再静止一段时间（如 10min），使油中溶解气体在气、液两相达到平衡分配，再抽取注射器中的剩余气体进行色谱分析。根据气相中各气体组分浓度，依据平衡原理导出的奥斯特瓦尔德系数计算出油中溶解气体各组分的浓度。

这种方法的重复性和再现性能满足实用要求，但不能实现自动脱气，只能手工操作，因此不能满足在线、实时、连续脱气的要求。

5.3.2.2 鼓泡脱气法

鼓泡脱气法的原理和机械震荡脱气法相似，是向油中通入气体（例如氮气、空气），把溶解在油中的故障特征气体置换出来。在密封腔体内，将空气循环通入油样中形成气泡，气泡大大增加了油样和空气的接触面积，油样中所含的故障特征气体也更加容易从油中析出，如图 5-5 所示。

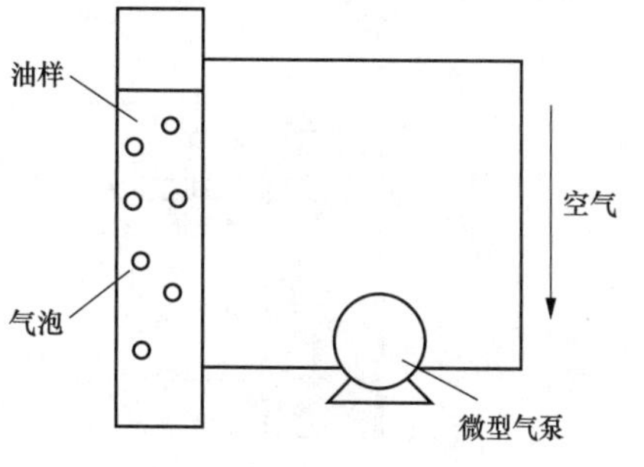

图 5-5 鼓泡脱气法原理图

这种方法可以使油气平衡时间缩短到 10min 以内。但在脱气过程中油与气直接接触，变压器油会受到污染，如果将脱气后的油遗弃，既消耗变压器油，又增加监测系统的维护工作量，而且难以保证变压器油在监测系统中与空气完全隔绝，所以这种方法适用于便携式的带电检测。

这种方法在早期的在线检测中有应用，后来大多升级为其他更完善、更先进的方法。

5.3.2.3　吹扫脱气法

吹扫脱气法的原理和机械震荡脱气法、鼓泡脱气法相似，是向油中吹扫气体，把溶解在油中的故障特征气体置换出来。图 5-6 中的装置是吹扫脱气法的一种实现方式，可以认为是鼓泡法的完善和升级，油气平衡时间也可以达到 10min 以内。该装置和常规鼓泡脱气法的不同点有：

（1）增加了真空泵和压力传感器，保证整个气路始终处于负压状态；这种负压吹送技术能避免采用载气实施正压或常压吹扫的一些隐患，如：可以避免载气污染变压器，可以避免油路的电磁阀发生故障或反向密封性能不好、从而导致高压载气从电磁阀进入变压器本体。

（2）增加了鼓泡室和油雾去除器，避免油雾进入后面的检测器，不会影响在线监测系统中传感器的稳定性和寿命。

吹扫脱气法的工作流程为：进油→载气动态顶空吹扫脱气→气泵收集样气，进样检测→真空泵抽除鼓泡和气室上部载气→回油。

吹扫脱气法在现场已有成功应用。

有的制造厂家由于采用了检出限较大的热导检测器，需要进一步提高脱出气体的浓度、对脱出气体进行压缩，在吹扫脱气后，增加了捕集过程，通过捕集阱里的吸附管将故障特征气体吸附收集起来，然后快速加热吸附管，将其中的特征气体释放出来并进样色谱柱中。这样就与实验室用的动态顶空分析中的吹扫—捕集过程非常相似了。

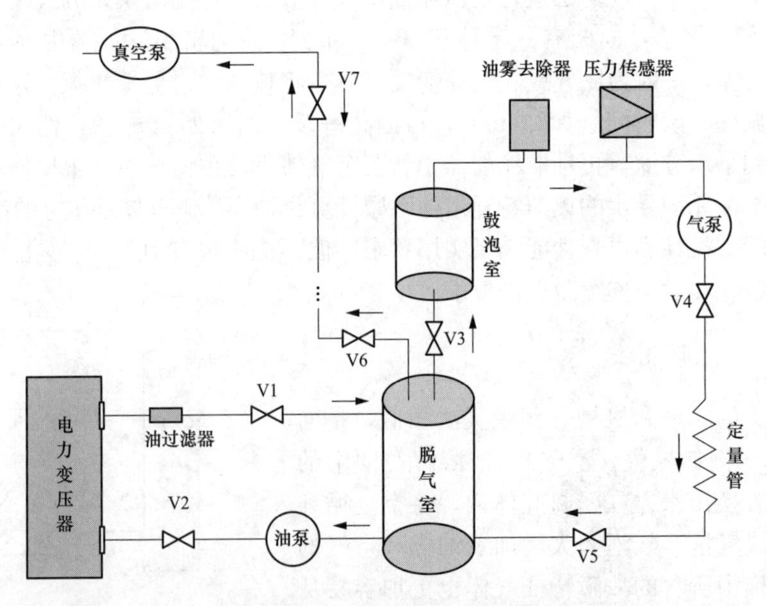

图 5-6　吹扫脱气法原理图

5.3.2.4 磁力搅拌法

磁力搅拌法是在油室中加入磁力搅拌器，通过搅拌油加速气体的逸出。该方法有时也需要向油中注入少量平衡气体。

磁力搅拌器的工作原理是依据库仑定律：两个相隔一定距离的磁体之间不需要任何传统机械构件，利用磁场感应效应，通过磁体的耦合力就能把功率从一个磁体传递到另外一个磁体，构成一个非接触传递扭矩机构。工作时通过电机（或电机减速机）带动外部永久磁体进行转动，同时耦合驱动封闭在隔离套内的另一组永久磁体及转子做同步旋转，从而无接触、无摩擦地将外部动力传送到内部转子，并通过联轴器与下轴及搅拌桨连成一体，实现搅拌的目的，如图 5-7 所示。

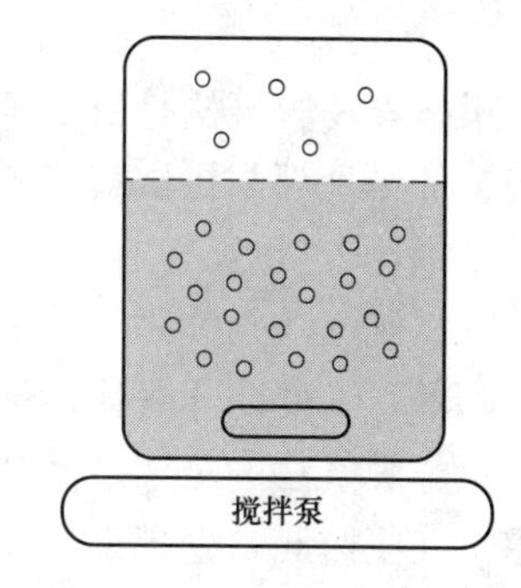

图 5-7 磁力搅拌法原理图

将磁力搅拌器应用于在线检测油气分离，内部转子及搅拌桨位于油室内，电机及外部永久磁体位于油室外。该方法的主要优点是，可以保证变压器油在搅拌过程中处于完全封闭状态，无渗漏，不会受到污染。

磁力搅拌法在带电检测系统和在线监测系统中都得到了成功应用，产品已经推广。

5.3.2.5 正压负压法

通过交替施加正压与负压，加速油中溶解气体的逸出。具体机构是波纹管或活塞式，其在封闭的腔体内通过机械往复运动产生正压与负压交替变化，产生多次扩容和压缩，从而使油中溶解气体迅速析出。

早期的装置采用波纹管，如图 5-8 所示。因为波纹管的动作次数比较有限，装置寿命较短，一般不超过一年。

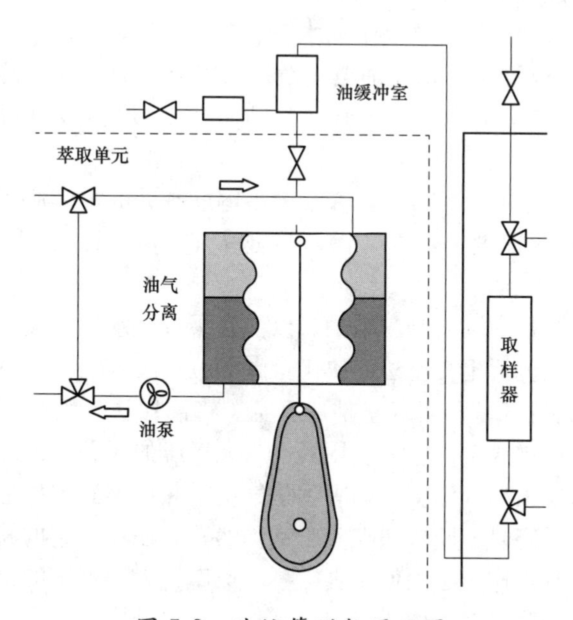

图 5-8 波纹管脱气原理图

后期的产品采用活塞式，该方法与实验室真空脱气方式有些相似，所以有的制造厂家将其称为真空脱气。该方法的原理是：变径活塞泵的机械往复运动产生大气压与负压交替变化，产生多次扩容和压缩，借助真空与搅拌作用并连续补入少量氮气到脱气室，从而使油中溶解气体迅速析出。连续补入的少量氮气可加速气体转移，克服了集气空间死体积对脱出气体收集程度的影响，提高了脱气率。这种方法需要微电脑自动控制油样量、恒温搅拌、真空脱气、气体浓缩和收集等，过程比较复杂。该装置目前在变电站现场也有应用。

5.3.2.6　小结

机械震荡脱气法是目前实验室中变压器油分析常用的脱气方法，而各种动态顶空在线脱气装置的原理都与机械震荡脱气法相似，所以在线顶空脱气法得到的气体浓度往往与实验室测量结果比较接近。

顶空脱气法与膜脱气法不同，液相与气相之间没有隔层。所以，既要防止油雾污染后面的检测器，又要防止气体污染回流的变压器油。

顶空脱气法的早期产品会把脱气后的油遗弃掉，这种方法用于带电检测问题不大，但如果用于在线监测，会带来环保和维护的问题。目前在线监测用的顶空脱气装置一般将油回流变压器油箱。如果在脱气过程中向油中注入了洗脱平衡气体，应采取可靠的措施，避免将被污染的油或额外添加的气体送入变压器油箱。

另外，气体的平衡常数奥斯特瓦尔德系数只与气体的种类及温度有关。所以，脱气过程中应对油样采取恒温控制，消除不同油温对检测结果的影响。

5.4 真空脱气法

实验室里采用真空法对变压器脱气，根据取得真空的方法不同可分为水银托里拆里真空法、机械真空法和变径活塞泵全脱气法三种。

水银托里拆里真空法利用托普勒泵带动水银反复上下移动，使密闭回路多次扩容，达到脱气目的。这种方法是 IEC 567《从充油电气设备取气样和油样及分析游离气体和溶解气体的导则》推荐的方法，它完全靠人工操作，只适合于实验室，不能用于在线监测的连续脱气。

机械真空法属于不完全的脱气方法，在油中溶解度越大的气体脱出率越低，而在恢复常压的过程中气体都有不同程度的回溶，溶解度越大的气体回溶越多。这种方法现在很少使用。

变径活塞泵全脱气法是中国研制出来的、以活塞泵替代水银泵的一种等效装置，用以替代 IEC 567 推荐的水银托里拆里真空法，属于全真空脱气法，脱气效率大于 97%。该装置的流程见图 5-9，真空泵将脱气室和集气室抽成真空。将油样注入脱气室，在真空与搅拌作用下析出油中溶解气体，并进入集气室。利用真空与大气压的压差，使缸体内的变径活塞间断做往复运动，将脱气室脱出的气体多次抽吸到集气室，并压缩到取样注射器收集，用于气相色谱仪定量分析。变径活塞泵全脱气法在实验室仍然有人使用。它的缺点是，对试验装置的真空密封性要求很高，且工作中必须使用真空泵，噪声较大，测试的重复性有时不能令人满意，所以逐渐被实验室振荡脱气法取代。

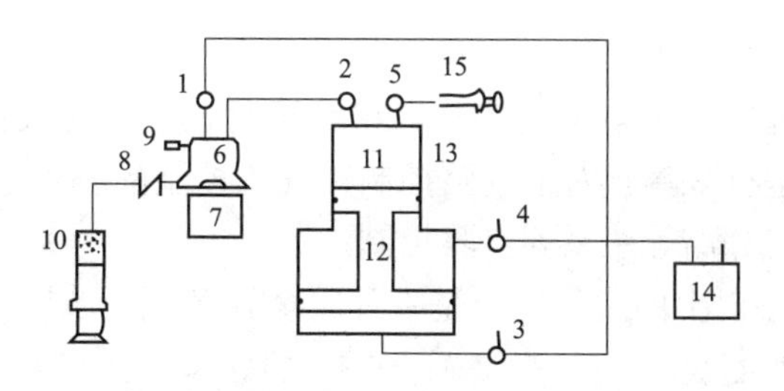

图 5-9 变径活塞流程图

1、2、3、4、5—电磁阀；6—油杯（脱气室）；7—搅拌电机；8—进、排油手阀；
9—限量洗气管（接氮气）；10—油样注射器；11—集气室；12—变径活塞；
13—缸体；14—真空泵；15—取气注射器

很多制造厂家在实验室真空脱气法的基础上，开发了在线监测用的真空脱气技术。各厂家在线真空脱气装置的设计思路不尽相同，效果也有较大差异。

图 5-10 中的装置是在线监测真空脱气法的一个典型实现方式，在现场已有较多的应用。真空脱气装置由油泵、气泵/集气室、空气压缩机、脱气室、定量室、油室、压力检测和控制阀等构成，具体部件包括：电磁阀 S1-S9、定量室 C1、脱气室 C2、排油室 C3、压力传感器 J2、油泵 T2、气泵 T1、变径活塞开关 Y4～Y7、压力开关 J1、空气压缩机、第一气孔 M、第二气孔 N、液位传感器 J3～J5，其中气泵 T1 包括集气室 T11，油泵 T2 包括油室 T21。

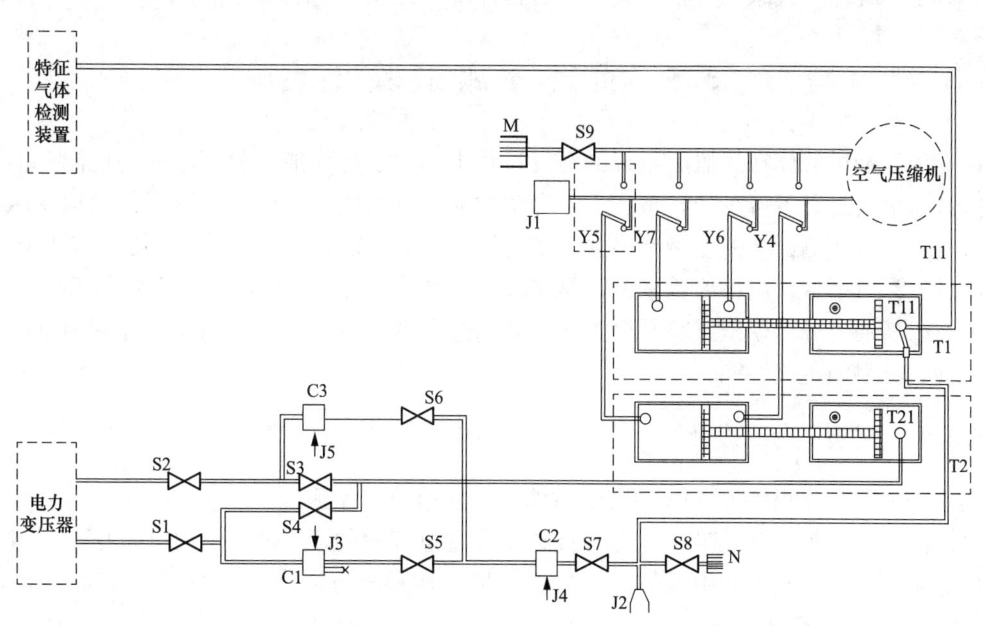

图 5-10 脱气装置管路图

该真空脱气装置的工作原理是：首先将密封的脱气室内抽为真空；然后油泵在油室和定量室的液位检测和微处理器的控制下，以合适的速度进行排油、排气、油路清洗、气路清洗，同时通过定量室准确地控制进油量，这样将油样导入装置；接着，在恒温状态下，利用空气压缩机对气泵和油泵施力，使活塞反复移动，脱气室压力的大小交替变化，产生多次扩容和压缩，密封的脱气室凭借真空的作用使油中溶解气体迅速析出，将气体收集进入集气室，实现油中溶解气体的真空脱气。

该装置需要一个微处理器对整个油气分离单元进行控制，对液位传感器、压力传感器、温度传感器等检测信号进行采集，对油气路控制和气缸控制的多个电磁阀、开关分别进行控制，完成油样采集和油气分离等一系列步骤控制。

这种方法能达到95%以上的脱气率，是一种完全脱气方法，其重复性高，不消耗、不污染变压器油、油气分离速度快。

以上介绍的这个脱气装置，主要是利用多次活塞反复运动、多次脱气来实现完全脱气。还有的脱气装置利用高真空和冷凝技术来提高脱气率，实现完全脱气。其脱气的一般步骤是：

(1) 油泵循环，进油；

(2) 油路关闭，与变压器油路隔离；

(3) 在脱气室内制造高真空；

(4) 定量的油进入脱气室，关闭油路；

(5) 脱气室内的油在高真空下气化；

(6) 将脱出气体导入冷凝组件；

(7) 在冷凝组件里油又被液化，实际上只是大分子被液化，液体回送变压器，对脱出的气体进行压缩，然后输送进入气相色谱分离柱中；

(8) 用环境空气或载气对整个脱气室进行冲洗，完成整个脱气过程。

5.5 油气分离试验平台

在变压器油中气体在线监测系统的开发过程中，为了验证油气分离单元的性能，油气分离模拟试验平台是必不可少的。事实上，完整的油气分离试验平台，可以当作模拟变压器使用，对整个在线监测系统的监测准确性、实时性等主要功能进行验证。还可进一步作为生产线上产品的调试平台、出厂检验平台，是在线监测系统研发、生产的一个重要的工具。

本节以某油气分离模拟试验平台为例，介绍建立平台需要考虑的因素，并利用试验平台检测各种膜材料的透气性能。

5.5.1 试验平台的设计

建立一个贮油体积约为50L的准密封油箱，油箱结构包括：

(1) 油箱顶部是空气呼吸口，为一直圆筒，占总容积的5%以上。用以防止升温过程中油从顶部溢出。为了减少油中气体向空气中扩散，在圆筒与油罐连接处只开了直径3mm的圆孔。

(2) 若干个油循环口用于油箱内的油循环，也可作为在线监测装置的取油口。

(3) 若干个膜脱气装置的安装口。

(4) 一个注气口连接油箱底部的粉末冶金中空球体，球体表面布满细微的小孔，将注入的气体变成细小的易于溶解的气泡。在循环油泵驱动下，用进样器从该口注入的故障特征气体可以逐渐溶解在整个油箱中。经足够的循环次数并静置足够长的时间，气体将在油箱中均匀分布。

(5) 箱体表面经镀锌处理，圆弧形过渡，消除油循环死角。油箱用聚四氟乙烯垫料或丁晴橡胶密封。

(6) 测温口及温控系统。测温口安装 Pt100 温度传感器，控温原理如图 5-11 所示。温度变送器是将温度传感器信号转换成 4～20mA 直流信号送出；温控器采用 P908-301 控制器及调功模块，通过设定温度值控制加热器功率以实现恒温。考虑到对油罐加热的不均匀性，并联使用了 2 个 300W 的加热器；为了改善加热的均匀性，采取了将长寿加热丝置入铝合金平板的面加热方式，并将两平板加热器分帖于油罐的底部和侧面。温度传感器插入油罐约 15cm。经实验调整 PID 参数，系统的控温精度可以达到±0.5℃，控温范围设定为室温到 110℃。

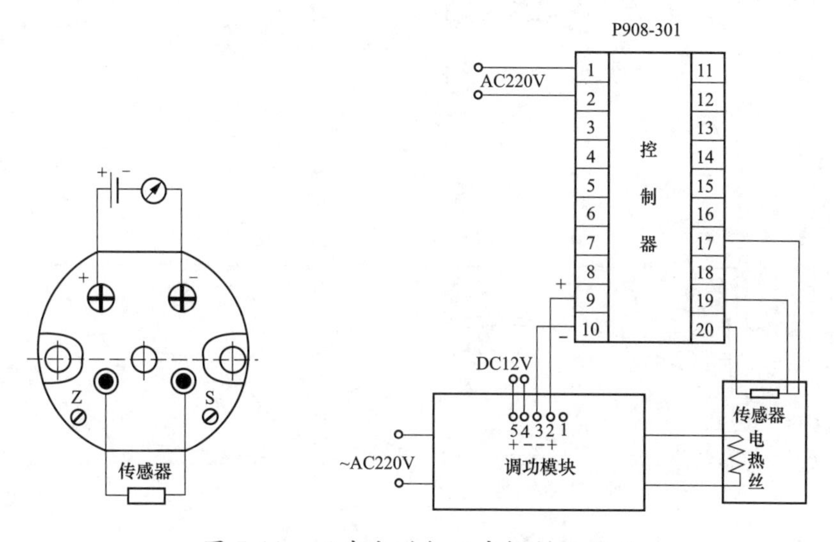

图 5-11　温度变送与温度控制原理图

注入各参考气体以后，可让油循环 1h，测量一次油中气体浓度，以后每过 30min 测量一次，直至浓度没有变化。油中气体浓度最好是均匀溶解、浓度稳定。在混入过程和实验过程中，油中气体可能从油面逸出，所以应该在气体浓度基本稳定后进行实验。

5.5.2　基于平台的实验结果

利用上述油气分离试验平台，进行以下四种膜的油气分离研究：①聚四氟乙烯板框膜，厚度 25μm；②F46 板框膜，厚度 12.5μm，购自杜邦公司；③GP100，购自 Morgan Schaffer 公司；④H-FFV 板框膜，厚度 25μm。在每个板框膜集气器中，油与膜的接触面为直径 60mm 的圆形，气室体积约为 16mL。GP100 集气器的气室体积约为 12mL。板框膜集气室与油箱间的连接管道内径为 40mm、长度为 80mm，所以板框膜处的油基本上是不循环的，这与现场将膜装在变压器放油阀处的情况是接近的。

实验前打开气室阀门，用高纯氮气吹扫气室 5min，保证气室内故障特征气体的起始浓度接近零。GP100 的 U 形毛细管内部（约 0.3mL）很难吹扫干净，但对实验影响不大。吹扫结束后关闭阀门，并采取一系列密封措施以保证气室的气密性。

通常，气相色谱仪出现 10%的误差是正常的；取气过程中人为操作有可能增加误差，特别是对容易渗漏的 H_2。这些原因使实验数据有一定的分散性。

气室容积十多毫升，实验中每次取样量为0.5mL，取样会减少气室气体浓度，对实验条件的一致性造成干扰。为此，在正式实验前进行了预实验，对膜渗透曲线进行了估算。正式实验中，在气室浓度变化缓慢的时间段，尽量减少采样次数，以减少上述干扰。

H-FFV膜的透气速度快，在57h内气室中几种气体的浓度就达到平衡，以测得的最大浓度作为H-FFV的平衡浓度。根据亨利定律，与高分子膜的材料无关，一定温度下，达到平衡时油气两相气体浓度的比值是固定的；同时，由于H-FFV膜透气速度快，检测重复性较好，所以将H-FFV膜的气体平衡浓度作为其它几种膜的气体理想平衡浓度。

四种膜的气体渗透曲线如图5-12所示，图中G表示气室中气体浓度/理想平衡浓度。

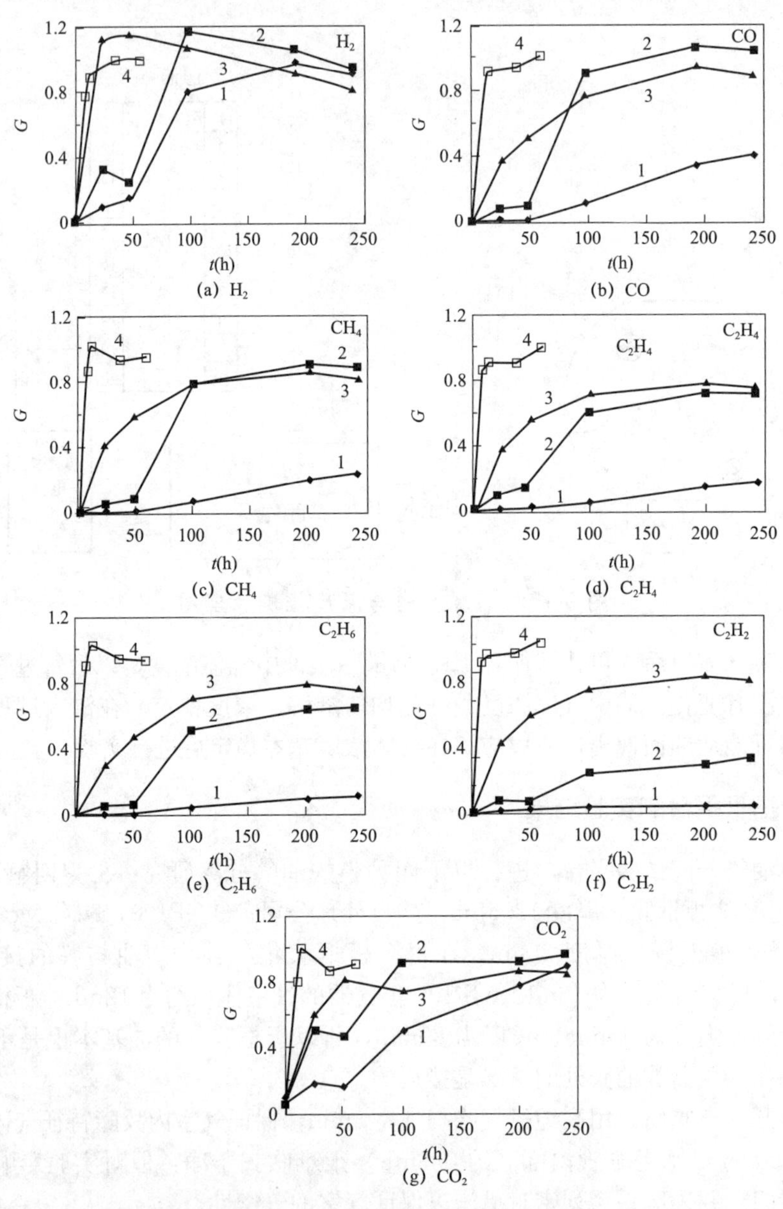

图5-12 膜的渗透实验结果

1—聚四氟乙烯膜；2—F46膜；3—GP100；4—H-FFV膜

考虑到检测误差，认为达到90%的平衡浓度，就实现了油气平衡。聚四氟乙烯膜在10天（240h）后，油气仍然没有平衡。F46膜在8天（196h）后，浓度增长缓慢，接近平衡。GP100在4天（96h）后，浓度增长缓慢，趋于稳定，基本平衡。H-FFV膜在8h就达到了60%以上的平衡浓度，12h就已经实现了油气平衡。四种膜的油气平衡时间如表5-3所示。

表5-3　　四种膜的油气平衡时间

序号	种类	厚度（μm）	油膜接触面积（mm^2）	平衡时间（h）
1	聚四氟乙烯膜	25	2800	>240
2	F46	12.5	2800	>196
3	GP100	毛细管	20300	96
4	H-FFV	25	2800	12

（1）膜对不同气体的平衡时间有明显差异。对于前三种膜，H_2渗透最快，其次是CO_2和CO，C_2H_2、C_2H_6等大分子的渗透是最慢的。GP100对H_2的平衡时间是24h，这与厂家提供的数据一致。H-FFV膜则不同，C_2H_6的渗透很快，H_2相对较慢，而CO是最慢的。

（2）几种膜的平衡浓度是不一样的，而且渗透性能越好的膜，平衡浓度也越高。这是因为气室的密封不可能是绝对的，当气体渗透速度很快时，密封渗漏可以忽略不计；而当气体渗透速度慢、平衡时间长达数天时，气体在透过膜进入气室的同时，气室内气体也将渗漏到气室外空气中，两个过程达到动态平衡时，气室内气体的浓度就是膜的油气平衡浓度。正是这个原因造成了不同膜平衡浓度的差异。

由于不同组分气体透过膜的速度不同，从气室向外渗漏速度也不一样。所以，平衡时间较长的膜，其平衡状态下的各组分比例与理想平衡浓度也存在一定的差异。

（3）根据式（5-1）影响平衡时间有多种因素：气室容积V越大，平衡越慢；油膜接触面积A越大，平衡越快；膜厚度的d越大，平衡越慢；渗透率H越高，平衡越快。

实验中，三种板框膜的气室容积都为16mL，GP100的气室容积略小，为12mL。三种板框膜油膜接触面积都是$2800mm^2$，而GP100的毛细管结构使油膜接触面积高达$20300mm^2$，高一个数量级，这也是GP100透气效果好于F46和聚四氟乙烯膜的主要原因。F46膜的厚度为12.5μm，只有聚四氟乙烯和H-FFV膜的一半，这是它的透气效果好于聚四氟乙烯膜的原因之一。分析以上各种因素之后，可以明显看出，H-FFV膜的透气性能优异的原因在于H-FFV这种材料的渗透率远高于其它材料。

5.6　油气分离装置的设计

各厂家对于油气分离装置的设计思路、工作流程各不相同，但考虑的要素是比较相近的。下面以板框膜油气分离装置为例进行介绍。

油气分离装置由油室、油泵、气室、真空泵、定量池、电磁阀、去油管等组成。图5-13是油室气室结构图。油室由油室座和油室盖组成。气室由气室盖和气室座组成，两者用螺钉连接，其间依次夹有金属补强板、纱布、油气分离膜，边缘用硅橡胶耐油O形圈密封。气室盖上有取样孔，以硅胶垫密封；用注射器取样气进行检验校准；气室盖上还有进气口和出气口。金属补强板为多孔结构，孔径0.5mm左右，目的是提高膜的耐压能力。

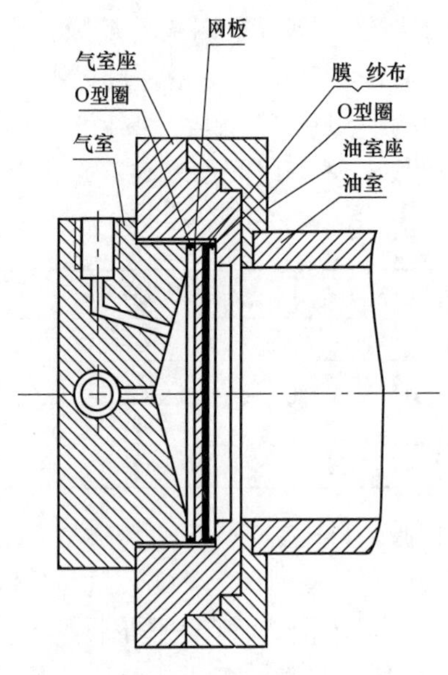

图 5-13　油室气室结构图

图 5-14 是油气分离装置原理图。气室内安装光电式液位开关，如果膜出现破损，液位开关检测到气室中的漏油，气路的电磁阀立刻关闭，后面的检测系统不会因为进油而受到损坏。气路内有定量池，定量池可以为定量管（用于色谱在线监测）或气体池（用于光谱在线监测），后续的检测装置可以对定量池内的气体进行检测。定量池前安装去油管，管内填充玻璃棉以滤去可能渗入气路的油蒸气。真空泵可以驱动气路内气体循环，油泵可以驱动油路内油循环。油的流向是变压器→油泵→油室→变压器。气的流向是气室出气口→电磁阀→真空泵→去油管→定量池→气室进气口。

变压器油始终处于封闭状态，不与空气直接接触，可以保证在油气分离过程中油不受到污染。油室内安装放气阀，装置初次运行时，放气阀打开，油泵运转，使油路油室充满油，气体通过放气阀放掉。

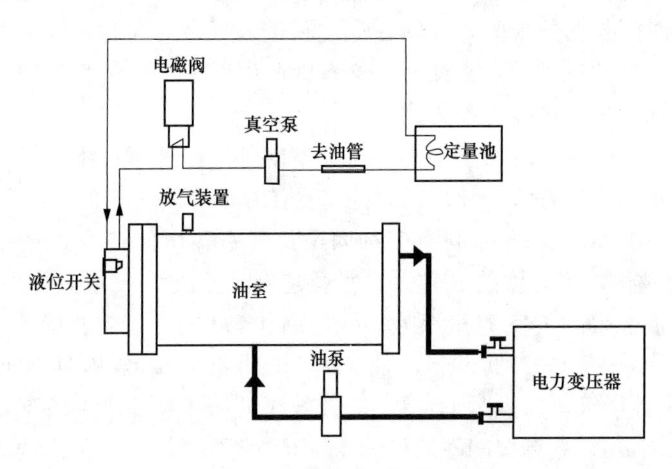

图 5-14　油气分离原理图

板框膜采集器的工作方式为：在非采样状态，电磁阀开通，每隔 2h 油泵转动 30min，真空泵转 3min。装置一旦进入采样状态，油泵和真空泵都开始运转。3min 后，真空泵停止运转，以保证定量池内气压为恒定值，后续的检测装置立刻对定量池内的气体进行检测。一次采样周期结束后，装置恢复为在非采样状态。

5.7　各种脱气方法综合比较分析

5.7.1　气液两相的浓度关系

如前所述，大部分在线监测系统的油气分离装置都利用了溶解扩散原理，液相和气相之间的浓度比例都符合奥斯特瓦尔德系数 K_i，在设计在线监测系统检测单元的灵敏度和量程时，应考虑到该比例关系。参考国家电网公司企业标准 Q/GDW 536—2010《变压器油中溶解气体在线监测装置技术规范》，对油中各种气体的最低检测限和最高检测限值为：

H_2：2～2000μL/L；

CO：25～25000μL/L；

CO_2：25～15000μL/L；

CH_4：0.5～1000μL/L；

C_2H_2：0.5～1000μL/L；

C_2H_4：0.5～1000μL/L；

C_2H_6：0.5～1000μL/L。

监测系统中的检测单元直接测出的是气室中的气体浓度，还要通过表 5-4 中的 K_i 值换算成油中气体浓度。可见，由于奥斯特瓦尔德系数的换算，对有的气体（如 H_2、CO），达到最低检测限（灵敏度）更容易了，达到最高检测限值（量程）更难了；而对有的气体（如 C_2H_6），达到最低检测限（灵敏度）更难了，达到最高检测限值（量程）更容易了。有些真空脱气法不需要用奥斯特瓦尔德系数换算，其后面检测单元的灵敏度和量程，就不需要考虑该系数。

表 5-4　　　　气体浓度测量范围

被测气体	H_2	CO	CO_2	CH_4	C_2H_2	C_2H_4	C_2H_6
K_i（50℃）GB/T 17623—1998	0.06	0.12	0.92	0.39	1.02	1.46	2.30
油中气体最低检测限值（μL/L）	2	25	25	0.5	0.5	0.5	0.5
气室中气体最低检测限值（μL/L）	33.3	208	27.2	1.28	0.49	0.342	0.217
油中气体最高检测限值（μL/L）	2000	5000	15000	1000	1000	1000	1000
气室中气体最高检测限值（μL/L）	33333	41666	16304	2564	980	685	435

另外，气体的奥斯特瓦尔德系数与温度有关，在油气分离过程中应同时测量温度，并对奥斯特瓦尔德系数进行温度校正，以提高测量的准确度。

由于膜脱气法的平衡时间长，对气室密封性提出了很高的要求。若气室密封性不够好，将对气室内气体浓度及气体测量结果产生较大影响。所以从使用情况看，板框膜脱气法的测量重复性略逊于真空脱气法和顶空脱气法。

5.7.2　平衡时间

检测周期是油中溶解气体在线监测系统的重要指标，检测周期越短，监测系统的实时性越好。实际应用中，一般每天检测一次，即在线监测系统的检测周期为 24h，必要时会缩短检测周期，但即使极端情况下检测周期也不会少于 2h。

不论是色谱检测还是光谱检测，检测单元的工作时间都比较短，所以在线监测系统的检测周期主要取决于油气分离时间。动态顶空脱气和真空脱气的油气分离时间一般都在 1h 以内，完全满足检测周期的要求。而目前运行中的膜脱气装置大部分油气分离时间较长。下面重点讨论膜脱气法的检测周期。

如前所述，采用板框膜的油气分离装置可达到的最小平衡时间为 24h，采用中空纤维膜的油气分离装置的平衡时间为 4h、甚至 1h。这些都是零初始状态（气室起始浓度为零）下的平衡时间。实际上，油气分离装置在现场工作时，气室并不排空，每次进样检测仅消耗了定量管里的气体，检测后再次平衡的时间大大缩短。

以平衡时间为 24h 的板框膜装置为例，从实际运行情况看，每隔 4h 检测一次，浓度没有出现减少的趋势，所以使用中可以将检测周期设为 4h。如果变压器内部出现缺陷、油中气体成倍地突增，4h 的检测周期仅能发现油中气体出现了突增，由于尚未达到油气平衡，不能准确测出各种气体的具体浓度。这种情况的解决方法是，根据板框膜在实验室的各种气体渗透曲线（见图 5-12）大致推算出此时油中气体浓度。这种推算有一定误差，仅用于对油中气体突变进行预警，难以应用三比值法等判断导则对推算结果进行准确诊断。

事实上，一旦在线监测发现油中气体发生突变，电力系统运行部门都会用更可靠的离线色谱分析仪器进行确认和诊断。在这个过程中，在线监测系统的作用是对油中气体异常进行预警。所以 4h 的检测周期虽然不能准确测出突变后的油中气体浓度，但足以及时发现气体浓度的异常变化并完成缺陷预警的功能。

5.7.3 油气分离装置的安全性

油气分离装置和高压变压器直接接触，其安全性能格外重要。油气分离装置应保证不污染变压器油，气体不能进入变压器油箱；回流变压器油箱的油要保证有效过滤、无污染，不添加任何其他气体。油气分离装置工作中不能搅动变压器油箱底部的沉积物。变压器长期运行中，油箱底部可能存在沉积物，若将这些沉积物搅动上扬到变压器上部，有可能危及变压器安全运行，所以在设计进油口、回油口的位置以及油流速时应考虑这种情况。

膜脱气法由于有膜的阻挡，液相与气相是完全隔离的，油被限制在完全密封的腔体内，最后可以安全地回流到变压器内，不污染变压器油。顶空脱气法和真空脱气法的油路结构比较复杂，而且液相和气相直接接触，一方面要防止气体随油样回流到变压器油箱内，另一方面也要防止油蒸气随气样进入检测单元，污染后面的气敏传感器或光谱检测单元，特别是光谱检测对油蒸气非常敏感。所以，顶空脱气法和真空脱气法的安全隐患多一些，必须采取更多可靠的技术措施来解决。

5.7.4 故障率

膜油气分离装置不能承受负压，早期曾发生过多起变压器检修时对油箱抽真空导致的膜承受负压破裂事件。所以，变压器油箱抽真空时，应拆除在线监测系统或通过关闭阀门以有效隔离在线监测系统。即使是顶空脱气和真空脱气的装置为安全起见，抽真空时也应采取同样的隔离措施。

顶空脱气法和真空脱气法最容易发生的是机械故障，故障率与产品的设计原理、工艺以及应用中的使用频率（设定的检测周期）有关。膜脱气法经过不断改进，目前故障率已经很低。顶空脱气法和真空脱气法由于机械结构复杂，运动部件多，故障率的控制相对难一些。

5.7.5 油气分离装置的维护

在线监测系统油气分离装置的维护工作主要包括故障后的检修、补充消耗性气体、废油处理等。

膜脱气法中，载气仅用于色谱柱进样（如果是光谱检测，则不需要载气），载气消耗较

小。很多顶空脱气及真空脱气装置需要用载气对脱气后的气室等气路进行冲洗，消耗的载气往往大于色谱柱所需的载气，增加了载气瓶更换频率，提高了维护工作量和维护成本。

部分顶空脱气装置因为油受到污染，油样在检测后只能做废弃处理。这种方式消耗了变压器油，废油桶也需要定期清理，增加了维护工作量，

5.7.6 各种脱气法的综合比较

对油气分离方法的性能比较见表 5-5。其中检测周期、重复性、成本比较容易量化；而安全性、故障率、维护量难以量化，也很难对现有产品的运行情况进行统计，只能根据方法本身的技术特点以及现有产品普遍存在的问题进行评价；有的产品供应方通过自身的优势技术可在一定程度上弥补这种方法的不足。

表 5-5 脱气法的性能比较

脱气方法	检测周期	重复性	成本	安全性	故障率	维护量
膜脱气	长	较好	低	很好	很低	小
顶空脱气	很短	很好	较高	较好	较低	部分较大
真空脱气	很短	最好	高	较好	较低	部分较大

膜脱气法的成本低、结构简单、维护量小、应用经验多，不足之处是检测周期长、测量重复性稍差。中空纤维膜脱气装置的检测周期较短，但密封难度大，目前应用很少。考虑到变压器油中气体检测一般不针对危急性缺陷，所以板框膜脱气法对变压器绝大部分缺陷是够用的，其用于变压器早期缺陷预警是一种性价比不错的选择。目前单组分监测系统中绝大多数采用板框膜，多组分监测系统中膜脱气法的应用比例近年来有所下降。

真空脱气法的技术难度大、结构复杂、成本最高，性能也最好。近年来这种方法的市场占有率有增加的趋势，部分原因是一些电力用户在入网检测时对检测周期、测量重复性都提出了较高的要求，不采用真空脱气法难以通过入网检测。

顶空脱气法的技术难度较低、油气分离时间短，测量重复性略逊于真空脱气法。

另外，很多顶空脱气及真空脱气装置需要用载气冲洗气室，如果日常运行中每隔 2h 检测 1 次，更换载气的维护成本会剧增，同时如此高的检测频率对机械部件使用寿命的影响尚不确定。

6 气相色谱分离技术

油中气体在线监测系统对色谱分离的要求和实验室常规气相色谱仪虽然相似，但也有一些特殊要求。实验室气相色谱仪是通用仪器，而在线色谱柱的专用性很强，仅分离几种故障特征气体，而且要求整个色谱分析单元免维护、体积小、结构简单。实验室采用手动方法在色谱出峰图上进行组分定量，而在线色谱技术需要开发一套图谱分析算法来完成自动辨识色谱峰、扣除基线、算出每个组分的含量。

本章介绍色谱分离的原理和定量分析方法，然后讨论用于在线监测的色谱柱设计，包括固定相、载气、柱长、柱径、流速、样气量、六通阀进样等，最后阐述在线监测系统的图谱分析技术。

6.1 色谱柱技术

变压器油中溶解气体经过油气分离后，一般采用色谱法对气体的不同组分加以分离，然后再进行测量和分析。色谱法又称色层法、层析法。作为一种分析方法，它的最大特点在于能够将一个复杂的混合物分离成为各个组分，然后一个个地检测出来。一般，色谱是建立在吸附、分配、离子交换、亲和力和分子尺寸等基础上的分离过程，它利用不同组分在相对运动、相互不溶的两相中吸附能力、离子交换能力、亲和力或分子大小等性质的微小差异，经过连续多次在两相的质量交换，使不同组分分离。色谱法具有高效、快速、灵敏的特点。气相色谱是以气体作流动相的色谱过程，它包括气—固色谱（即气—固吸附色谱）和气液色谱（即气—液分配色谱）。用气体作流动相的主要特点是气体的黏度小，因而在色谱柱内流动的阻力小；同时因为气体的扩散系数大，所以组分在两相间的传质速度快，有利于高效、快速分离。能否成功分离变压器油中溶解的 H_2、CO、CO_2、CH_4、C_2H_6、C_2H_4、C_2H_2 等气体的关键在于色谱柱和参数的选择，因此，深入分析气相色谱法的原理是非常必要的。

6.2 气相色谱分析原理

6.2.1 混合气体的分离过程

气相色谱法分离物质的主要依据是：不同的被分析物质在两相之间具有不同的分配系数，对于气—固色谱（也称吸附色谱），分配系数 K 的定义为：

$$K=\frac{\text{每平方厘米吸附表面吸附组分的量}}{\text{每毫升流动相中组分的量}} \tag{6-1}$$

实验证明，在一定条件下，每个组分对某一固定相与流动相都有一定的分配系数。K 值大的在色谱柱中滞留的时间长，K 值小的滞留时间短，组分之间 K 值相差越大通过色谱柱的分离效果越好。

当两相做相对运动时，被分析物质在两相做反复多次的分配，以使那些分配系数只有微小差异的组分产生相当大的分离效率，从而使不同组分得到完全分离。实际中，一个相固定不动，称为固定相，另一个则均匀移动，称为移动相。

变压器油色谱分析中的混合气体分离是用一种固体吸附剂（如分子筛）作为固定相，以惰性气体或者永久性气体（如 H_2、N_2、He、Ar 等）作为流动相（也称载气），并以一定的速度流过色谱柱。若将欲分离的混合气体引入，组分在色谱柱中随着载气在气相与固定相之间流动，一直进行吸附—析出、再吸附—再析出的反复多次分配。由于固定相对各组分的吸附平衡常数不同，较难吸附的组分移动较快，经过一定的柱长后，各组分就彼此分离，依次离开色谱柱进入检测器，分别进行分析测定。

图 6-1 显示分离过程的四个阶段，其中 A、B 分别表示样品中的两组分。①表示样品刚进入色谱柱，两组分均匀混合在一起；②表示两组分已经部分分离；③表示两组分已经完全分离；④表示分离后的 A 组分已经随着载气流出色谱柱，而 B 留在柱内，最后 B 也将随同载气流出色谱柱。据此还可以得出，组分 A 的 K 值比组分 B 的 K 值小。

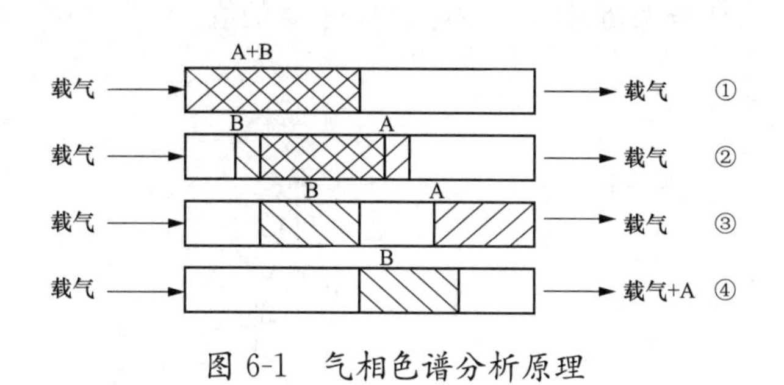

图 6-1 气相色谱分析原理

6.2.2 色谱的出峰图

样品中的组分经色谱柱分离后，随着载气逐步流出色谱柱，在不同时刻流出物中组分的成分和浓度是不同的。一般采用记录仪将流出物中各组分及其浓度的变化记录下来，即可得到色谱图。以组分的浓度变化作为纵坐标，以流出时间作为横坐标，所绘出的曲线称为色谱流出曲线。当组分的浓度达到极大值时，曲线上也出现极高点，表明每一个组分在流出曲线上都有一个相对应的色谱峰。可以通过各种检测器检测色谱柱流出的气体种类及含量。流入检测器进行检测的是载气中混有的样品气，根据二元气体混合物的有关物理或化学性质可以制成相应的检测器，如热导检测器、氢焰离子化检测器、火焰光度检测器等。检测器可将非电信号转变为电信号，但转变成的电信号很微弱或不能直接显示，往往通过电桥或者静电计放大后方可利用记录仪（一般采用电子电位差计）记录其色谱峰，或用数字积分仪显示各组分的峰面积和保留时间。对于从记录仪记录的图形和数据进行分析，可以采用定性和定量的方法。

色谱峰一般可以用一个高斯分布函数表示：

$$C(t)=\frac{C_0}{\sqrt{2\pi}\sigma}\exp\left[\frac{-(t-t_R)^2}{2\sigma^2}\right] \tag{6-2}$$

式中　$C(t)$——不同时间样品在柱出口的浓度。

下面结合图 6-2 介绍一下本书用到的色谱图相关名词。

基线：柱中仅有载气通过时，检测器响应信号的记录。

峰高 h：峰的顶点与峰基之间的距离。

峰宽 W：在峰两侧拐点处做切线与峰底相交两点之间的距离。

半峰宽 $W_{h/2}$：通过峰高的中点做平行于峰底的直线，此直线与峰两侧相交两点之间的距离。

标准偏差 σ，即峰高 0.607h 时色谱峰宽度的一半。

峰面积：峰与峰底之间的面积。

拖尾峰：后沿较前沿平缓的不对称的峰。

保留时间 t_R：从进样开始到组分峰值出现的时间，也可以保留体积 V_R 表示。保留时间是色谱流出峰定性的依据，其宽度则是衡量分离过程中柱效的基础。

死时间 t_M：也称空气峰时间，是指和色谱柱不发生吸附或分配作用的惰性组分从进样到出现峰值的时间。

校正保留时间 t'_R：组分保留时间 t_R 去除死时间 t_M 的值。

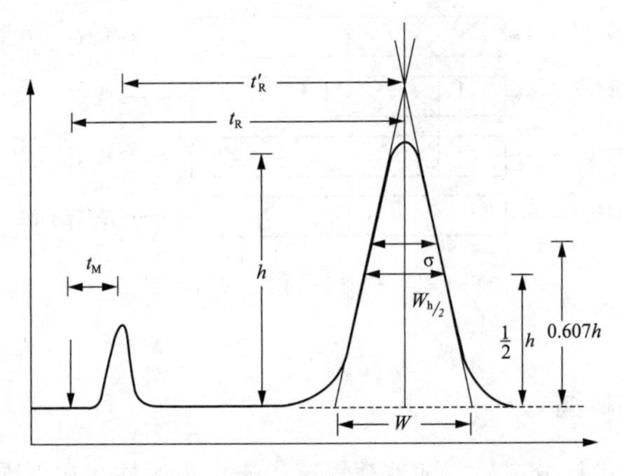

图 6-2　色谱出峰及有关参数

色谱分析的动力学基础主要有塔板理论和速率理论，它们已得到一致公认并被广泛应用。根据塔板理论组分色谱出峰也可写成：

$$C=\frac{\sqrt{n}V_I}{\sqrt{2\pi}V_R}\exp\left[-\frac{n}{2}\left(1-\frac{V}{V_R}\right)^2\right] \tag{6-3}$$

式中　V——流出载气体积；

V_I——进样量；

V_R——保留体积；

n——理论塔板数。

当 $V=V_R$ 时，组分浓度极大值：$C_{max}=\dfrac{\sqrt{n}V_I}{\sqrt{2\pi}V_R}$。显然。进样量越多峰越高，保留体积越大峰越低。当保留值、进样量一定时，板数越多峰越高。另外，当进样量一定时，早流出的峰高且窄，后流出的峰低且宽。

理论塔板数是柱效率的主要指标，柱效高低直接影响分离效果。为了考察色谱柱的分离效能，可以用如下保留值—半峰宽法计算理论板数。

由图 6-2 可知，半峰宽 $W_{h/2}$ 等于保留体积 V_R，减去半峰高时载气流过体积 V 的 2 倍，根据式（6-3），得：

$$C_{max}/\frac{1}{2}C_{max}=\exp\left[\frac{n}{2}\left(\frac{V_R-V}{V_R}\right)^2\right]=2 \tag{6-4}$$

$$\ln 2=\frac{n}{2}\left(\frac{V_R-V}{V_R}\right)^2 \tag{6-5}$$

又 $W_{h/2}=2(V_R-V)$，故 $W_{h/2}=\sqrt{\dfrac{8\ln 2}{n}}V_R$，即

$$n=8\ln 2\left(\frac{V_R}{W_{h/2}}\right)=5.54\left(\frac{V_R}{W_{h/2}}\right) \tag{6-6}$$

有了板数后，根据塔板理论的模型，可计算理论塔板高度 $H=L/n$，其中 L 是柱长。

关于提高柱效率，速率理论有如下结论：

（1）固定相颗粒直径。用细而均匀的载体颗粒能够改善柱效率。

（2）载气流速。使柱效最高，应在最佳流速下操作。通常，柱效随流速增加而变差，但流速超过一定值后，柱效有提高的趋势。为了缩短分析时间，可选择在比最佳流速稍高但又不十分影响分离的流速下操作。

（3）载气。分子量大的气体（如 N_2、Ar）有利于提高柱效能，分子量小的气体（如 H_2、He）有利于缩短分析时间。

（4）柱温。降低柱温一般能够改善分离效果，但是延长了分析时间，柱温过高会引起峰形畸变。某些特殊情况下需要对色谱柱程序升温。

6.3 定性及定量分析

6.3.1 定性分析

理论分析和大量实验表明，当固定相和操作条件严格固定不变时，任何一种物质都有一定的保留值，在同一条件下，比较已知物和未知物的保留值，就可能定性出某一色谱峰代表的组分。具体方法为：分别测已知物和未知物的保留值，进行比较定性，也可以将未知物添加到已知物中，由混合物色谱图对应色谱峰高增加来定性。在实际工作中可能遇到各种类型的未知样品，而实验室中不可能有各种类型的纯样品，因此不可避免地要利用文献发表的保留数据来定性。由于试验重复性比较差，一般不用绝对保留值，而用相对保留值和保留指数。

相对保留值是任一组分 i 与基准物质 s 校正保留值之比，以 r_{is} 表示：$r_{is}=t'_{Ri}/t'_{Rs}$。其中，

基准物质是被测混合物中已经有的某一组分，应该根据具体情况确定。研究表明，某一组分的相对保留值只与柱温和固定液性质以及组分本身性质有关，在柱温和固定液性质确定的情况下，完全由组分的性质决定，而与其他操作条件无关。

保留指数的特点是把某一组分的保留行为用两个在色谱图上紧靠它的标准物（一般是两个正构烷烃）来标定。根据定义，作为标准物用的正构烷烃的保留指数是它们分子中碳原子的 100 倍，与所用固定相和操作条件无关。除正构烷烃外，其他化合物的保留指数与所用固定相的操作温度有关。某一组分 x 的保留指数可以由式（6-7）计算得出：

$$I_x = 100\left[Z + n\frac{\lg t'_{R(x)} - \lg t'_{R(Z)}}{\lg t'_{R(Z+n)} - \lg t'_{R(Z)}}\right] \tag{6-7}$$

式中　$t'_{R(x)}$、$t'_{R(Z)}$、$t'_{R(Z+n)}$——分别代表代测物质 x 和具有 Z 及 $Z+n$ 个碳原子数的正构烷烃的校正保留时间，n 为 1，2，3…，但数值不宜过大。

保留指数和温度 T 的关系理论上是复杂的，但在较小的范围内，在同一色谱柱上，保留指数与温度成线性关系。利用这个规律可以用内插法求出不同温度下的保留指数，保留指数的有效数字一般为 3 位，准确度和重复性都很好，误差小于 1%。因此，只要柱温和固定液相同，就可以利用已发表文献中的保留指数定性，而不必用纯物质。

6.3.2　定量分析

气相色谱分析的主要目的就是要对物料进行定量分析，即求出混合物中各组分的百分含量。定量分析的依据是：分析组分的质量 W_i 或者它在载气中的浓度（在色谱图上与峰面积或者峰高成正比）$W_i = f_i(A_i)$，显然要准确地进行定量分析，必须准确地测量峰面积 A_i 和比例常数（又称校正因子）f_i。同时定量方法和分析误差也要正确运用和严格控制，载气常用的定量方法主要有归一法、内标法和校正曲线法三种。按照测量参数，可分为峰面积法和峰高法。

峰面积是微分色谱图上的基本定量数据，峰面积测量的准确度直接影响定量结果，对于不同的峰形的色谱峰必须采用不同的测量方法，才能取得比较好的测量结果，对于常见的峰形有如下的测量方法。

1. 对称峰面积的测量

峰高乘半峰宽法（$h \times W_{1/2}$）。这是目前应用比较广泛的近似计算法，如图 6-3（a）所示。

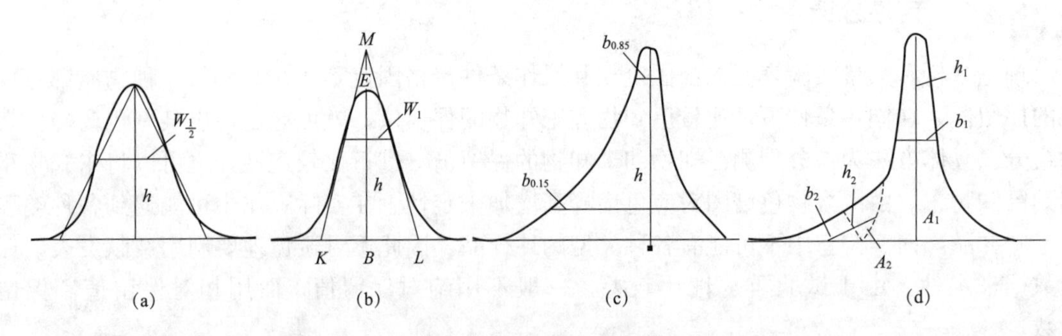

图 6-3　峰面积的测量

三角形法。在色谱峰的拐点作切线与基线相交，构成如图 6-3（b）所示的三角形 $\triangle KML$。由该三角形的高 BM 乘以半高宽 W_i 来计算峰面积（该半高宽 W_i 即 0.607 峰高 BE 处的宽度）。

2. 不对称峰面积的测量

峰高乘峰宽的平均值法。对一些不对称的拖尾峰，其峰面积的测量除了剪纸称重外，可取峰高 0.15 和 0.85 处的峰宽平均值乘以峰高 h 来求出近似面积，即 $A=(b_{0.15}+b_{0.85})/2\times h$，如图 6-3（c）所示。

峰分割计算后加和法。可以将不对称峰分割成若干个可以计算的简单图形，分割计算后加和求出总的峰面积，如图 6-3（d）所示，总面积 $A=A_1+A_2=h_1\times b_1+h_2\times b_2$。

3. 大色谱峰尾部小峰面积的测量

在进行痕量分析时经常遇到主峰还没有回到基线、杂质就开始出峰的情形，此时杂质峰面积的近似测量可用如下方法进行。

在图 6-4（a）所示的峰形上，沿主峰尾部画出杂质峰的峰底，然后从峰顶部 A 做主峰基线的垂线 AD 交杂质峰底于 E，AE 即为杂质峰的峰高，再乘以 AE 一半处的峰宽 b 即为杂质峰的面积。

在图 6-4（b）所示图形上，从小峰起点 A 与重点 B 连线，从小峰点 C 做 AB 的垂线交 AB 于 E，则 CE 即为小峰高 h，从 CE 一半处做 AB 平行线的半宽高 b，则 $h\times b$ 即为杂质峰的面积。

在图 6-4（c）所示图形上，从小峰起点 A 与终点 B 之间连线，过峰底 C 做 AB 的垂线，交 BA 的延长线与 E，过 CE 中点做 AB 的平行线，截取峰形两边的线段 b，即认为是半峰宽，$h\times b$ 为峰面积。

同一种物质在不同类型的检测器上有不同的响应信号，而不同的物质在同一种检测器上的响应值也不相同。为了使检测器产生的信号更真实地反映物质的含量，就要对响应进行校正，在做定量分析时就要引入所谓的校正因子，这要由实验获得。

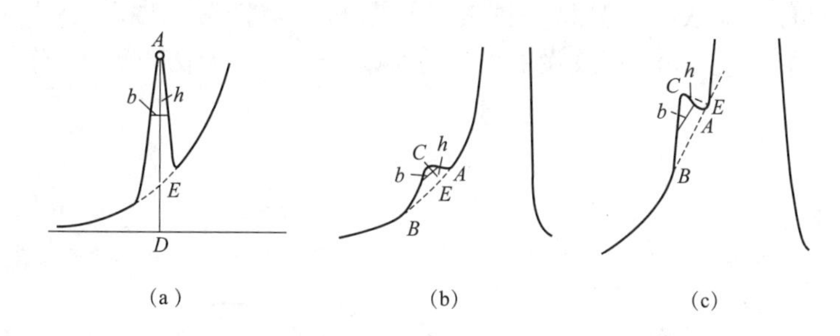

图 6-4　大色谱峰尾部小峰面积的测量

6.4　用于在线监测的色谱柱设计

油中气体在线监测系统对色谱分离柱的要求和实验室常规气相色谱仪是相似的，但也有一些特殊要求。气相色谱仪是通用仪器，色谱柱能够实现很多种类样品的分离；在线监测系统的色谱柱仅用于分离 H_2、CO、CO_2、CH_4、C_2H_6、C_2H_4、C_2H_2 7 种故障特征气体，专用性强。气相色谱仪结构更复杂，色谱仪的恒温柱箱体积较大，往往用 2、3 根色谱柱来分离不同的样品，并配备相应的气路切换装置，即使分离 7 种故障特征气体，气相色谱仪也是用 2 根色谱柱完成的。在线监测系统的色谱分离单元要求免维护，体积小，结构简单，尽量采用 1 根色谱柱完成 7 种故障特征气体的分离。一般来说，在线监测系统色谱柱的长度大于气相色谱仪，对 7 种故障特征气体的分离时间也比气相色谱仪长。所以，要根据在线监测的需求，对色谱分离单元的色谱柱结构、固定相、载气等进行量身定制。

评价一根色谱柱中两种组分分离好坏的依据是分离度 R 及分析时间。分离度的定义为：相邻两峰保留时间差与各自峰的半峰宽之和的比值，计算公式为：

$$R=\frac{t_{\mathrm{R2}}-t_{\mathrm{R1}}}{W_{1/2,1}+W_{1/2,2}} \tag{6-8}$$

当 $R=1.0$ 时，两个峰已基本分离，交点在半峰宽以下了。R 值越大，两峰分离效果越好。R 值应取多大，取决于实际的分离要求，如果仅为测量峰面积和进行定量计算，则 R 只要大于 1 就可以了。

根据气相色谱分离原理，为了使气体有良好的分离效果，一般从以下几方面来设计和优化在线监测的色谱柱。

6.4.1 色谱柱的基本结构

色谱柱分为填充色谱柱和毛细管色谱柱两大类，一般气相色谱分析采用填充柱。填充柱常用的柱管材料是不锈钢或玻璃，也可以用铝、铜、聚四氟乙烯、尼龙和聚乙烯等材料，可根据柱温、载气压力、和样品是否起化学反应、腐蚀性大小等因素来选择合适的管材。油中气体在线监测系统一般采用不锈钢填充柱。柱型可以为 U 形、W 形、螺旋形，其它条件相同时，弯曲的色谱柱的分离效能比直型的要低，但受柱箱空间的限制，1m 左右的色谱柱不经弯曲就装入柱箱，柱箱的容积就太大了。因此，有人将 0.5m 的直柱连接起来，或者将 1m 的柱子弯成 U 形，再串接。这种方法的缺点是连接口比较多，容易漏气，而且在连接处有可造成柱效降低。因此，通常将色谱柱弯成螺旋盘型。实践证明，只要填充均匀紧密，柱的形状对柱效没有显著影响。柱的安装方法主要有三种，如图 6-5 所示。

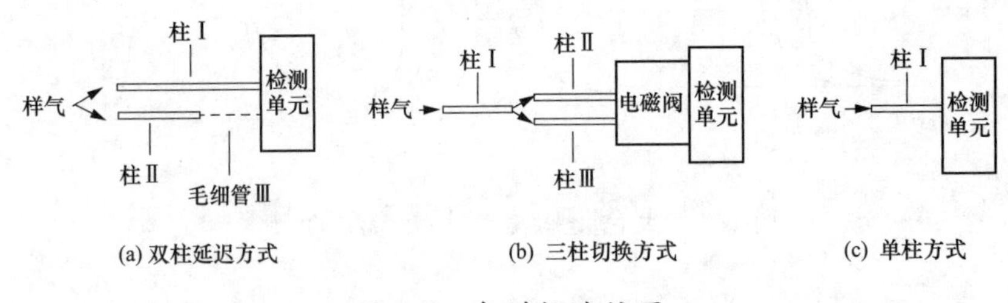

图 6-5 色谱柱连接图

图 6-5（a）中样气同时进入柱Ⅰ和柱Ⅱ，两柱装填不同的固定相，分别负责分离不同的气体组分，毛细管用于产生延迟效应，柱Ⅰ的气体首先通过检测单元，然后柱Ⅱ的气体再到达检测单元。图 6-5（b）中柱Ⅰ和柱Ⅱ负责分离不同的气体组分，柱Ⅲ用于控制气体流量；样气首先经过柱Ⅰ和柱Ⅱ进入检测单元，检出一部分组分的出峰；然后电磁阀转动，使样气经过柱Ⅰ和柱Ⅲ进入检测单元，检出其余部分组分的出峰，日本开发的在线监测装置曾经采

用此结构。图 6-5（c）表示仅使用一根填充柱就达到 7 种气体分离的效果。显然在满足分离条件的前提下，图 6-5（c）所示的安装方法体积小、操作简便，最适于在线监测，而该方案的关键技术之一就是复合固定相的确定。

6.4.2 色谱柱固定相

固定相和载气决定了分配系数 K，因此色谱柱的选择性很大程度上取决于固定相和载气的选择。在色谱分析中常用的固定相是具有活性的多孔性固体物质，主要有三类：第一类是吸附剂，如活性炭、分子筛、硅胶、氧化铝等；第二类是高分子聚合物，如 TDX、GDX 高分子多孔小球以及 Porapak 系列等；第三类是化学键合固定相。一些常用固定相如表 6-1 所示。

表 6-1　　一些固定相的性质

名称	性质	应用
分子筛	C_8 型合成泡沸石，孔径 5～5.7Å，极性	用于 H_2、O_2、N_2、CO、CH_4 等气体的分析
活性炭	非极性，使用温度小于 200℃，常涂渍少量固定液	可用于空气、CH_4、CO_2、C_2H_4、C_2H_6 等的分离
TDX-01	聚偏氯乙烯小球裂解，高温烧制，表面积 800m²/g，孔径 15～20Å 的分子筛	稀有气体，永久性气体，C_1-C_3 类气体的分离
GDX-104	白色苯乙烯、二乙烯共聚物，表面积 590m²/g，最高使用温度 270℃	气体、半水煤气等的分析
GDX-502	白色苯乙烯、二乙烯共聚物，表面积 170m²/g，最高使用温度 250℃	C_1-C_2 烃，CO、CO_2、C_2H_6、C_2H_4、C_2H_2 等的分离

色谱柱需要将 H_2、CO、CO_2、CH_4、C_2H_6、C_2H_4、C_2H_2 七种气体全部分离出来，就目前条件而言，单一类型的固定相很难做到。曾有人用单一的 Carbonsieve-B 作为固定相成功地分离七种气体，但是该色谱柱在分离过程中要求程序升温，相应要有复杂的温度控制装置，难以在变电站现场使用。还有人使用固定相不同的两根柱，每根柱负责分离一部分组分，两根柱串联起来构成一根复合柱，实现七种气体的分离。也可以考虑将不同类型的固定相复合加入同一根填充柱中，一次性完成全部七种气体的分离，可以避免两根柱之间的连接口漏气的隐患。

下面以某在线监测系统的色谱柱作为一个典型实施方案，介绍色谱柱固定相的设计。

根据色谱分析的原理，对各种固定相对 7 种分子量不同的气体的吸附、分配、离子交换、亲和能力的差异进行定性及定量分析，并进行试验筛选。美国的 Supelco 公司的 HAYESEP D 对 H_2、CO、CH_4 三种气体有非常好的分离效果，图 6-6（a）是产品说明书上的出峰图，按出峰时间（从右到左）依次是 H_2、CO、CH_4、C_2H_4；图 6-6（b）是本案例中做的实验，前三个出峰是 H_2、CO、CH_4。对于另外一种固定相，选用了适合烃类分离的 Porapak T，图 6-7 是实验结果，后四个出峰分别是 CH_4、C_2H_4、C_2H_2、C_2H_6。用 HAYESEP D 和 Porapak T 这两种固定相按不同的比例混合，并经过活化和涂渍处理后，制成复合固定相色谱柱并做了一系列的实验。实验还发现，这种复合固定相要求色谱柱有较长的长度，当柱长足够长时，可以实现 7 种气体的全部分离。

图 6-8 是用色谱柱分离后的气体，再用常规色谱仪中的检测单元进行检测得出的结果。按先后次序，H_2、CO、CH_4、CO_2、C_2H_4、C_2H_2、C_2H_6 的出峰时间依次是 2′16″55、2′44″21、3′46″15、7′13″18、11′23″80、13′44″52、14′50″10。其中，CO、CO_2 和烃类气体是由 FID 测得的，H_2 由 TCD（热导检测器）测得，所以图中 H_2 和其他气体不在一条基线上。用式（6-8）来计算分离度，在同一条基线上的几种气体中 C_2H_2 和 C_2H_6 的分离度最小，但实际测量也达到了 1，可以进行定量计算；对于不在同一基线上的 H_2 和 CO 两种气体，其半峰宽之和约 20″，两峰保留时间差为 28″，分离度大于 1。

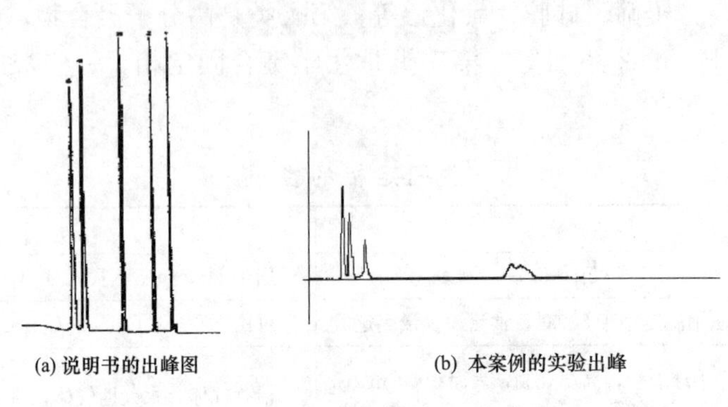

(a) 说明书的出峰图　　(b) 本案例的实验出峰

图 6-6　HAYESEP D 出峰图

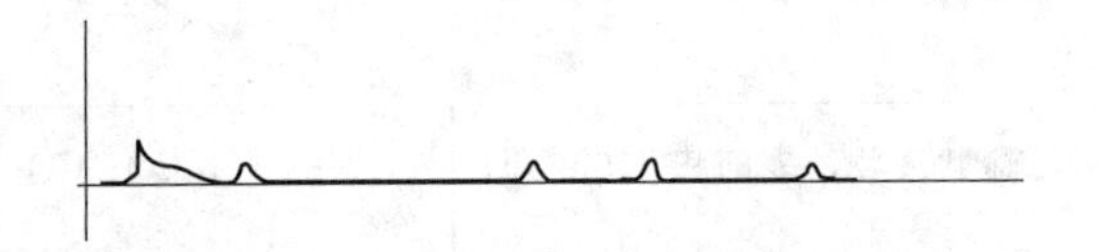

图 6-7　Porapak T 出峰图

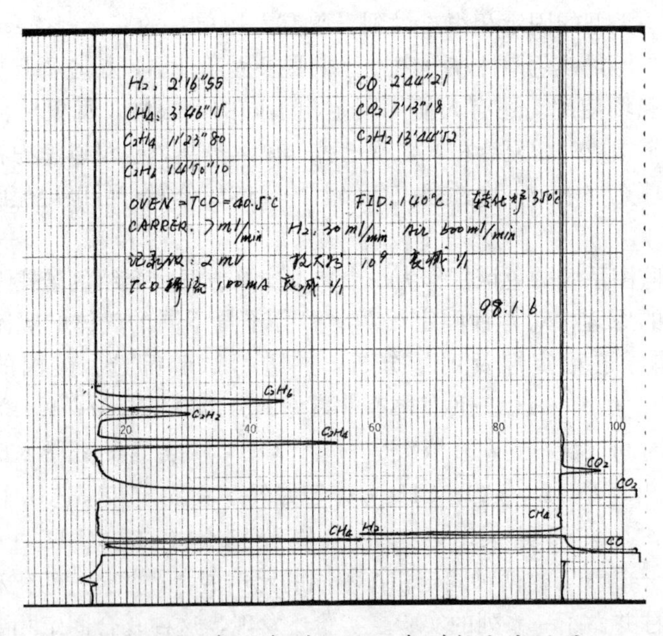

图 6-8　用常规色谱仪验证色谱柱分离效果

6.4.3 影响柱效的其它因素

气相色谱最常用的载气是氢气、氮气和空气，也有采用二氧化碳、氦气和氩气的，其中氢气和空气还可以用作某些检测器的燃气和助燃气。在线监测系统中，需要分离的混合气体中包含氢气，所以不能用氢气作载气。

油中气体在线监测中对载气的一般要求是：化学惰性高，不影响被测组分的分离，易于维护。现在运行的在线监测系统多采用氮气或空气做载气，也有用高纯氦气作载气的。之所以用氦气，是因为后面采用了热导检测器，热导检测器难以检测和氮气或空气热导系数相近的气体（如CO、C_2H_2等），而氦气和7种特征气体的热导系数都有较大差别；氦气是自然界没有的气体，成本很高，高纯氦甚至要进口，所以载气选用氦气会带来较高的维护成本。使用半导体传感器的在线监测系统倾向于采用空气作载气，因为空气中含有氧气，氧气会和半导体传感器发生氧化反应，而其他可燃性特征气体会和传感器发生还原反应。两个相反的反应作用的结果是，空气载气一方面会降低传感器的灵敏度，另一方面会缩短传感器的恢复时间。半导体传感器本身的灵敏度是很高的，即使采用空气作载气、最低检测限仍然能满足要求，而恢复时间的缩短对于气体的有效分离、定量的准确度、谱峰的辨识都是非常有利的。载气采用空气的另一个优点是，有望在变电站现场用空气发生器（将环境空气除湿、净化后作为载气）代替载气瓶，免去了更换载气瓶的成本和工作量，进一步降低维护成本。但是，如果在线监测系统有检测氧气的特殊需求，就不能用空气作载气了。

在线监测系统可采用2mm、3mm的色谱柱。减小色谱柱柱径可以缩短分析时间并易于得到高而且窄的出峰，但是色谱柱口径小，相应增加了色谱柱固定相的装填难度，要求固定相的粒度也相对比较小，同时要求柱前压大，而柱前压大可能使柱的分离效能降低。为了易于装填和提高柱效，应采用细粒度的载体，如使用120目的固定相。

色谱柱的长度对分离度的影响很大。增加柱长相当于增加了理论塔板数，通常可以改善分离效果；但实验发现色谱柱分离效能并不一定与柱长成正比，而且柱长增加会延长样品分析时间，同时使监测装置的体积过大。在能使样品各组分完全分离的前提下，尽可能选用较短的色谱柱。以前面提到的典型实施方案为例，从实验结果看，当柱长4m时各气体峰值点过于接近，H_2、CO两峰的分离度小于1，不易分辨；柱长9m时，体积偏大，分离时间也较长；用6m的柱长，各组分的出峰基本上达到了基线分离。6m的色谱柱弯成直径约10cm的螺旋盘形后，可方便地放在现场检测装置的机箱内。

样气量也是色谱检测中的一个重要因素。在组分含量相差较大时，如果传感器灵敏度和精度不够高，进样量不足会造成峰高偏小，微量组分难以检测。进样量过大，由于载体吸附作用，保留时间位移（拖后或者提前），且峰形不好，组分间分离情况变坏；而且进样量大，油气分离的时间也要延长，这样就增加了在线检测周期。常规色谱分析方法要2～3根色谱柱同时进样气，进样量至少要3mL。在线监测系统采用单根色谱柱，进样量可以少于常规气相色谱仪，样气量一般为1～3mL。

正确选择载气流速对分离效果至关重要，在保证柱效前提下，适当增大载气流速可缩短出峰时间。和常规色谱仪不同，在线监测系统往往不用稳流阀、流量计等部件，仅用稳压阀控制色谱柱的柱前压，间接实现载气流速的控制。由于色谱柱结构的差异，要通过实验来确定合适的柱前压。

6.4.4 六通阀进样

六通阀是实验室气相色谱仪常用的进样方法，该部件也被移植到在线监测中。目前，油中气体在线监测系统常采用六通阀将样气推送进入色谱柱。如图 6-9 所示，平面转动式六通阀在直流电机控制下，由图 6-9（a）的位置转到图 6-9（b）的位置，使样气在载气的推动下进入色谱柱，同时 A/D 转换器将位于色谱柱末端的传感器输出的电压信号变为数字信号送入微处理器。

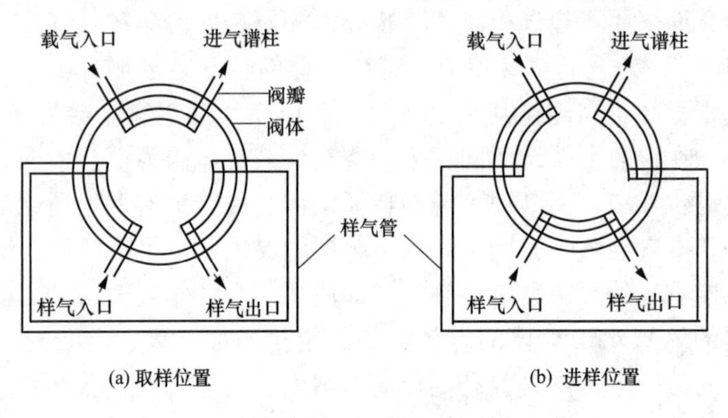

图 6-9 六通阀进样

6.5 色谱在线图谱分析技术

色谱在线图谱分析技术是伴随着色谱在线监测技术而逐渐发展起来的一项新技术，是色谱在线监测系统的核心技术之一，对保证色谱在线监测系统的性能指标有重要意义。

实验室离线色谱分析是采用人工手动的方法在色谱出峰图上确定基线、找到色谱峰、进行组分定量，而在线色谱技术是自动采集传感器数据，找出色谱峰、辨识色谱峰对应的组分、扣除基线并计算每个气体组分的含量。为实现这些功能，需要开发出一套功能强大的在线图谱分析算法，该算法的主要功能为：①从有干扰的色谱信号中提取特征气体谱峰的峰位，辨识出每个峰位对应的色谱成分；②提取原始色谱图的基线，然后从原始色谱图中扣除基线，获得真实的色谱图。

6.5.1 谱图的特点

色谱在线分析算法应根据图谱的特点量身定制，传感器输出的在线谱图具有如下特点：

（1）在线谱图是时域图，几种气体组分的出峰顺序是不变的，出峰时间相对固定，但每次检测的峰位会有变化和漂移，通常几种气体的出峰时间一起延长或缩短。

（2）不是每种气体都有出峰，有的组分含量可能为零，所以在缺峰情况下要避免张冠李戴。

（3）基线会有波动，每次检测的基线位置会有变化，检测过程中基线也会有漂移。

（4）现场运行中，测得的谱图中会有干扰峰；每台变压器的气体浓度差别比较大，气体浓度很低时，干扰峰可能高于气体峰。

(5) 难度最大的是对乙炔的定量，最低检测限要达到 0.2μL/L，在变压器内没有乙炔时，检测结果不能显示有乙炔；在乙炔达到 0.2μL/L 时，检测结果一定要显示有乙炔；在低浓度下的精度要求不高，比如有 0.1μL/L 乙炔，而检测结果为 0.3μL/L，也是可以接受的。事实上，0.1μL/L 乙炔的谱图用肉眼看，出峰已经很不明显了。

设备厂家根据其产品的特点开发谱图分析软件，本书以一个典型算法为例进行介绍。该算法是针对半导体传感器开发的，已经成功在现场推广应用。该算法的关键部分包括滤波预处理算法、基线提取算法、峰辨识算法 3 个模块。

6.5.2 滤波预处理算法

色谱出峰预处理是为了减少色谱信号中的背景干扰，便于后续算法的处理。一般采用滤波的方法去除信号中的干扰和杂波。普通的线性滤波会产生相位滞后，影响色谱信号峰位的准确定位；小波分析虽然无相位偏移，但是难以确定合适的截止频率，在选择小波基和分解的层数上，随意性较大，并且算法也较复杂；基于神经网络的滤波方法，不仅算法复杂，而且透明性不好。

可以采用 FRR 或 RRF 技术来解决相位移动问题，实现无相移滤波。FRR 滤波方法是：先将输入序列按顺序滤波（Forward Filter），然后将所得结果逆转后反向通过滤波器（Reverse Filter），再将所得结果逆转后输出（Reverse Output），即得精确零相位失真的输出序列。RRF 滤波方法是：先将输入信号序列反转后通过滤波器（Reverse Filter），然后将所得结果逆转后再次通过滤波器（Reverse Filter），这样所得结果即为精确零相位失真的输出序列。

FRR 的滤波原理可作如下推证：

$$y_1(n) = x(n)h(n) \tag{6-9}$$

$$y_2(n) = y_1(N-1-n) \tag{6-10}$$

$$y_3(n) = y_2(n)h(n) \tag{6-11}$$

$$y_4(n) = y_3(N-1-n) \tag{6-12}$$

式中 $x(n)$——输入序列；

$h(n)$——所用数字滤波器的冲击脉冲响应序列；

$y(n)$——滤波或逆转后的结果；

N——输入数据序列的点数。

式（6-9）～式（6-12）的相应频域表示为：

$$Y_1(e^{jw}) = X(e^{jw})H(e^{jw}) \tag{6-13}$$

$$Y_2(e^{jw}) = e^{-jw(N-1)}Y_1(e^{-jw}) \tag{6-14}$$

$$Y_3(e^{jw}) = Y_2(e^{jw})H(e^{jw}) \tag{6-15}$$

$$Y_4(e^{jw}) = e^{-jw(N-1)}Y_3(e^{-jw}) \tag{6-16}$$

由式（6-13）～式（6-16）可得：

$$Y_4(e^{jw}) = X(e^{jw})\,|H(e^{jw})|^2 \tag{6-17}$$

由式（6-17）可见，输出 $Y_4(e^{jw})$ 与输入 $X(e^{jw})$ 没有附加的相位差。FRR 确实实现了精确无相移滤波。RRF 滤波法也可以获得同样的结果，不再赘述。

由式（6-17）可得这一系统的频率响应为：

$$H_s(e^{jw}) = |H(e^{jw})|^2 \tag{6-18}$$

由式（6-18）可得系统的单位脉冲响应为：

$$h_s(e^{jw}) = h(-n) * h(n) \tag{6-19}$$

由式（6-19）可知，直接可以由 $h(n)$ 构建无相移滤波器而不必通过 FRR 方法，因此设计起来更为直接和方便。

6.5.3 基线提取算法

为了根据色谱谱图的峰高或面积进行色谱组分浓度定量，必须消除原始色谱的基线干扰。一般的步骤是：提取色谱基线，然后把色谱信号减去基线的方法来消除基线的影响。

1. 滑动窗的基线扣除法

根据对原始色谱数据观察可知，谱图上很多点与基线是重合的，如果把这些点提取出来，就有可能用这些点来重构基线。这些点称为轮廓点，在原始谱图的下沿。把轮廓点平滑后可以获得近似的基线，把原始色谱数据减去基线便可以获得扣除基线的色谱出峰。

2. 基线轮廓点提取

原始色谱轮廓点的判断和提取是本算法模块的重点和难点。采用滑动窗口极值提取算法可以解决这个问题。该算法根据轮廓点在某个色谱数据段内为极小值的性质，利用一个滑动窗口确定原始色谱中的轮廓点。

具体的方法为：滑动窗口从原始色谱图的坐标原点开始，从左往右滑动，每滑动一点求出滑动窗口内的极小点，一直滑动到色谱终点，这样就获得了基线的轮廓点。

3. 滑动窗口宽度选择

轮廓点提取过程中窗口的宽度是一个可以修改的参数，选择这个参数的标准是保证在窗口滑动的每个位置都有至少一个真正的轮廓点落在窗口内，否则所选择的轮廓点将不在基线上，这将引入误差。但是，这个宽度也不应太大，否则容易遗漏大量真正的轮廓点，从而导致轮廓线太粗糙。窗口宽度可以根据色谱峰的宽度来确定，即窗口宽度应稍大于最大色谱峰宽度。如果有多个峰重叠，则应该将这些峰作为一个峰。

通过轮廓提取获得的轮廓点不过是基线的一部分，不能构成一条完整的基线，其中的缺口部分对应某个色谱峰。对这些轮廓点进行插值，可以获得一条完整的曲线，可以采用直线插值来补上这些缺口。

插值后的曲线与实际的基线已经非常接近，但在某些位置上比较粗糙，因此需要继续进行平滑处理。平滑实际上是消除数据中的高频成分，得到最后的基线。

6.5.4 峰识别算法

此算法模块的作用是，在有强干扰的出峰信号中，无论特征气体峰的峰位如何变化，都能识别出特征气体峰和干扰峰，从而剔除干扰峰，找到特征气体的峰位。

传统的色谱峰识别一般采用时间窗法和导数法。时间窗法主要是通过在组分的保留时间范围内找极值来获得色谱峰位；导数法主要是通过对色谱数据曲线求导数来获得一系列的极值，然后再根据组分的保留时间范围找到色谱峰位。时间窗法和导数法都需要结合阈值来判断是否为真正的组分峰，所以阈值的准确设定很重要。如果阈值太大、太严格，则可能把真实的组分峰漏掉，降低检测的灵敏度；如果阈值太小、太灵敏，则会把干扰峰误认为是组分峰，导致检测结果错误，误报故障。

时间窗法和导数法都需要组分的保留时间范围来查找色谱峰位。如前所述，现场长期运

行在线监测系统输出的谱图的峰位会有变化、漂移，可能超过预设的保留时间范围，导致找到的色谱峰位不正确、成分误判，所以仅通过保留时间找峰难度较大。现场在线监测系统输出的谱图干扰峰较多，仅通过极值很难区分干扰峰和组分峰。在线监测系统中的找峰算法要求不能有任何的人工干预、对干扰和峰漂移不敏感，应用传统的时间窗法和导数法找峰有很大的困难。基于模式识别的色谱峰辨识算法能够较好地解决这些问题。

1. 算法原理

根据色谱塔板理论，每个气体组分峰的峰顶形状都是相似的高斯峰，这是气体峰和干扰峰的区别。因此，可以构造一个标准高斯峰去匹配，求每个峰的相似度，那么相似度较大的就是气体峰。

相似度的大小用相关系数 R 表示，相关系数的计算公式为：

$$R=\frac{\sum(x_i-\bar{x})(y_i-\bar{y})}{\sqrt{\sum(x_i-\bar{x})^2\times\sum(y_i-\bar{y})^2}} \tag{6-20}$$

式中 x_i、y_i——待求相关系数的峰顶的横坐标和纵坐标；

$\bar{x}$ 和 $\bar{y}$——待求峰和标准峰的横坐标及纵坐标的平均值。

相关系数 R 越大，则两个峰的相似度越高。

构造匹配用的标准峰如图 6-10 所示。把匹配用的标准峰在出峰图上从左侧端部向右移动，移动的同时计算相关系数。每移动一个点计算一个相关系数。便可得到此出峰图对匹配标准波的相关系数。相关系数越大，这段数据对匹配标准波的相似度越大，把相关系数值大于 0.7 的位置记录便可获得色谱峰位。

图 6-11 为峰辨识算法流程。

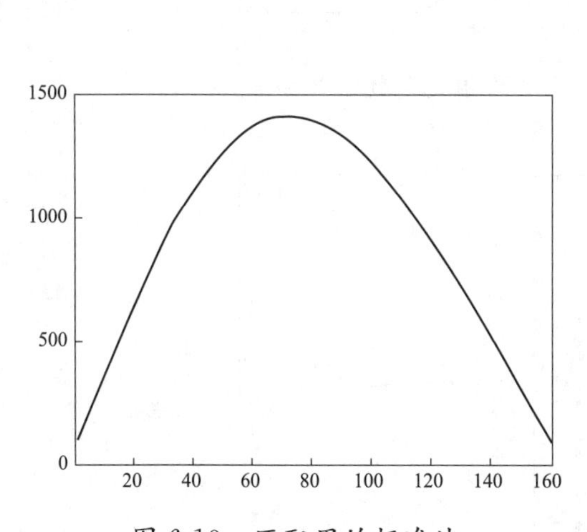

图 6-10 匹配用的标准波

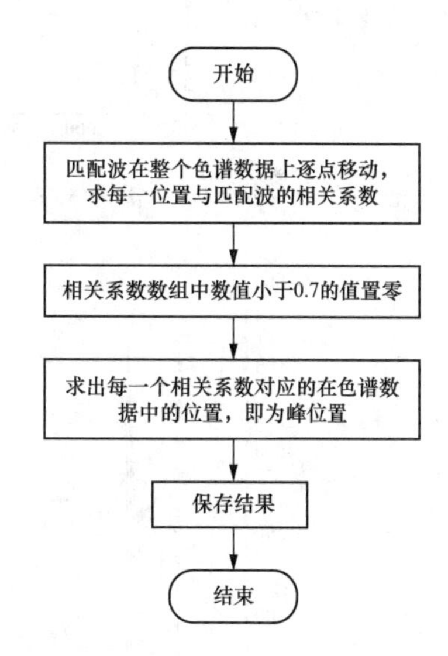

图 6-11 峰识别算法流程

2. 算法效果

图 6-12 为在线监测系统采集的有干扰的原始出峰图，图 6-13 为出峰与标准峰匹配后的相关系数图（仅保留大于 0.7 的相关系数），图 6-14 为图 6-12 和图 6-13 的叠加图。可见，在强干扰背景下，算法也能准确地找到气体组分峰。

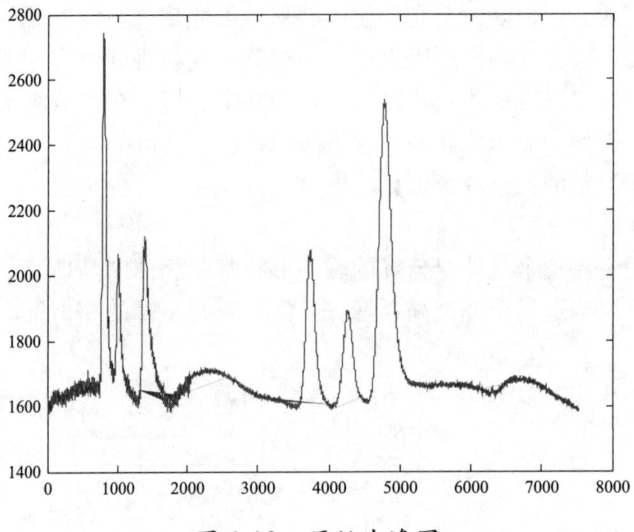

图 6-12　原始出峰图

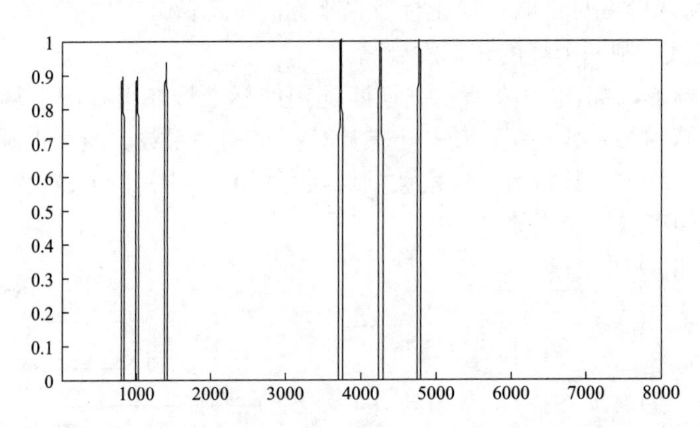

图 6-13　相关系数（小于 0.7 的相关系数已经扣除）

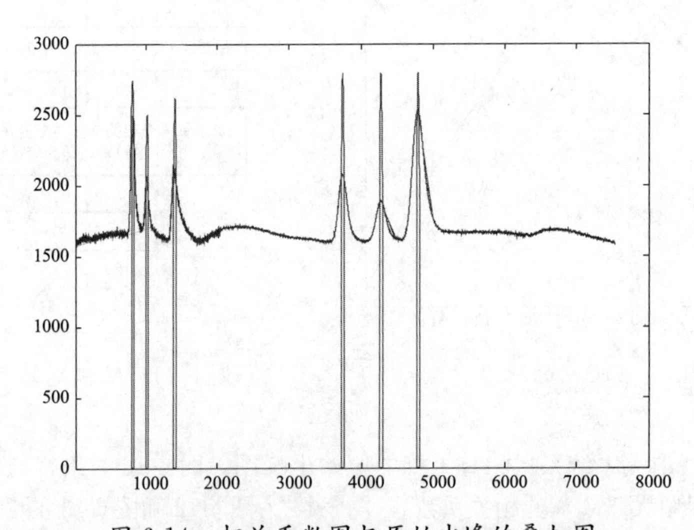

图 6-14　相关系数图与原始出峰的叠加图

7 气 敏 检 测 技 术

本章阐述了用于变压器油中气体检测的各种气敏传感器的原理和特点，讨论了各种传感器的性能比较、现场应用情况，最后以在现场大量使用的半导体传感器 TGS813 为例，介绍如何将气敏传感器用于在线监测系统。

7.1 气 敏 传 感 器

各种气敏传感技术是当今传感器领域及半导体领域的研究热点。气敏传感器分为半导体传感器、接触燃烧式传感器、热导检测器、氢火焰离子化检测器、电化学传感器、钯栅场效应管等，这几种传感器在在线色谱监测中均有应用。

7.1.1 半导体传感器

1. 半导体传感器的分类

半导体传感器是当前应用最普遍、最具实用价值的气敏传感器。它主要是以氧化物半导体作为基本材料，使气体吸附于该半导体表面，利用由此而产生的电导率或其他参数变化而制作器件。半导体气敏感传感器的分类如表 7-1 所示。按照半导体与气体的相互作用是在其表面还是在其内部，可分为表面控制型和体控制型两种。前者半导体材料表面吸附的气体与其组成原子间发生电子交换，结果使半导体的电导率等物理性质发生变化，但内部化学组成不变；后者半导体材料与气体的反应使半导体内部组成发生变化，而使电导率发生变化。按照半导体变化的物理性质，又可分为电阻型和非电阻型两种。电阻型半导体气体传感器是利用半导体接触气体时其阻值的改变来检测气体的成分或浓度；而非电阻型半导体气体传感器则是根据对气体的吸附和反应，使半导体的某些特性（如二极管伏安特性和场效应晶体管的阈值电压变化）发生变化对气体进行直接或间接检测。

表 7-1　　半导体传感器的主要类型

类型	所利用的特性	气敏材料	工作温度	代表性被检测气体
电阻型	表面电阻控制型	SnO_2，ZnO	室温～450℃	可燃性气体
	体电阻控制型	$\gamma-Fe_2O_3$	300～450℃	乙醇、可燃性气体、O_2
		TiO_2 CoO－MgO	700℃以上	
非电阻型	表面电位	Ag_2O	室温	硫醇
	二极管整流特性	Pd/TiO_2	室温－200℃	H_2，CO，乙醇
	晶体管特性	Pd-MOSFET	150℃	H_2、H_2S

目前人们研究和应用最多的是电阻型气敏传感器，随着工艺和设备的不断进步和发展，电阻型半导体气敏传感器的成型工艺业已得到发展和成熟，由此形成的气敏传感器可分为烧结型、厚膜型和薄膜型三种。

（1）烧结型元件。元件制备以气敏材料为基体材料，加入催化剂、粘合剂等，按常规的陶瓷工艺即可制成，因此，被称为半导体陶瓷，简称半导瓷。此工艺最为成熟。通常用于检测还原性气体、可燃性气体和液体蒸气。烧结型元件的缺点是电阻一致性差，批量生产困难。

（2）厚膜型元件。此工艺是将氧化物半导体材料与硅凝胶混合制成能印刷的厚膜胶，再把厚膜胶印刷到装有电极的绝缘基片上经烧结制成。这种工艺制成的元件机械强度高，离散度小。相对于烧结型元件而言体积小，移植性好，利于阵列的集成；相对于薄膜型元件而言对设备要求较低，制造技术相对较简单，因此得到了广泛应用。其缺点是容易出现气敏传感器金膜导电性不好、金膜脱落、加热器加热性能不好、气敏膜强度不高等问题，影响器件的稳定性。

（3）薄膜型元件。此工艺是在基片上蒸发或溅射一层气敏薄膜，再引出电极便制得薄膜型气敏元件。其制备工艺不再属于陶瓷工艺，制造气敏薄膜的方法有真空蒸发、射频离子溅射、低压化学气相沉积及等离子增强化学气相沉积等。为了增加薄膜的敏感性质，要在薄膜中掺入某些贵金属（Pt，Pd）以提高元件的灵敏度和选择性。催化剂的掺加或是在沉积气敏薄膜时添加，或是在气敏薄膜沉积后采用蒸发或溅射的方法在薄膜表面沉淀一层很薄的贵金属。除了单层薄膜，另外还有多层薄膜型和混合薄膜等多种类型的气敏元件，多层薄膜材料利用薄膜层间的相互扩散与渗杂以及表面及界面效应，可使材料的气敏特性与其他物化性能得到加强。混合薄膜是一种集成的混合型膜，即在基片上沉积多种金属氧化物膜层分别检测不同的气体。薄膜型气敏元件的特点是制作的薄膜具有较强的吸附能力，不加催化剂就可获得较高的灵敏度。由于薄膜均匀、致密，元件的重复性、稳定性好，同时功耗低，寿命长。缺点是制备困难、元件之间的性能差异较大。

2. 电阻型半导体传感器工作原理

半导体电导率变化的机理即气敏机理是非常复杂的，事实上在某些方面尚无定论，一般认为下列六个因素会对其产生影响。

（1）气敏材料不是单晶体；

（2）为了改善元件的选择性和灵敏度，一般往金属氧化物中添加催化剂，为提高元件强度还需要添加粘合剂；

（3）利用的是物质的表面；

（4）元件工作在较高温度下（一般100～400℃）；

（5）被测气体种类繁多，它们各有不同的特性；

（6）吸附过程本身比较复杂，既有物理型吸附，又有化学型吸附等。

人们根据长期的基础研究，将这些复杂因素影响的气敏现象归纳成四种模式，即整体原子价控制理论、能级生成理论、表面电荷层理论、接触粒界位垒理论，并从不同角度来解释不同类型半导体传感器的工作原理。

最常用的SnO_2、ZnO半导体传感器的气敏机理可用能级生成理论解释。该元件由涂一层半导体的圆筒状陶瓷骨构成，半导体有P型、N型之分，这取决于加入的金属成分。N型中多数载流子是电子，遇到还原性气体（如 H_2、CO、CH_4、C_2H_6、C_2H_4、C_2H_2 等可燃性气体）时，由于还原性气体容易给出电子，使得 N 型半导体中电子数目增大，载流子增加，电阻降低；当它遇到氧化性气体（如 O_2）时，由于氧化性气体容易夺取电子，使得 N 型半导体中电子数目减少，载流子减少，电阻增大。P 型半导体传感器中多数载流子是空穴，遇到还原性气体时，由于还原性气体容易给出电子，中和了部分空穴，载流子减少，电阻增大；当它遇到氧化性气体时，由于氧化性气体容易夺取电子，使得空穴数目增加，载流子增加，电阻减少。本书重点阐述烧结 N 型 SnO_2 半导体传感器。

半导体传感器都配有加热电阻丝，以保证其工作在合适的温度下。依据加热方法可将其分成直热式和旁热式两种。两种传感器的应用电路如图 7-1 所示。其中 R_n 是串联电阻，R_L 是负载电阻。直热式传感器的加热丝直接埋放在 SnO_2 材料内，它制备工艺简单、消耗功率小，因此可以制成价格低廉的气体报警器。但它热容量小，易受环境气流影响，加热回路和测量回路之间没有隔离，所以易互相干扰，稳定性相对较差。为克服它的缺点，又出现了旁热式气敏元件。旁热式的 SnO_2 材料涂在陶瓷骨架上，加热丝穿过陶瓷骨架，沿着整个陶瓷骨架保持恒温，但不与 SnO_2 材料接触，而且加热丝和敏感层使用不同的电源，所以稳定性好，适合精确测量。当半导体传感器接触可燃性气体时，半导体敏感层电阻减少，流过 R_L 电流会增大，而其上的电压会增加，就用 R_L 的电压来反映可燃性气体的浓度，电压值和气体浓度成双对数线性关系。

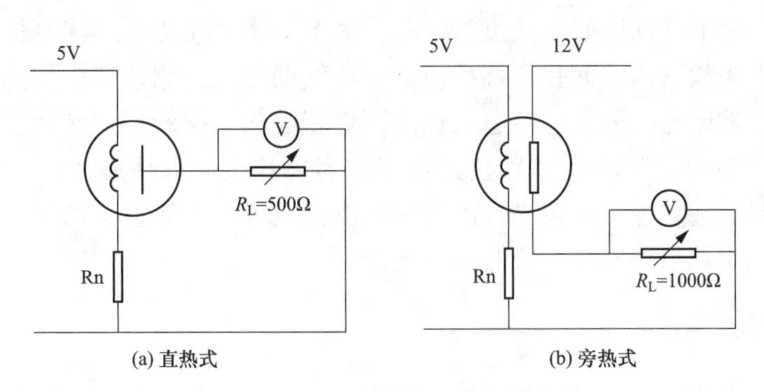

图 7-1 半导体传感器

3. 热线型半导体传感器

热线型半导体传感器的结构是将加催化剂 SnO_2 覆盖在铂丝上，烧结成一个半导体敏感膜。铂丝既起加热作用，又与半导体敏感膜连在一起，两个电阻并联作为测量元件。它的特点是体积小，功耗低，敏感材料活性高。图 7-2 是它的使用电路，传感器接在桥式回路中，电桥中的其他电阻均为普通电阻。在一定的桥路电流下，传感器保持在高温状态，当可燃性气体与敏感膜接触时发生反应，反应的结果是一方面改变了敏感膜本身的电阻，另一方面反应放热使铂丝温度升高，温度升高使铂丝电阻变化，这一过程最终改变了传感器的并联电阻，使原来平衡的电桥失去平衡，输出一个电信号，这一信号与可燃性气体的浓度成良好的对数线性关系。

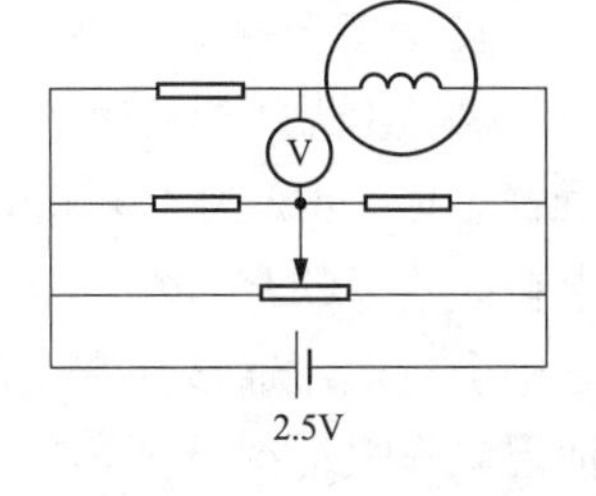

图 7-2 热线型半导体传感器电路

与其他传感器不同的是，热线型半导体传感器的铂丝和半导体敏感膜均接在电桥中作为测量电阻；普通半导体传感器以半导体敏感层作为检测电阻，加热电阻丝仅用于加热，不接入测量电路；接触燃烧传感器以铂丝作为检测电阻，虽然将燃烧催化层也接入测量电路，但催化层是高阻的，对电桥平衡没有直接影响。在工艺上，热线型半导体传感器要求半导体敏感膜的电阻值足够小，与铂丝电阻处在同一数量级（十欧姆到几十欧姆），这是该传感器主要的制造难度，所以它的应用很少。

热线型传感器的体积小，可以作为通道传感器和色谱柱很好的配合；而且灵敏度很高，有人将这种传感器用于变压器油中气体在线监测系统，并在现场投入运行。

7.1.2　接触燃烧式传感器

接触燃烧式传感器的基本原理是在一根铂丝上涂上高阻的燃烧催化剂，另一根铂丝以惰性气体密封，组成阻值相等的一对元件，常称黑元件、白元件，有时也用其他金属丝代替铂丝。由这一对元件和外加的两个固定电阻组成桥式检测电路，如图 7-3 所示。

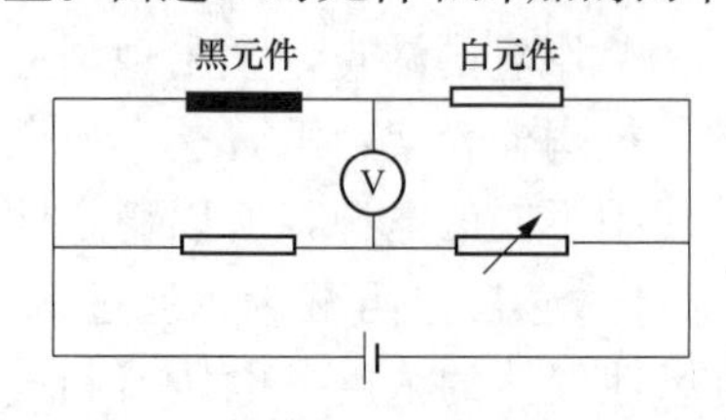

图 7-3　接触燃烧型传感器

在一定的桥路电流下，黑、白元件保持在 300～500℃的高温状态，当可燃性气体一旦与黑元件接触，就会发生无烟燃烧反应，使铂丝温度升高，电阻增大，原来平衡的电桥失去平衡，输出一个电信号；这一信号与可燃性气体的浓度成线性关系，可很容易地求出对应的气体浓度值，电路中白元件起环境温度补偿作用。

接触燃烧式传感器线性度好、精度高、性能稳定、寿命长、成本低廉，便于推广使用，但它要消耗一定的被检气体，而且燃烧反应需要氧气助燃。监测系统中传感器装在色谱柱的末端，如果在色谱柱中通入氧气，会造成柱内固定相的化学键断裂，破坏柱分离性能；如果在传感器前加旁吹供氧，既增加装置复杂性，又容易让杂质气体混入，干扰测量结果。所以，接触燃烧传感器适合于不用色谱柱的氢气监测仪或可燃气体总量监测仪。目前该传感器主要用于变压器油中单组分气体在线监测系统。

7.1.3　热导检测器

热导检测器（TCD）是一种结构简单、性能稳定、线性范围宽、对所有物质均有响应的广谱型气体检测器。热导传感检测的原理是，不同物质的热导系数不相同，通过气体热传导和热电阻效应来监测气体组分。当热敏元件发热时会有热量产生，不同气体经过检测器时热敏元件的热量损失不同，当某浓度待测气体组分通过热导池时，组分带走的热敏元件热量数值不同，相应的元件阻值也会发生变化，所以通过测算阻值变化便可对气体的组分和浓度进行度量。

1. 热导检测器工作原理

图 7-4 为热导检测器工作原理图。图中①为进样器，②为色谱柱，③为参考臂，④为测量臂，R1、R2 为参考臂电阻；R3、R4 为测量臂电阻。参考臂、测量臂、恒流源构成惠斯通电桥，将 TCD 温度、载气流速和桥电流调节至一定后，TCD 开始处于工作状态。两个热阻丝中会有电流通过并产生热量，电流一定时，热阻丝会维持一定的温度，池体也处于一定的池温。一般情况下，热阻丝与池体的温差应大于 100℃以上，以保证热量的传递是由热阻丝导向池壁；当只通入载气时，热阻丝和池体的温差为 0，热量也相同，因此热阻丝的温度恒定，电桥处于平衡状态；M、N 两点电位相等，输出信号为零。

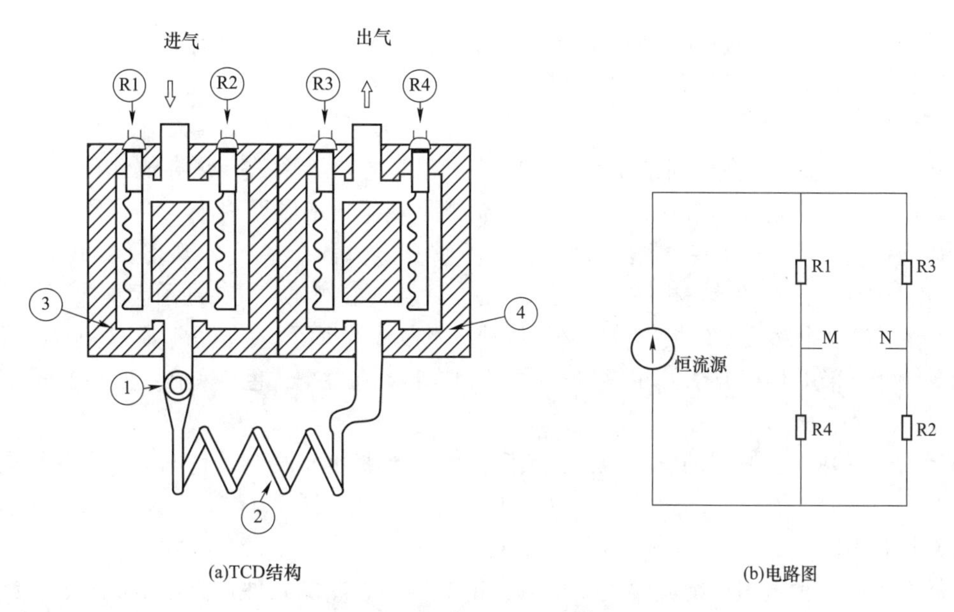

图 7-4 热导检测器工作原理

通入样气后，由于参考臂上通入的是纯载气，而测量臂上通入的是载气和样气的混合气体，其导热系数不同于纯载气，从热丝向四周传导的热量也就不同，从而引起两臂热丝温度不同，进而使两臂热丝阻值不同，电桥平衡破坏；M、N 两点电位不等，输出电压信号，记录仪中显示出了气体组分的色谱峰。当载气浓度流速一定时，样品气体组分的浓度越大，则气体热导率变化就会越显著，电阻值的变化越显著，电压信号的变化就会越强。电压信号与气体样品的浓度成正比，这便作为 TCD 的定量基础。经研究，对于由多种气体组成的混合气体，其导热系数可近似地认为是各组分导热系数的算术平均值。

热导检测器可分双臂和四臂热导池，图 7-4 中的是四臂热导池，在线监测中常采用体积更小、结构更简单的双臂热导池。由于四臂热导池热丝的阻值比双臂热导池增加一倍，故灵敏度也提高一倍。

池体温度、载气流速、电桥电流对热导检测器的灵敏度影响都很大。

2. 热导池的结构

热导检测器池体是一个内部加工成池腔和孔道的金属体，内装热敏元件。池体设计要求能使热导率散热占主导地位，并考虑有利于基线的稳定和有较小的响应时间。池体的形状多为方形或圆形。从稳定性讲，池体积大、热容量大为好，但过大的池体，不但会增加启动时间，而且还会要求增大恒温箱体积，反而不利于温度均匀性和稳定性。现在的池材料多用不锈钢。通常将内部池腔和孔道的总体积称池体积，按池体积大小可分为常规 TCD 池和微型 TCD 池。早期的常规 TCD 的池体积多为 500～800μL，后减小至 100～500μL，它适用于填充柱。近年发展了微型 TCD，其池体积已减小至几个微升，可以与毛细管柱直接相连。微型 TCD 体积虽小，但是为使其工作稳定，池块还应有适当的质量，以保证恒温效果，从而使基线稳定。

此外，还有一种新型热导检测器采用 MEMS（microelectro mechanical system，微机电系统）技术进行加工研制。这种微型热导检测器采用电阻率高、电阻温度系数大的 Pt 热敏电阻，利用 MEMS 技术将 Pt 薄膜沉积在 Pyrex7740 玻璃上并通过剥离技术获得热敏电阻，而气体通道和热导池是通过在硅片上深刻蚀得到。这种热导检测器具有灵敏度高、不受气流影响、不易氧化等特点，适用各种混合气体分离检测。整个池的体积仅为 0.4μL，是传统热导池无法比拟的。

影响 TCD 灵敏度的主要因素是：桥路电流、载气的热导系数、热导池体积、热导池的死体积。由于采用常规机械方法制作的 TCD 检测池体积很难做得很小，将导致不能充分地减小死体积，使 TCD 对某些气体检测灵敏度不够高。目前，基于 MEMS 技术设计制造的 TCD 采用硅微加工技术和精密机械加工技术，将参比池、检测池、气体通道等集成到了一块硅片上，并集成控制电路及 I/O 接口等。采用该种技术制作的 TCD 大大提高了 TCD 检测器的气体检测灵敏度。采用 MEMS 技术的 TCD 已经较为成熟，在便携式色谱和在线监测中都有应用。

3. 热敏元件的选择

热敏元件是热导检测器的感应元件，其阻值随温度变化而改变，它们可以是热敏电阻或热丝。

（1）热敏电阻。

热敏电阻是一种电阻值随其温度成指数变化的半导体热敏元件，由热敏探头、引线、壳体等构成，是直径约为 0.1～1.0mm 的小珠，密封在玻璃壳内。热敏电阻通常是由两种以上的过渡金属 Mn、Co、N、Fe 等复合氧化物构成的烧结体，根据组成的不同，可以调整它的常温电阻及温度特性。大多数热敏电阻的温度升高时其电阻值下降，同时灵敏度也随之下降。

热敏电阻的优点是：电阻温度系数大，灵敏度高，比一般金属电阻大 10～100 倍；电阻率高，热惯性小，适宜动态测量；功耗小，不需要参考端补偿，适于远距离的测量与控制。

热敏电阻的缺点是：与热丝相比，热敏电阻的温度系数大，对于温度的变化十分敏感，因此稳定性差；阻值与温度的关系呈非线性；响应值随温度的增加而快速下降，因此使用范围受到限制，通常在 350℃以下使用。

目前，只有两种情况可用热敏电阻作热敏元件：①低温痕量分析；②需要小池体积配毛细管柱。其他情况很少用热敏电阻，而多用热丝。

（2）热丝。

热丝是一种非常敏感的温敏元件，体积小，可缩小池体积，热丝阻值与温度的关系呈线性。对用于 TCD 的热丝的要求主要是：电阻率高，以便可在相同长度内得到高阻值；电阻温度系数大，以便通桥流加热后得到高阻值；强度好；耐氧化或腐蚀。前两点是为了获得高灵敏度，后两点是为了获得高稳定性。热丝常用的材料有钨丝、铼—钨丝、铁丝、镍丝、铁镍合金丝等，如表 7-2 所示。

表 7-2　常用热丝的性能

热线种类	电阻率（μΩ/cm，20℃）	电阻温度系数 α(1/℃)	拉断力（g）	耐高温氧化或腐蚀性
钨	6.82	4.5×10^{-3}	94	差
3%铼—钨	9.89	3.88×10^{-3}	—	好
5%铼—钨	14.35	3.10×10^{-3}	135.3	好
镀金铼—钨	—	—	—	极好
铁	10.0	5.0×10^{-3}	—	—
镍	6.9	6.0×10^{-3}	—	—
铁—镍合金	—	—	—	无氧化

钨丝电阻率低，相同长度之阻值只有铁铼丝的一半，灵敏度难以提高。另外，钨丝强度差，高温下易氧化，致使噪声增加、信噪比下降。铼钨丝与钨丝相比，电阻率高，电阻温度系数略低，灵敏度高。另外，铼钨丝与钨丝相比，拉断力显著提高，且高温特性好，故性能稳定。但它仍存在高温下易氧化的问题。现在高性能 TCD 均用铼钨丝，如 HP6890 型、岛津 GC-17A 型的微型 TCD 热丝。铼钨丝有两种系列：纯钨加铼（W-Re）合金丝和掺杂钨加铼（Wal2-Re）合金丝。在电阻率、加工成型性能和高温强度等方面，后者均优于前者。因此，在相同结构设计和操作条件下，选用后者可获得较高电阻值。掺杂钨加铼合金丝中，其阻值和 TCD 灵敏度均随掺铼量的增加而提高。

4. 需解决的问题

和半导体传感器等其他气敏检测技术相比，热导系数是气体的固有物理特性，所以热导检测器不会消耗被测气体，是一种通用的非破坏性浓度型检测器；不容易被氧化腐蚀而使气敏性能变差，具有良好的稳定性；测量范围大，可测高达 100%的浓度；可以检测氢焰化检测器不能直接检测的许多无机气体，用于实验室常规色谱仪，常与氢焰化检测器配合使用。

但是，这种检测器用于在线监测需要解决以下两个问题：

（1）热导检测器的气敏条件是待测气体与背景气体（载气）的热导系数有很大差别。如果用 N_2 或空气做载气，一些和 N_2 或空气热导系数相近的气体（如 CO、C_2H_2 等）就难以测量。

（2）热导检测器的检出限较低，国家电网公司企业标准 Q/GDW 536—2010《变压器油中溶解气体在线监测装置技术规范》对烃类气体的最低检出限为 0.5μL/L，为了达到这个要求，往往要采用高纯氦气，同时采用气体富集技术，反复脱气，再进行浓缩以提高组分浓度，再进行检测分析。

7.1.4 FID 检测器

氢火焰离子化检测器（FID）是通用型电离检测器，其原理是基于电极间隙的气体导电性。气体导电性与气体中的电子离子浓度成正比，能使气体电离的能源有氢火焰能源、光离子化源、放射性同位素源等多种。以氢火焰为电离源就称为氢火焰离子化检测器。从柱中流出气体经过电极间隙，气体中的一些分子在被火焰电离成的带电粒子的电场作用下，产生电流，电流经过电极间隙和测量电阻在电阻两端产生压降，通过放大器放大后输送给数据处理单元。

虽然 FID 有破坏被检测组分的缺点，但其突出优点是对几乎所有的有机物均有响应，特别是对烃类灵敏度高且与碳原子个数成正比，即使在样品中含量甚微也可被检测出来；对气体流速、压力和温度变化不敏感，载气和助燃气的流量稍有波动，对基线影响较小。由于此检测器对绝大部分烃类的相对校正因子很接近，线性范围高达 10^7，故用它对烃类混合物做定量分析非常合适。

FID 由电离室和放大电路组成，分别如图 7-5（a）和（b）所示。FID 的电离室由金属圆筒作外罩，底座中心有喷嘴；喷嘴附近有环形金属圈（极化极，又称发射极），上端有一个金属圆筒（收集极）。两者间加 90～300V 的直流电压，形成电离电场并加速电离的离子，收集极捕集的离子流经放大器的高阻产生信号，放大后输送至数据采集系统；燃烧气、辅助气和色谱柱由底座引入；燃烧气及水蒸气由外罩上方小孔逸出。

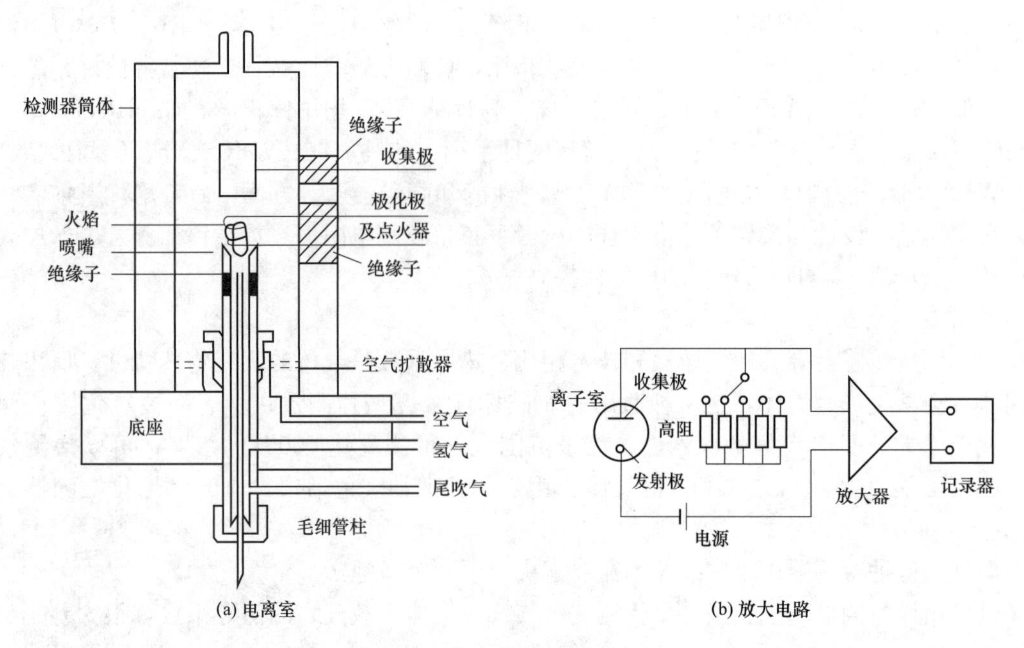

图 7-5 FID 的结构

当 H_2 在空气中燃烧时，一旦有载气携带有机物进入火焰中，在氢火焰中发生化学电离，产生的离子在极化极和收集极的外电场作用下定向运动而产生离子流急剧增加，可达到 10^{-7}A 或者更高。这种电流的大小与引入火焰中的有机物的速率成正比。这种被电场收集而形成的离子流通过放大器的高值电阻，转变成相应的电压信号加到放大器上进行放大，最后把放大的信号记录下来。由于离子化产生的电流的强弱程度取决于单位时间内进入离子室的组分量，故可用于定量测定。FID 的影响因素如下：

（1）基流。在氢火焰燃烧过程中，只有载气通过时检测器产生的微弱电流（一般约为 10^{-12}～10^{-11}A）称为基流。基流的存在会影响检测器的灵敏度和测量结果。产生基流的原因可能是由于助燃气和载气不纯、柱内固定相流失、进样器硅橡胶垫的挥发等。克服基流的方法有：保证载气和助燃气的纯度；色谱柱应经严格老化；进样气化室温度应适当。为了抵消基流，仪器设有基流补偿装置进行补偿抵消。

（2）气体流速。若 H_2 流速过高，则火焰不稳定，基线不稳；若 H_2 流速太低，不仅火焰温度低，组分分子离子化数目少，检测器灵敏度低，而且还容易熄火。空气是 FID 的助燃气，并为离子化过程提供氧，在较低空气流速时，离子化信号随空气流速的增加而增大，达到一定值后，空气流速对离子化信号几乎没有影响。因此，当用 H_2 作电离源时，H_2 和空气流速的比值有一个最佳值，最佳比值只能由实验确定，一般是 1∶10。

（3）极化电压。极化电压的大小会直接影响检测器的灵敏度。当极化电压较低时，离子化信号随极化电压的增加迅速增大。当电压超过一定值时，增加电压对离子化电流的增加影响不大。

（4）电极形状和距离。有机物在氢火焰中的离子化效率很低，因此要求收集极要有足够大的表面积，这样可以收集更多的正离子以提高收集效率。收集极有网状、片状、圆筒状

等，圆筒状电极的采集效率最高。两极之间距离为 5～7mm 时，往往可以获得较高灵敏度。另外，喷嘴内径小、气体流速大有利于组分的电离，可提高检测器灵敏度。

氢焰离子化检测器广泛用于实验室常规色谱仪上，主要用于检测变压器油中烃类气体 CH_4、C_2H_6、C_2H_4、C_2H_2 的含量，同时 CO 和 CO_2 也可通过转化炉转化成 CH_4 进行测量，即除了 H_2（常用热导池检测）以外的其他气体都可以检测。

鉴于氢焰离子化检测器的突出优点，一些早期的色谱在线监测系统开发者尝试在变电站现场应用它。这种检测器的主要问题是火焰的电离源采用氢气，而出于消防安全等考虑，变压器附近不能放置氢气瓶。所以目前的在线监测系统基本上不再采用这种检测器。将来如果有适合变电站现场使用的氢气发生器，氢焰离子检测器仍然有很好的应用前景。

7.1.5　电化学传感器

电化学气敏传感器可按原电池的方式工作，也可按电解池的方式工作，这取决于检测气体的电化学活性。对电极活性较大的气体如 H_2S、Cl_2 等均采用原电池的方式进行工作，而对电极活性差的分子如 CO 和一些易燃的有机物气体则多选用电解池原理进行检测，有时还需要高极性的催化电极。无论采用哪一种工作方式或选用哪种电极，结构上能形成气、液、固（电极）三相界面是构成气体传感器的最基本条件。可根据电化学电池是产生电能还是消耗外电源电能来区分原电池和电解池。电化学电池由两个称为电极的金属导体组成，每个电极都浸在一种适当的电解质溶液中。为使电流流通，必须用金属导体在外部把两个电极连接起来，使两电解质溶液接触，从而使离子能从一种电解质移到另一种电解质中，如图 7-6 所示。根据化学电极的电位与气体浓度的关系，可以测出气体的浓度，这是电化学气体传感器的检测原理。电极中加入不同的金属，对不同气体的反应灵敏度就不一样，使得它具有良好的选择性能，适合于单独测量某种气体。

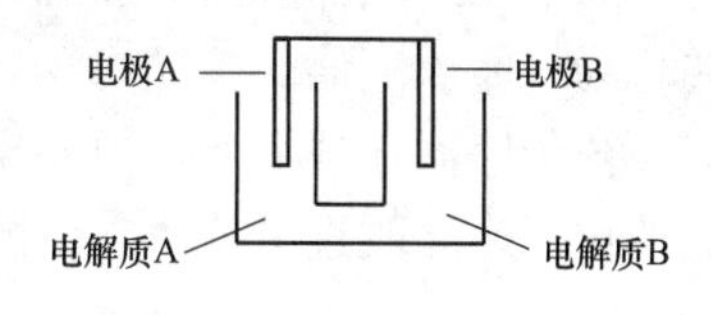

图 7-6　电化学传感器

电化学传感器的工作过程为：首先电极与电解质达到电动势平衡，当待测气体（以还原性可燃气体为例）接触到电解液时，会给出电子，电子流向阳极，使得阳极上发生氧化反应，阴极上发生还原反应，这样就破坏了原来的电动势平衡，输出电位信号；不同的气体浓度，输出的电位信号不同，根据不同的电位信号输出就能得出气体浓度值。

电化学传感器的灵敏度、选择性好，应用于变压器在线监测，适合单组分气体监测。例如，英国 City Technology 公司的 4HYT 型传感器就被用于变压器在线监测，主要检测氢气，输出结果是线性的，而且以原电池方式工作，是一种无源的传感器。该传感器主要性能如表 7-3 所示。4HYT 对氢气的响应是 100%，对油中其他故障特征气体有一定的交叉敏感度，对 C_2H_4 有 80%的响应值，对 CO 有 2%的响应值。

表 7-3　4HYT 型传感器主要性能

测量范围	0～1000μL/L
最大过载浓度	2000μL/L
使用寿命	空气中两年
输出信号	(0.015±0.01)μA/μL/L
分辨率	2μL/L

续表

温度范围	−20～+50℃
压力范围	大气压力±10%
响应时间	<90s
相对湿度范围	15 to 90%非凝露
标准基线范围	0～30μL/L
最大零点漂移	−20μL/L
长期输出漂移	每月小于 2%
建议负载电阻	10Ω
偏置电压	不需要
可重复性	小于信号的 2%
输出线性度	线性

7.1.6 钯栅场效应管

钯栅场效应管传感器是国内最早用于油中溶解氢气在线监测的装置，其优点是对氢气选择性好，基本不受其他气体组分的干扰。钯栅场效应管测氢的机理是，当氢分子吸附在催化金属钯上时，氢分子在钯的外表面发生分解生成氢原子，透过钯膜和钯栅，并吸附在金属钯上，形成偶极层，使金属钯的电子功函数减少。这种现象表现为 MOSFET 阀值电压（又称为开启电压）U_{DS}降低，其降低值 ΔU 与氢气浓度有定量关系，ΔU 经放大和线性化处理后就转化为气体浓度值。

该传感器在现场运行中发现的主要问题是：①寿命短，一般为一年多；②稳定性差，零漂严重。产品改进工艺后，传感器寿命和性能有了提高，目前仍有部分在运行。

7.1.7 传感器阵列

有的在线监测系统采用传感器阵列检测故障特征气体，并且应用于变电站现场。传感器阵列是采用多个气敏传感器组成的阵列作为多组分气体的检测单元，各个气敏传感器对于不同组分的气体具有不同的敏感度。

图 7-7 是应用于在线监测的传感器阵列的外形，由 6 只电阻式半导体气体传感器组成，6 只传感器分别对 H_2、CO、CH_4、C_2H_6、C_2H_4、C_2H_2 6 种特征气体有较好的灵敏度；根据 6 只传感器的输出，得到 6 种特征气体的含量。

图 7-7 传感器阵列

实际上，从传感器的输出特性看，每种气体的传感器除了对各自检测的气体有一定的响应外，对其他非检测气体也存在着比较大的响应。这使得传感器的输出值不只决定于一种气体的大小，当其他气体变化时输出值也要发生变化，也就是说存在交叉灵敏度，而且这种交叉敏感度是比较复杂的非线性关系。事实上，半导体传感器本身就是一种广谱的可燃性气体传感器，选择性不是其特长。为解决这一问题，传感器阵列的后处理过程中都要引入复杂的模式识别技术才能很好地消除交叉灵敏度。所

以，完整的气敏传感器阵列检测系统与电子鼻相似，由气敏传感器阵列、信号预处理、模式识别三部分组成。目前各种模式识别方法中，首选人工神经网络技术。采用阵列传感器的在线监测系统在出厂前的标定过程十分繁琐，要用不同浓度的混合标准气体获取大量实验数据，对神经网络模式识别算法进行反复训练，各种气体的检测精度达到要求后才能投入运行。

将传感器阵列用于变压器在线监测系统，其突出的优势是结构简单，不需要色谱柱进行混合气体组分的分离，减少了更换载气的维护工作量。这种传感器需要解决的难题是检测灵敏度、运行中传感器的性能漂移和校准。传感器阵列的检测灵敏度往往不高；半导体传感器的输出特性会在运行中逐渐发生漂移、变化，产生的累计误差对检测结果影响很大。而对传感器阵列来说，不论是算法校准还是现场用标准气体校准都很繁琐、实施难度大。当前电力用户对在线监测系统的最低检测限、精度等性能都有很高的要求，这对传感器阵列原理提出了一定的挑战。

7.1.8 各种传感器的性能比较

1. 在线监测对传感器的性能要求

（1）考虑到简化装置的结构和技术上的可行性，尽量使用单一的气敏传感器进行检测，这就要求一个传感器对 H_2、CO、CH_4、C_2H_6、C_2H_4、C_2H_2 六种气体均有良好的输出特性，有较高的灵敏度、准确度和稳定性，有较大的检测范围，各方面性能都适合在线监测的需要。如果在线监测系统还需要检测 CO_2、而传感器对 CO_2 没有响应，可专门增加一个传感器来检测 CO_2。市场上已有商业化的 CO_2 传感器，本书不再赘述。还有少数的在线监测系统可以检测 O_2，但目前 O_2 对变压器故障诊断价值不大，大部分产品不具备这一功能。

（2）为达到气体最低检测限的苛刻要求，要求传感器有较高的灵敏度，但灵敏度太高可能会影响量程。从油中气体诊断的需求看，对低浓度气体要求有较高的准确度，而当气体浓度很高，远超注意值时，就不需要太高的准确度了。

（3）为适应变压器油中气体在线监测系统在变电站现场长期运行，要求传感器及检测单元的输出特性能够在较长的时间里保持稳定，以减少现场校准的工作量，尽可能免维护。

（4）较短的反应时间和恢复时间是传感器的重要指标，特别是色谱出峰的前 3 种气体（H_2、CO、CH_4），其恢复时间对谱峰的辨识、组分的定量都有很大影响。

（5）传感器的选择还应考虑和色谱柱、油气分离单元的配合，以及对载气的需求，而载气往往会影响到系统的运行维护成本。

2. 传感器的性能比较

表 7-4 和表 7-5 列出了上述传感器的各项性能比较，这是选择传感器的重要依据。

表 7-4　　各种传感器可检测的气体种类

气体组合 传感器种类	CO	CO_2	H_2	CH_4，C_2H_6，C_2H_4，C_2H_2
半导体传感器	能	不能	能	能
接触燃烧传感器	不太好	不能	能	能
热导传感器	用氦做载气可以检测	能	能	能（用氦气做载气效果较好）
FID 传感器	能 （借助转化炉）	能 （借助转化炉）	不能	能
电化学传感器	适合检测单一组分气体，对其他气体可能有交叉灵敏度			

表 7-5 各种传感器性能比较

性能	半导体传感器	接触燃烧传感器	热导传感器	FID 传感器	电化学传感器
灵敏度	非常好	好	差	非常好	非常好
测量精度	好	非常好	好	好	好
选择性	不太好	不太好	差	不太好	好
响应速度	非常好	好	好	好	不太好
长期稳定性	较好	好	好	好	差
维修性	非常好	好	好	不太好	差
经济性	非常好	非常好	好	差	好
线性度	对数线性	线性	线性	线性	线性
可测范围（LEL：下限爆炸浓度）	n个 μL/L～LEL	10μL/L～3LEL	1%～100%	线性，0.1～10^7μL/L	1～1000μL/L

从表 7-4 和表 7-5 可以看出：电化学传感器的选择性较好，适合单组分的变压器在线监测，目前国内的变压器单氢在线监测系统主要采用电化学传感器。变压器多组分气体在线监测需要广谱型的传感器，要求单个传感器能检测全部故障特征气体（H_2、CO、CO_2、CH_4、C_2H_6、C_2H_4、C_2H_2 等），或检测尽可能多种类的故障特征气体。

接触燃烧式传感器各方面性能较好，但是燃烧反应需要氧气助燃，难以和色谱柱配合，适合于不用色谱柱的氢气监测仪或可燃气体总量监测仪。

氢焰检测器可以测量多组分气体，精度、线性度、稳定性都很好；缺点是结构复杂、维护量稍大，最大的问题是需要氢气做电离源，相关安全规定不允许，所以在变电站现场难以实现。目前在线监测系统基本不采用这种传感器。

热导检测器可以用于各种组分气体的在线监测，这种传感器的优点是稳定性良好、测量范围大、输出线性度好（校准方便）。缺点是检出限较低，而且要求载气与待测气体的热导系数有很大差别；如果用 N_2 或空气做载气，难以测量 CO 和 C_2H_2，需要采用富集技术浓缩气体来提高组分浓度；如果用进口高纯 He 做载气，可以解决测量全部故障特征气体，但维护成本大大增加。

半导体传感器可以检测各种可燃性气体，输出特性为对数线性（指数曲线），低浓度下灵敏度高、线性度高，高浓度下灵敏度低、输出曲线趋向饱和。对数线性有利于同时满足在线监测对最低检测限值、精度、量程的要求，但校准也较复杂，这种传感器还具有响应速度快、使用方便等特点。和热导检测器相比，半导体传感器的优势是灵敏度高、适合测量低浓度气体，缺点是重复性和长期稳定性略差。可以使用前进行充分的老化，并且在使用中进行有规律的老化，以保证传感器的重复性。

目前多组分在线监测系统选用最多的是半导体传感器，其次是热导检测器。下面以半导体传感器为例，详细介绍如何将传感器用于在线监测系统。

7.2 半导体传感器用于色谱检测

7.2.1 传感器使用的相关问题

1. 传感器的选择

半导体气敏传感器的成本非常低廉，它最主要的应用场景是家庭和工厂的可燃气体泄漏

检测。这种场景对传感器的性能要求不高，而在线监测对传感器的性能要求则苛刻得多。例如 TGS813 型传感器的最佳检测量程为 500～10000μL/L，这对可燃气体报警是足够的，对在线监测则明显达不到要求。为解决这一问题，在线监测制造厂家往往要将批量采购来的传感器进行性能测试和层层筛选，仅有少数传感器能达到在线监测的要求。

2. 传感器的老化

半导体气敏传感器置于高浓度反应气体中，会导致性能变差甚至失效；变压器在线监测系统接触的多为低浓度气体，反应时间也很短，一般不会出现这个问题。传感器在安装到在线监测系统之前，必须经过充分老化，一般采用连续通电通气的方式老化。传感器经非工作态搁置一段时间后，重新通电工作，需经过一段时间（初期恢复时间）才能达到正常工作状态。不通电时间越长，初期恢复时间越长，但有饱和值，通常是数分钟，这就是传感器的预热时间。在运行的在线监测系统中使用传感器，相当于每天进行老化和钝化，传感器的输出特性比较稳定；如果在线监测系统停用一段时间后再次启用，会出现传感器灵敏度提高、输出电压增加的现象，导致监测系统测出的变压器油中气体突增，使用几天后可以慢慢恢复正常。

3. 检测池的设计

色谱在线监测系统所用的色谱柱内径一般为 2mm 或 3mm，色谱柱末端是检测池，内装气敏传感器。传感器与内径这么小的色谱柱配合时，应尽可能减小检测池的体积，做成通道传感器，并尽量让气流无阻力的通过检测池。如果检测池内有较大的空腔，气路在此容易形成涡流，会降低色谱柱的分离度，并影响传感器的恢复速度，气体出峰容易出现拖尾现象。

4. 传感器的定量算法

传感器和色谱柱等部件共同构成了色谱检测单元，每个传感器的输出特性都是不一样的，相应的每个色谱检测单元的输出特性（输出曲线）也是不一样的。色谱在线监测系统在出厂前，应使用多个不同浓度的标准气体（一般 10 个以上）进样检测，得到一组气体浓度和检测单元输出值，进而用这组数据建立色谱检测单元的定量算法。显然，定量算法和色谱检测单元是一一对应的，或者说定量算法和传感器是一一对应的。

半导体气敏传感器的定量算法可以采用直接插值，也可以采用对数线性等方法。

（1）插值。对每种气体对应的浓度和输出值，直接插值拟合，得到传感器对这种气体的输出曲线。若要提高精度，可以采用三次样条插值，但三次样条插值使用时一旦失误，输出结果会出现很大偏差，所以只要精度在容许范围之内，尽量采用线性插值，应用简单，不易失误。

（2）对数线性。很多传感器的输出值与气体浓度成双对数线性关系，如式（7-1）所示：

$$\lg U = k_0 + k_1 \times \lg C \tag{7-1}$$

式中：U 是输出电压值 mV；C 是气体浓度值，μL/L；k_0 和 k_1 是系数，借助最小二乘法对实验值拟合可求出系数 k_0 和 k_1，已知式（7-1），可由传感器输出电压算出气体浓度。

建立了传感器的定量算法之后，用实验值和计算值的相对误差可以表示传感器定量算法的检测精度，用式（7-2）和式（7-3）分别计算均方误差和最大误差，式中 U_i 是实验值，U'_i 是用定量算法得出的计算值，i 表示不同浓度。

$$\text{均方误差} = \sqrt{\sum_i \left(\frac{U_i - U'_i}{U_i}\right)^2} \tag{7-2}$$

$$\text{最大误差} = \max_i \left|\frac{U_i - U'_i}{U_i}\right| \tag{7-3}$$

7.2.2 将 TGS813 用于在线监测

TGS813 型是日本费加罗（FIGARO）公司生产的 N 型半导体材料 SnO_2 气敏传感器，是对以烷类气体为主的多种可燃性气体有良好敏感特性的广谱型敏感器件。和其他半导体气敏传感器相比，该器件灵敏度适中，响应与恢复特性好，初期恢复特性快，长期工作稳定性、重现性、寿命、抗环境影响及抗温湿度影响等性能均优，是高质量、高可靠性的气敏器件，广泛应用于各种报警装置。鉴于其优良的性能，被用于变压器在线监测。

图 7-8 是 TGS813 的电气结构图，图 7-9 是 TGS813 的应用电路图。TGS813 共有 6 个引脚，其中：引脚 1 和引脚 3 短接后接工作电压；引脚 4 和引脚 6 短接后作为传感器的信号输出端；引脚 2 和引脚 5 为传感器的加热丝的两端。TGS813 传感器需要施加两个电压：加热器电压 U_H 和工作电压 U_C。U_H 用于维持敏感层处于与待测气体相适应的特定温度而施加在集成的加热丝上。U_C 则是用于测定与传感器串联的负载电阻 R_L 上的两端电压 U_{RL}。只要能满足传感器的电气特性要求，U_C 和 U_H 可以共用同一个电源电路；但用于变压器在线监测，为避免干扰，最好各自用独立的电源。根据 TGS813 的产品资料，工作电压 U_C 范围很宽，5V，6V、12V 均可，最大不超过 24V，加热电压 U_H 为 5V+0.2V。

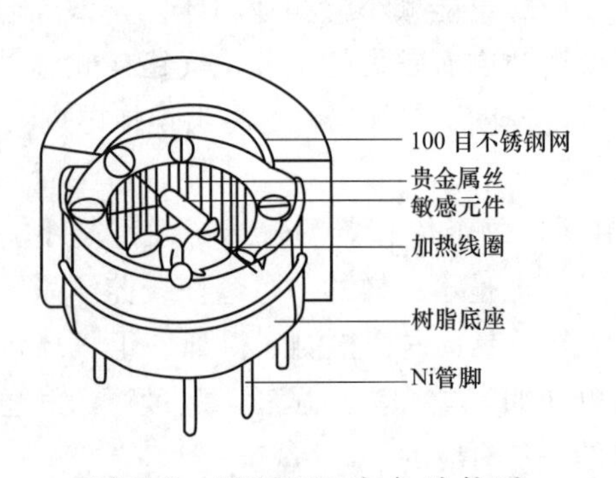

图 7-8 TGS813 电气结构图

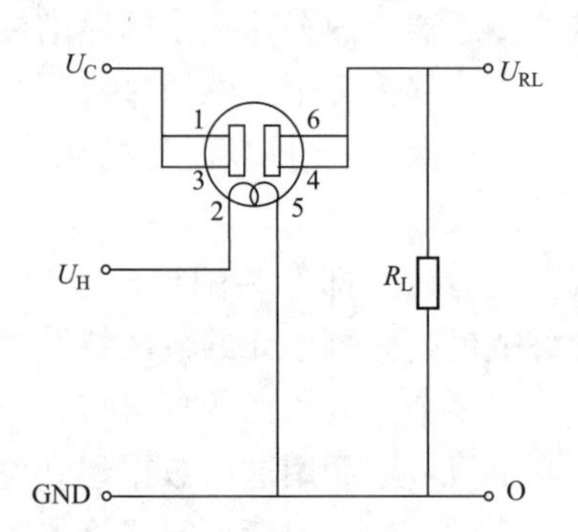

图 7-9 TGS813 应用电路图

烃类、氢气、一氧化碳等可燃性气体属于还原性气体，当这些气体通过并被吸附到 TGS813（N 型材料的传感器）上时，将引起 TGS813 敏感层的载流子增加，从而使 TGS813 的等效电阻的阻值减小。对于某一个恒定的电源电压（U_C），由图 7-10 可知，传感器的电阻（R_S）和负载电阻（R_L）构成了分压的关系。可以得到如下公式：

$$R_S/R_L=(U_C-U_{RL})/U_{RL} \tag{7-4}$$

传感器随被测气体含量变化而引起器件电阻比变化规律的特性称为灵敏度特性。图 7-10 为 TGS813 传感器的灵敏度特性，不同曲线表示不同气体、不同浓度时电阻比的变化规律。所谓电阻比是指在标准状况下（1000μL/L 的甲烷气体、20℃、65%湿度）传感器测得的电阻值 R_0 与在具体应用中测得的电阻值 R_S 之比，它是一个相对值。

半导体传感器对温度和湿度的变化是敏感的，TGS 813 的抗温湿度影响性能较好，但将其用于变压器在线监测还需要一定的预防或补偿措施。费加罗公司提供了温度/湿度与浓度关系表以供换算。对于环境温度的影响，可以利用具有负温度特性的电阻，通过电路来补偿由于温度的变化而引起的误差；也可以用温度传感器测量温度，在数据处理中采用软件补偿。如果传感器放在在线监测系统的色谱柱恒温箱内，温度对其影响较小。为避免环境湿度

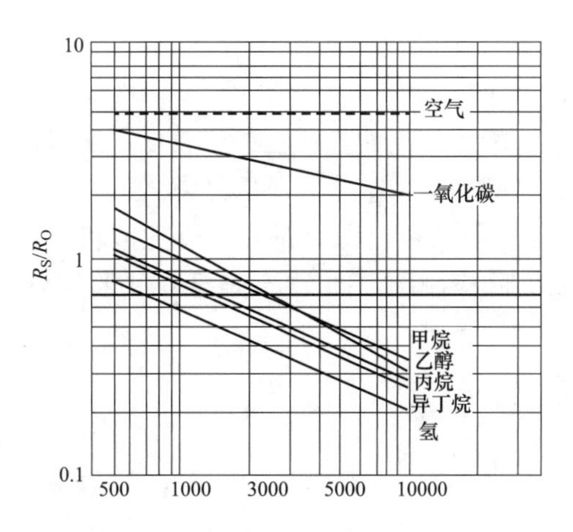

图 7-10　不同气体的灵敏度特性

的影响，应避免接触湿气，有文献提到，采用饱和盐溶液湿度源对 TGS 813 进行试验，在一定温度情况下，相对湿度每增加 30%，阻值下降 15%～20%。

负载电阻 R_L 的取值对在线监测系统的性能影响很大，根据 TGS813 的产品资料，负载电阻 R_L 是可变的，典型值是 5～15kΩ，最小值为（$U_C{}^2/60$）kΩ。由此推算，$U_C=10V$ 时，R_L 的最小值为 1.67kΩ。R_L 取值越大，传感器输出电压也越高。为了获得更高的灵敏度以满足在线监测最低检测限的要求，一般倾向于采用更高的工作电压 U_C，更大的负载电阻 R_L。表 7-6 描述了 R_L 取值对谱峰的影响，工作电压 $U_C=10V$，传感器电阻 R_S 设为 67k；当 R_L 为 4kΩ 时，某低浓度气体的谱峰高 1.591mV，某高浓度气体的谱峰高 16.33mV；当 R_L 增加到 10kΩ 时，低浓度气体和高浓度气体的谱峰分别增加 3.38mV 和 34.63mV。所以，更大的负载电阻 R_L 有助于谱峰的增加。这只是理论上的推算，实际应用中 R_L 过高会导致传感器的输出性能发生变化，谱峰并不像理论推算增加得那么多。而且 R_L 过高，在提高灵敏度的同时会抬高基线，降低气体检测的量程，导致对高浓度气体输出饱和。所以，R_L 要结合整个电路的参数取值，甚至要根据传感器个体差异，每个传感器用不同的负载电阻值，以实现灵敏度、量程等整体性能最优。

表 7-6　R_L 取值对谱峰的影响

传感器电阻 R_S(kΩ)	负载电阻 R_L(kΩ)	输出电压 (mV)	输出谱峰 (mV)	备注
67	4	563.38		仅通过背景载气，R_S为 4kΩ 小电阻时的基线
66.8	4	564.97	1.59	遇低浓度气体，R_S 减少 200Ω，输出 1.59mV 的谱峰
67	10	1298.70		仅通过背景载气，R_S 改为 10kΩ 大电阻时的基线
66.8	10	1302.08	3.38	遇低浓度气体，R_S 减少 200Ω，R_L 改为 10kΩ 大电阻后，谱峰增加为 3.38mV
67	4	563.38		仅通过背景载气，R_S 为 4kΩ 小电阻时的基线
65	4	579.71	16.33	遇到高浓度气体，R_S 减少 2000Ω，输出 16.33mV 的谱峰
67	10	1298.70		仅通过背景载气，R_S 改为 10kΩ 大电阻时的基线
65	10	1333.33	34.63	遇高低浓度气体，R_S 减少 200Ω，R_L 改为 10kΩ 大电阻后的，谱峰增加为 34.63mV

几种故障特征气体在色谱柱中的出峰顺序一般是 H_2、CO、CH_4、C_2H_4、C_2H_2、C_2H_6（C_2H_2 也可能在 C_2H_6 之后）。前 3 种气体的出峰早、峰型窄，而且往往浓度较高，所以谱峰较高；后 3 种气体的出峰晚、峰型宽，而且往往浓度较低，所以谱峰较低；特别是前 3 种气体和后 3 种气体之间有较长时间的空白基线，所以经常采用负载电阻切换方式：在前 3 种气体的出峰期间负载电阻 R_L 用小阻值，以保证量程，避免饱和；在后 3 种气体出峰期间负载电阻 R_L 用大阻值，以保证最低检测限。图 7-11 是某在线监测系统采用负载电阻切换的出峰图。

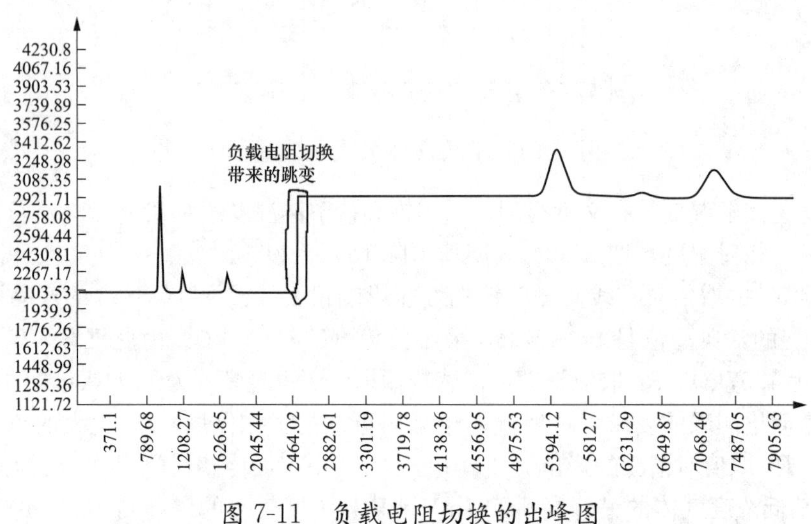

图 7-11　负载电阻切换的出峰图

可以直接用两个固定电阻进行负载电阻切换，也可以采用数控电位器。如前所述，每个传感器输出特性均有所不同，宜采用不同的负载电阻，所以采用数控电位器的负载电阻切换方式更灵活，电路适应范围更广。

这里介绍一种 100 阶数控电位器 X9C103，是 X9C102/103/503/104 系列数控电位器中的一个型号，该系列各种型号的电阻值如表 7-7 所示，管脚图如图 7-12 所示，X9C103 的电阻范围为 40Ω～10kΩ，片内包含 99 个电阻单元的电阻阵列，在每个单元之间和两个端点都有被滑动单元访问的抽头点。VH、VL 和 VW 分别是电位器的两个固定端和滑动端；INC 是“移动”控制端，由下降沿触发，触发 INC 将使滑动端向 VH 端或 VL 端方向移动；U/D 端可置为 0 或 1，控制滑动端移动的方向；CS 是片选端，它为低电平时，芯片被选中。可见，在线监测系统的微控制器用 3 根线就能实现对 X9C103 的控制。可以在 X9C103 两端附加固定电阻，以使 X9C103 的调节能力更细微。

表 7-7　X9C102/103/503/104 电位器参数

型号	最小电阻	最大电阻	滑动端增量
X9C102	40Ω	1KΩ	10.1Ω
X9C103	40Ω	10KΩ	101Ω
X9C503	40Ω	50KΩ	505Ω
X9C104	40Ω	100KΩ	1010Ω

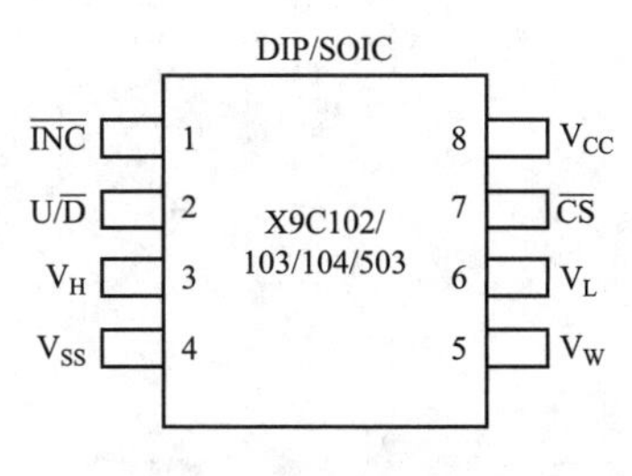
DIP/SOIC
$\overline{INC}$
1
$U/\overline{D}$
2
V_H
3
V_{SS}
4
X9C102/
103/104/503
8
V_{CC}
7
$\overline{CS}$
6
V_L
5
V_W

图 7-12　电位器管脚图

8 在线光谱检测技术

将光谱检测技术用于变压器油中气体在线监测，其突出优点是不需要色谱柱、有望实现免载气，所以这项技术从一开始就受到普遍关注。目前已经产品化的技术有傅里叶红外光谱检测和光声光谱检测。基于傅里叶红外光谱的在线监测系统研制相对较早，由加拿大开发的产品已经在一些国家得到应用；基于光声光谱的在线监测系统虽然研制较晚，但发展较快，已经在国内的很多变电站投入运行。

8.1 光谱检测原理

8.1.1 朗伯比尔定律

朗伯（Lamber）定律指出，在一定的波长下，光的吸收量与吸光材料的厚度成正比。比尔（Beer）定律指出，在一定的波长下，光的吸收量与吸光材料的浓度成正比。两个定律合并称为 Lambert-Beer 定律，即光的吸收定量定律，亦称为吸光度定律。

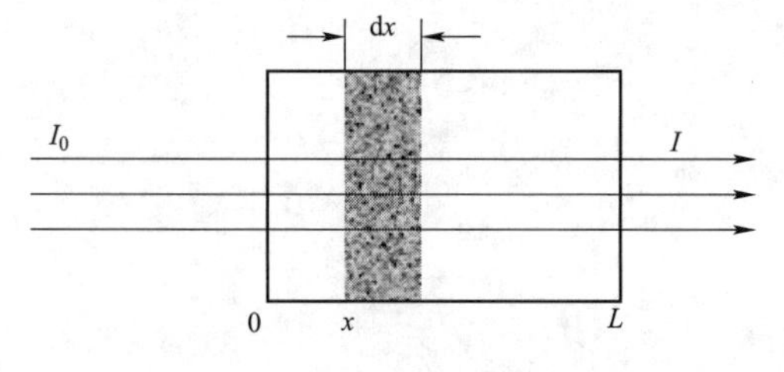

图 8-1 光的吸收作用示意图

如图 8-1 所示，一束强度为 I_0 的光线透过厚度 L 的介质层后的强度为 I。光线透过薄层 $\mathrm{d}x$ 以后，其强度的增量为 $\mathrm{d}I$，该增量与强度 $I(x)$、介质的浓度 c、薄层厚度 $\mathrm{d}x$ 以及吸收率 a 成正比：

$$\mathrm{d}I = -acI(x)\mathrm{d}x \tag{8-1}$$

于是有：

$$I = I_0 \mathrm{e}^{-acL}, \quad \text{记透光度 } T = \frac{I}{I_0} \tag{8-2}$$

吸光度定律：

$$A = \lg \frac{I_0}{I} = \lg \mathrm{e}^{acL} = acL \lg \mathrm{e} = a'cL \tag{8-3}$$

即：

$$A = -\lg T \tag{8-4}$$

显然，在光程长 L、气体吸收率 a 固定不变的条件下，吸光度 A 与气体浓度 c 成正比。

8.1.2 傅里叶红外光谱和光声光谱的异同

将傅里叶红外光谱（Fourier Transform InfraRed，FTIR）技术应用于变压器DGA的在线监测，它无需使用色谱柱、传感器来分离、检测气体，通过光谱分析直接确定各种组分气体的含量。这种技术的特点是：①检测速度快，可每分钟扫描数次，多次扫描可有效降低噪声；②准确度高，重复性好，检测范围宽；③非接触性测量，不消耗样气；④能实现免标定、免消耗气体，实现真正的免维护。所以，傅里叶红外光谱能够从原理上解决色谱在线监测装置的一些缺陷。

光声光谱技术作为一种基于光声效应的光学检测技术，其自身具有很多适合于气体检测的特点，如：非接触性测量，不需要消耗气样；不需要分离气体，检测速度快，可实现连续测量；直接测量气体吸收光能的大小，检测灵敏度高，检测范围宽。

傅里叶红外光谱检测和光声光谱检测都属于吸收光谱检测，都遵循朗伯比尔定律。

几种变压器故障特征气体 H_2、CO、CO_2、CH_4、C_2H_6、C_2H_4、C_2H_2 中，除 H_2 以外，其余6种气体的基频振动都落在中红外区，在 $500\sim4000cm^{-1}$ 频段内都有吸收峰或吸收峰群。傅里叶红外光谱检测和光声光谱检测都可以利用这些吸收区域进行气体定量分析。下面将在第2节中逐个分析每种气体吸收峰的选取，这些分析也同样适用于第3节的内容。

将傅里叶红外光谱应用于油中气体在线监测，无论是国外已经产品化的装置还是国内相关装置的开发，都直接采用已有的傅里叶红外光谱仪，在此基础上开发定量分析软件和免背景采集软件，所以研发工作主要是算法和软件的开发。

将光声光谱应用于油中气体在线监测，国外的制造厂家是采用完整的光声光谱模块，自行开发油气分离单元、控制和通信单元等其他部件，组成完整的在线监测系统。而国内的高校和研究机构大多用光源、光声池、微音器等元件自行搭建成光声光谱检测模块，研发工作主要是元件的选取和整个装置的搭建。目前也有国内公司从国外采购关键的光声光谱器件，其他部件自行搭建，组成完整的光声光谱在线监测系统。

8.1.3 实验方法

实验装置如图8-2所示，由质量流量控制器（MFC）、质量流量显示仪、混合盘管等组成配气系统。

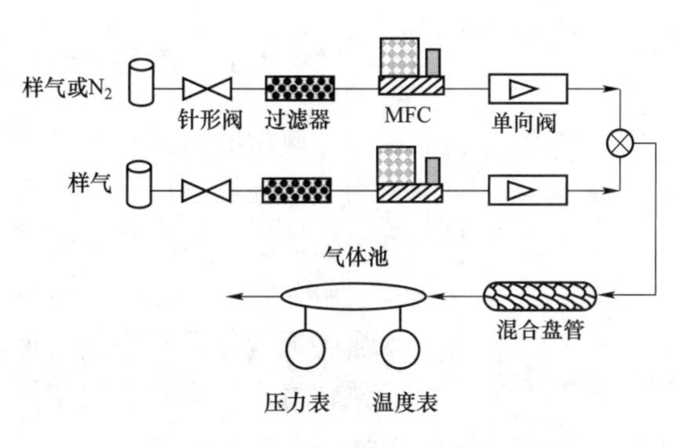

图8-2 气体实验装置

实验采用流动气体法，即让样气与高纯氮在配气系统中按比例混合后以稳定的流量连续地流过气体池，以得到所需浓度的被测样品。采用这种方法是因为：①能方便地保证气体池内压力不变，气体池内的标准气体不会由于密封不好等原因而失准；②可方便地调节样品与高纯氮流量配比，得到不同的标准浓度。

实验中 FTIR 谱仪的分辨率设置为 $1cm^{-1}$；使用 DTGS 探测器；扫描速度为 5 次/分钟，扫描范围为 $500 \sim 4000cm^{-1}$；所有实验均采集了原始谱和吸收谱。

8.2 在线傅里叶红外光谱检测技术

8.2.1 傅里叶红外光谱技术

傅里叶红外光谱仪是 20 世纪 70 年代问世的，到 80 年代已经成为红外光谱仪器的主导产品，目前在分析化学和其他很多领域都有广泛应用。傅里叶红外分析技术属于化学计量学的一个分支，它和化学计量学中的其他分析手段存在着密切的联系。红外光谱、可见光谱、紫外光谱、拉曼光谱和原子光谱等都属于相同类型的数据形式，针对这些数据显示的很多处理方法可以互相借鉴，有的可直接互换使用。

傅里叶红外对未知的样品进行测量，得到待测组分的浓度信息，实现定量测量，吸光度定律是傅里叶红外定量分析的理论依据。目前关于这项技术研究的关注点是：

（1）随机噪声的消除。光谱仪灵敏度很高，光学部件易受电、磁、振动的干扰，影响定量结果。通常在时间容许时，多次扫描取平均值可以有效除噪，但扫描次数过多并不经济，各种数据处理去噪方法是必要的。除了平滑去噪、傅里叶滤波去噪，目前倍受关注的是小波去噪。

（2）背景扣除。测量到的红外光谱实际上既包括样品信息也包括背景信息，在利用光谱进行各种分析之前，应该首先采集背景信息，将背景信息从光谱中扣除。但在有些情况下，背景光谱是很难直接采集的，一般用各种数据处理等方法得到背景光谱。

（3）光谱特征提取。光谱在计算机上是以离散的光谱点来表示的，数据量很大，而定量分析往往没有必要对整个红外谱段进行分析，只选择最有价值的一些区域即可。待测组分的谱峰还会受到其他组分的干扰，所以特征提取对于精确分析很有意义。

（4）非线性校正。实际上，浓度与光谱的吸光度经常表现为拟线性或明显的非线性关系，非线性校正是定量分析的关键。

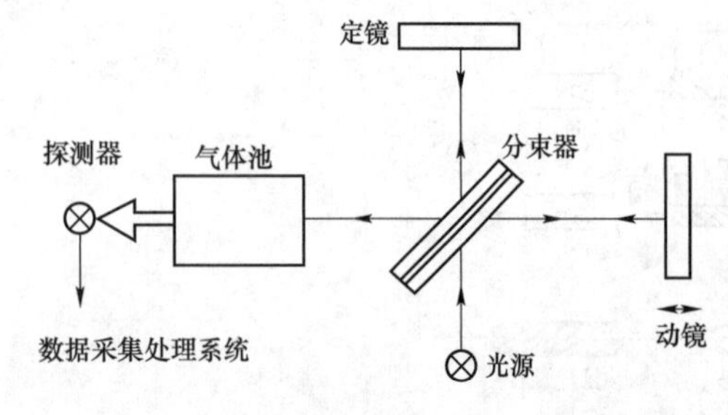

图 8-3　傅里叶红外光谱仪的原理

8.2.2 傅里叶红外光谱仪的原理

典型的傅里叶红外光谱仪如图 8-3 所示，待测气体池置于迈克尔逊干涉光路中，动镜移动时探测器上将得到强度不断变化的干涉波，该干涉波包含有全部光谱的信息。对探测器测得的干涉强度进行傅里叶变换，可以得到各频率对应的光强。将样品干涉图和背景干涉图分别进行傅里叶变换并进行除法运算，可以得到样品透射光谱；将样品透射光谱经过对数运算得到样品吸收光谱。

8.2.3 傅里叶红外光谱仪的特点

傅里叶红外谱仪具有许多突出的优点：

（1）极高的灵敏度。在同样的分辨率下，其辐射通量比色散型仪器大得多，从而使检测器接受的信噪比增大，因此具有很高的灵敏度，可达 10^{-9}～10^{-12}。使傅里叶变换红外光谱仪特别适合测量弱信号光谱。

（2）因为光通量大而具有很宽的浓度测量范围。

（3）波数精度高。波数是 He-Ne 激光器的干涉条纹测量的，从而保证了所测的光程差很准确，因此在计算的光谱中有很高的波数，而且免标定。

（4）扫描速度快。扫描速度的快慢主要由动镜的移动速度决定，动镜移动一次即可采集所有信息，一般在 1min 以内。这一优点使它特别适合快速化学反应过程的跟踪等。对于稳定的样品，在一次测量中一般采用多次扫描、累加求平均法来得到干涉图，这就改善了信噪比。

（5）测量时不接触样品，所以不污染也不消耗所测量的气体。

（6）应用新型抗震结构，使傅里叶红外光谱仪成功应用于航天观测工作，能够经受住火箭发射时巨大加速度的冲击。

由于计算机技术的快速发展，傅里叶变换红外光谱仪可以实现在线分析，使一次分析周期缩短至 0.1s。在有机化学分析以及许多复杂的化学反应系统中可以实现连续分析，使其成为在线色谱分析的主要竞争对手。但是软件的工作量仍很大，因此，快速、精确、实用的光谱定量分析软件是目前重要的研究课题之一。

红外气体分析仪经过近一个世纪的发展，在硬件结构上已经比较完善。但是，在复杂的现场条件下仪器单靠硬件难于实现精确稳定测量的目的，所以各种数据处理的新方法应运而生。其中，数据融合算法近几年来受到人们的普遍关注，特别是在只能采用简单可靠仪器的复杂现场或者在易燃易爆高压环境下，数据融合算法更能体现出其独特的优越性。目前，常采用各种新算法来消除诸多非目标因素（环境总压变化、电源波动、温度变化及多组分间干扰）的影响，以解决非线性问题等。

8.2.4 将傅里叶红外用于油中气体监测

如前所述，变压器故障特征气体（除 H_2 外）在 500～4000cm^{-1} 频段内都有吸收峰或吸收峰群，所以使用 FTIR 谱原则上可以检测除 H_2 以外的所有故障特征气体，同时可以检测水分。

在红外定量分析中，分析区域和定量特征（如峰高度、峰面积）的选取是至关重要的。选取的原则主要是：避开其他组分的干扰、找到属于待测组分而不属于其他组分的波长位置，信噪比足够高（即吸收足够强），定量特征本身和浓度有较好的线性关系。

CO、CO_2 在中红外区域都有不与其他组分交叉的吸收峰，定量相对较容易。但是 C_2H_2、C_2H_4、CH_4、C_2H_6 的吸收区在 2700～3400cm^{-1} 之间严重交叉。针对这种情况，目前红外光谱定量分析中都认为 Lambert –Beer 定律成立，即假定吸光度 A 和浓度 c 符合线性关系，利用吸光度的可加性，列出线性方程组。例如，根据实验数据，对由 M 个组分组成的混合物，选择 N 个波数，列出 N 个线性方程，如式（8-5），其中 a 是组分的透过率。

$$\begin{cases} A_1 = (a_{11}c_1 + a_{12}c_2 + \cdots + a_{1M}c_M)L \\ A_2 = (a_{21}c_1 + a_{22}c_2 + \cdots + a_{2M}c_M)L \\ \cdots\cdots \\ A_N = (a_{N1}c_1 + a_{N2}c_2 + \cdots + a_{NM}c_M)L \end{cases} \tag{8-5}$$

使用一定的算法解方程组，得到各组分的浓度，这些算法中常用的有最小二乘法、逆最小二乘法、偏最小二乘法等。

事实上，只在 A 很小时（<0.1），吸光度才和气体浓度有较好的线性关系；当 $A>0.1$ 时，随浓度的增大，吸光度不再是线性增加，而呈饱和趋势，Lambert –Beer 定律不再成立。

为解决非线性问题，可选择吸光度较小的峰，但实际情况下，考虑到水分和其他组分的交叉干扰以及噪声的影响，有时必须使用吸光度大于 0.1 的峰。所以应在大量实验的基础上，开发针对待测气体的定量校正方法。

在实验室进行傅里叶红外气体分析的一般方法是，首先采集充满氮气的气体池的背景谱 B，然后采集充样品气体池的原始样品谱 S，利用式（8-6），将背景信息从原始谱中扣除，得到样品的吸收谱 A。

$$A = \lg \frac{S}{B} \tag{8-6}$$

这种方法用于在线监测，有以下困难：

（1）每次测量前，需要用高纯氮反复冲洗气体池，会消耗大量的氮气，增加了在线监测装置的现场维护难度，另外需增加气路切换装置。

（2）若要避免消耗氮气，可采用双气体池，一个是背景气体池（充满氮气），用来采集背景，另一个是样品气体池。这种方法的问题是，精确的光路切换装置增加了机械结构的复杂性，背景气体池和样品气体池的光学特性随时间变化可能产生差异。所以，应开发实用的免背景采集的算法。

综上，将傅里叶红外气体分析用于油中气体监测，相关的算法需要解决：吸收区选取、定量特征选取、非线性校正、组分交叉干扰、免背景采集等问题。

8.2.5 红外光谱的定量分析

这里介绍每种气体的分析区域和定量特征（如峰高度、峰面积），以及最低检测限的实验结果。

通常，根据大量实验获取的从低到高的一系列浓度点，利用各种拟合方法，例如线性内插值法，得到特征气体的光谱输出特性。

国内有人开展了变压器油中气体 FTIR 的实验研究，这里引用相关实验结果。实验所用的仪器为：MB104 傅里叶红外光谱仪（加拿大 ABB Bomen 公司），10cm 气体池和 2.4m 超微型长程气体池（美国 IA 公司）。其中，2.4m 气体池的容积约 100mL，经 24 次非球面镜面反射光程达到 2.4m；10cm 气体池的容积约 140mL，使光线不经多次反射直接通过。综合考虑在线监测仪的制造成本和难度，在满足最低检测限和准确度的前提下，应尽量使用不需要反射的气体池。

1. H_2O 的吸收峰分析

图 8-4 是 H_2O 的特征吸收谱，分布位于 600～700cm^{-1}、1100～2200cm^{-1}、2950～

4000cm^{-1}，其谱峰主要包括明锐的尖峰。可见，H_2O 的吸收区分布很广，而且吸收非常强烈，高浓度定量和低浓度定量都能实现，但是 H_2O 容易对故障特征气体的定量造成干扰。

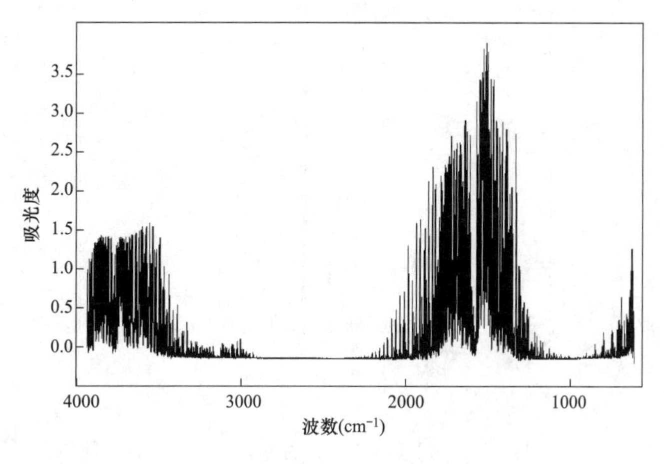

图 8-4　H_2O 的特征吸收区

2. C_2H_2 的定量分析

几种故障特征气体中，C_2H_2 的检测格外受到重视。DL/T 722—2016《变压器油中溶解气体分析和判断导则》规定，C_2H_2 的注意值是 5μL/L（330kV 及以上电压等级变压器为 1μL/L）。这就要求在线监测系统的最低检测限达到 1μL/L；而且对低浓度 C_2H_2 要达到较高的测量准确度。

C_2H_2 在中红外的吸收主要集中在 3 个区域，分别位于 3190～3370cm^{-1}，1240～1420cm^{-1}，600～800cm^{-1}，如图 8-5 所示，横轴为吸收频率（cm^{-1}），纵轴为吸光度。对于第 3 个区，由于受 H_2O 和其他组分干扰最小，适合做定量分析；其中心吸收峰位于 729cm^{-1}，是整个中红外区域吸收最强的。但是，CO_2 在 600～800cm^{-1} 内也有吸收峰，其中心吸收峰位置是 668cm^{-1}。所以，为避开 CO_2 中心吸收峰的干扰，可选择 700～800cm^{-1} 作为分析区域。

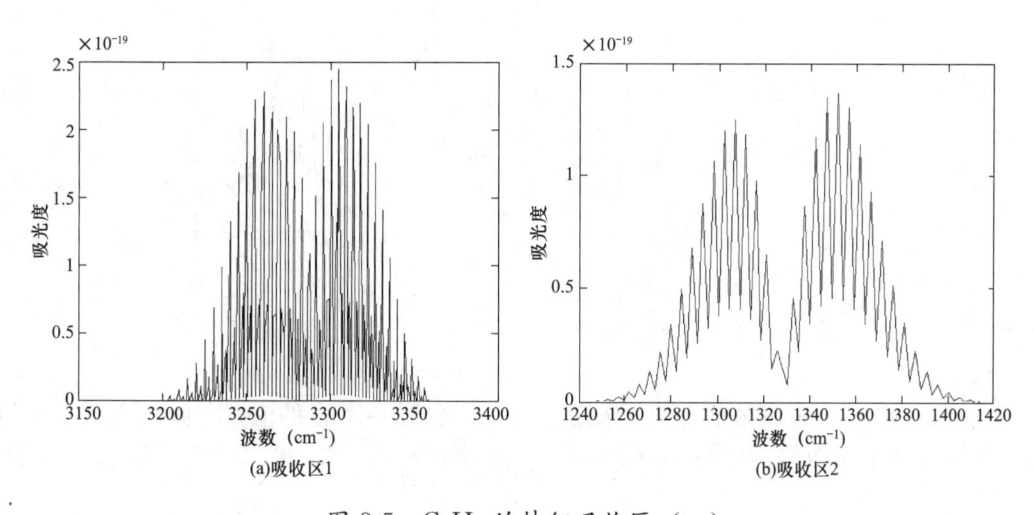

图 8-5　C_2H_2 的特征吸收区（一）

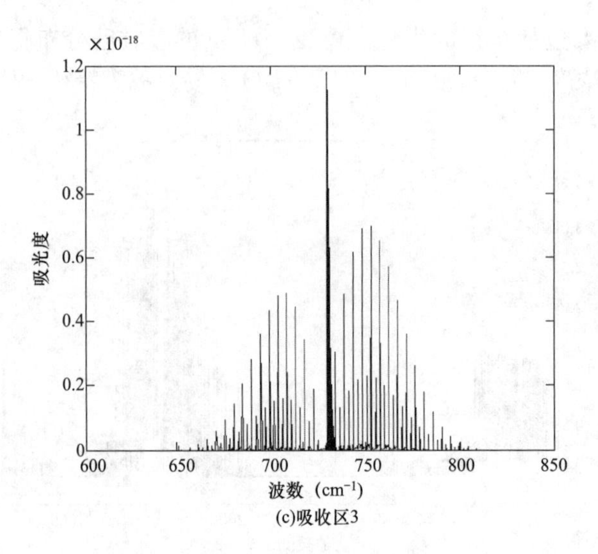

图 8-5　C_2H_2 的特征吸收区（二）

在不同的浓度范围，可以选取不同的定量特征。在高浓度区（30μL/L 以上），高度吸光度的线性度和重复性较差，这是强峰引起吸收饱和所致，可以使用面积吸光度进行定量。在低浓度区（30μL/L 以下），面积吸光度的重复性也稍差，因为弱吸收峰易受噪声干扰，可以使用高度吸光度进行定量。

使用 2.4m 气体池，得到浓度 0.3μL/L 的 C_2H_2 的谱图，见图 8-6。C_2H_2 的中心吸收峰在 729cm^{-1}处；经基线校正处理后，中心峰附近的基线高度约 0.006；相对于基线，0.3μL/L C_2H_2 中心峰峰高大于 0.006，而附近的噪声不超过 0.004，所以 C_2H_2 的最低检测限可以达到 0.3μL/L 以下。

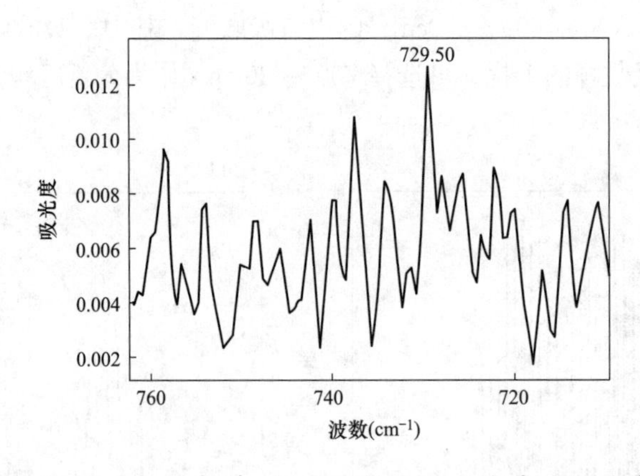

图 8-6　C_2H_2 的光谱（2.4m 气体池，浓度 0.3μL/L）

图 8-7 是使用 10cm 气体池得到的浓度为 3.15μL/L 的 C_2H_2 的谱图。位于 729cm^{-1}处的 3μL/L C_2H_2 中心吸收峰高度在 0.0025 以上，附近的噪声在 0.0007 以下，所以 C_2H_2 的最低检测限在 3μL/L 以下。

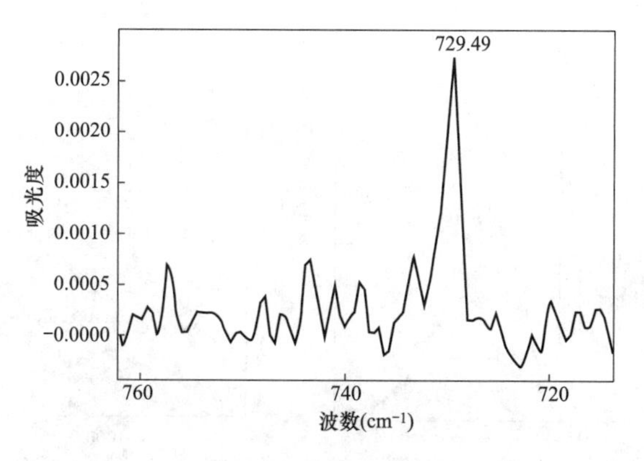

图 8-7 C_2H_2 的光谱

（10cm 气体池，浓度 3.15μL/L）

所以，使用 10cm 气体池的傅里叶红外气体分析的最低检测限满足电力设备（除 330kV 变压器外）油中气体检测的要求；而使用 2.4m 气体池的傅里叶红外气体分析的最低检测限，满足所有电力设备油中气体检测的要求。

3. C_2H_4 的定量分析

C_2H_4 有 4 个吸收区，分别位于 2920～3225cm^{-1}、1814～1964cm^{-1}，1365～1524cm^{-1}、873～1050cm^{-1}，如图 8-8 所示。其中第 4 区的吸收明显强于其他区域，而且受其他组分干扰很小，适合做定量分析，其中心吸收峰位于 949cm^{-1}，中心峰两侧有大约 8 个较明显的弱的尖峰。

在第 4 区的 873～900cm^{-1}范围里和 C_2H_6 的吸收峰交叉，所以选择定量特征应避开这一区域。另外，C_2H_6 在 949cm^{-1} 还有一个小吸收峰与 C_2H_4 中心峰重合，但强度极弱：800μL/L 的 C_2H_6 峰高只有 0.005，与噪声峰差不多，而 2.7μL/L 的 C_2H_4 峰高达 0.01，所以 C_2H_4 在 949cm^{-1}处基本不会受到 C_2H_6 的干扰。

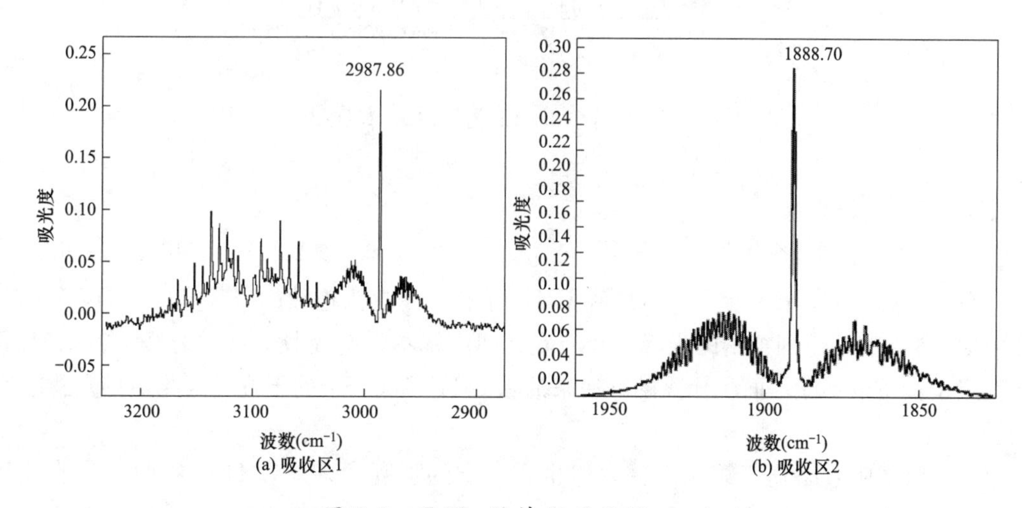

图 8-8 C_2H_4 的特征吸收区（一）

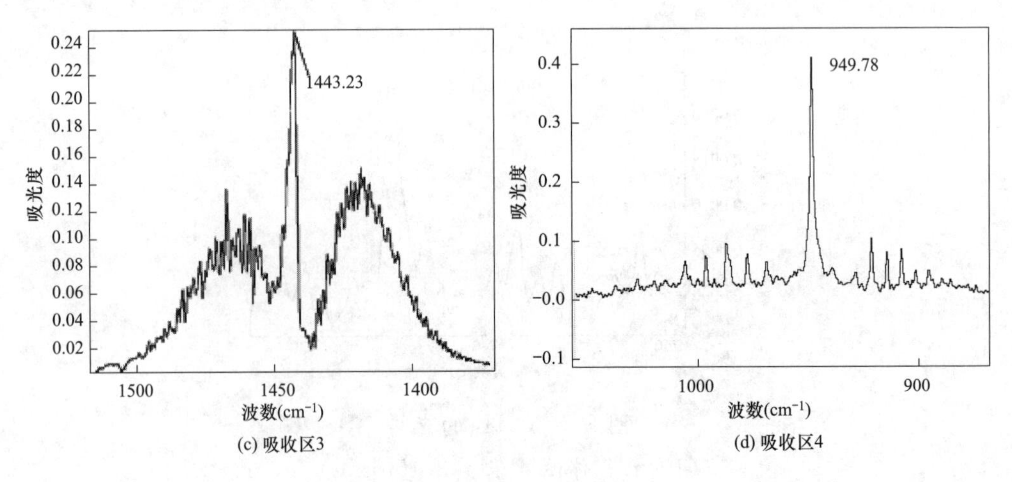

图 8-8　C_2H_4 的特征吸收区（二）

使用 2.4m 气体池，采集 2.7μL/L 的 C_2H_4 光谱，如图 8-9 所示，C_2H_4 的 949cm^{-1}处峰高约 0.01 以上，而附近的噪声高度都 0.005 以下，所以 C_2H_4 的最低检测限可以达到 2.7μL/L 以下。

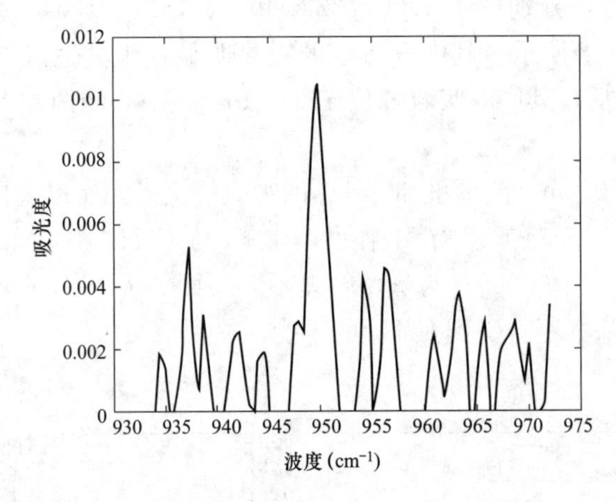

图 8-9　C_2H_4 的光谱（2.4m 气体池，浓度 2.7μL/L）

4. CH_4 的定量分析

CH_4 在中红外有 2 个吸收区，分别位于 2840～3230cm^{-1} 和 1212～1394cm^{-1}，如图 8-10 所示。在整个第 1 区，都受到了 C_2H_2 和 C_2H_6 干扰，干扰为连续的带状峰群，而 CH_4 在第 1 区的吸收表现为一系列细密的尖峰，峰与峰之间则基本没有吸收，这样的峰型很难用面积吸光度定量，所以不能用面积扣除的方法来消除 C_2H_2 和 C_2H_6 的干扰。因此，只能利用第 2 区定量。

第 2 个区的吸收略弱于第 1 个区，但也有一定的强度，只是和 H_2O 吸收峰存在交叉。CH_4 在这个吸收区的中心吸收峰在 1306cm^{-1}处用该峰的峰高做定量，可以达到较高的准确度。1306cm^{-1}附近有两个 H_2O 的弱峰，分别位于 1308cm^{-1}和 1305cm^{-1}，对 CH_4 峰有一定

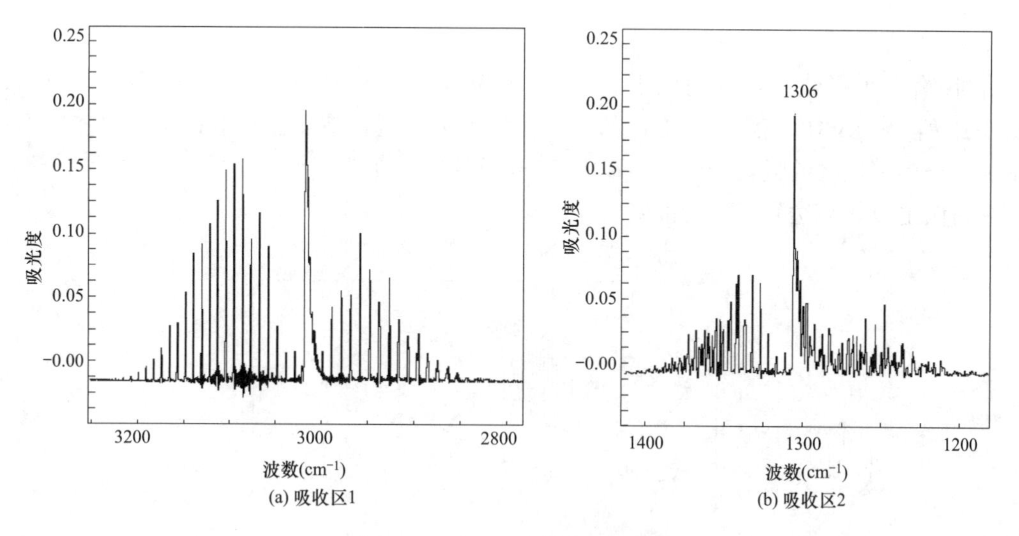

图 8-10　CH_4 的特征吸收区

干扰。为了扣除 H_2O 对 CH_4 的干扰，可以采用特征差减法，即在其他区域，获得合适高度的 H_2O 峰高；然后根据峰高比值，推算出 CH_4 峰附近的 H_2O 谱线；再将 CH_4 的谱峰，减去 H_2O 的谱线，就得到了纯 CH_4 的吸收峰。这里应用特征差减法的前提是认为 Lambert-Beer 定律严格成立，这是因为：①在实际应用中，变压器油中 H_2O 的含量变化不是很大；②H_2O 的计算误差对的 CH_4 定量影响很小（因为 H_2O 在 CH_4 中心峰处的吸收很弱）。应用特征差减法可以有效降低 H_2O 的干扰，对于 CH_4 的定量分析是一个必要的手段。特征差减法可以近似扣除 H_2O，但用它来计算 H_2O 的含量，其准确度是不够的。

使用 2.4m 气体池，采集 1.3μL/L 的 CH_4 光谱，如图 8-11 所示，虽然 1306cm^{-1}附近还有特征差减法未完全扣除的 H_2O 峰，但 CH_4 在 1306cm^{-1}处有明显的尖峰，经计算峰高为 0.0027，所以 CH_4 的最低检测限可以达到 1.3μL/L。

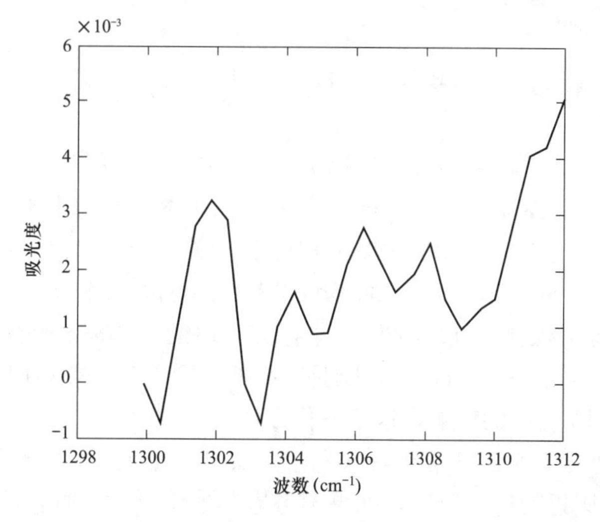

图 8-11　CH_4 的光谱

（2.4m 气体池，浓度 1.3μL/L）

5. C_2H_6 的定量分析

C_2H_6 有 3 个吸收区，分别位于 $2753 \sim 3115cm^{-1}$、$1310 \sim 1617cm^{-1}$ 和 $727 \sim 950cm^{-1}$，如图 8-12 所示。其中，第 2、第 3 区的吸收远弱于第 1 区，信噪比较低；所以只能选择第 1 区做定量分析。该区的吸收峰较宽，在 $2953cm^{-1}$ 处有一个强吸收峰，半峰宽约为 $2.5cm^{-1}$。用该峰高做定量，能达到较高的准确度。

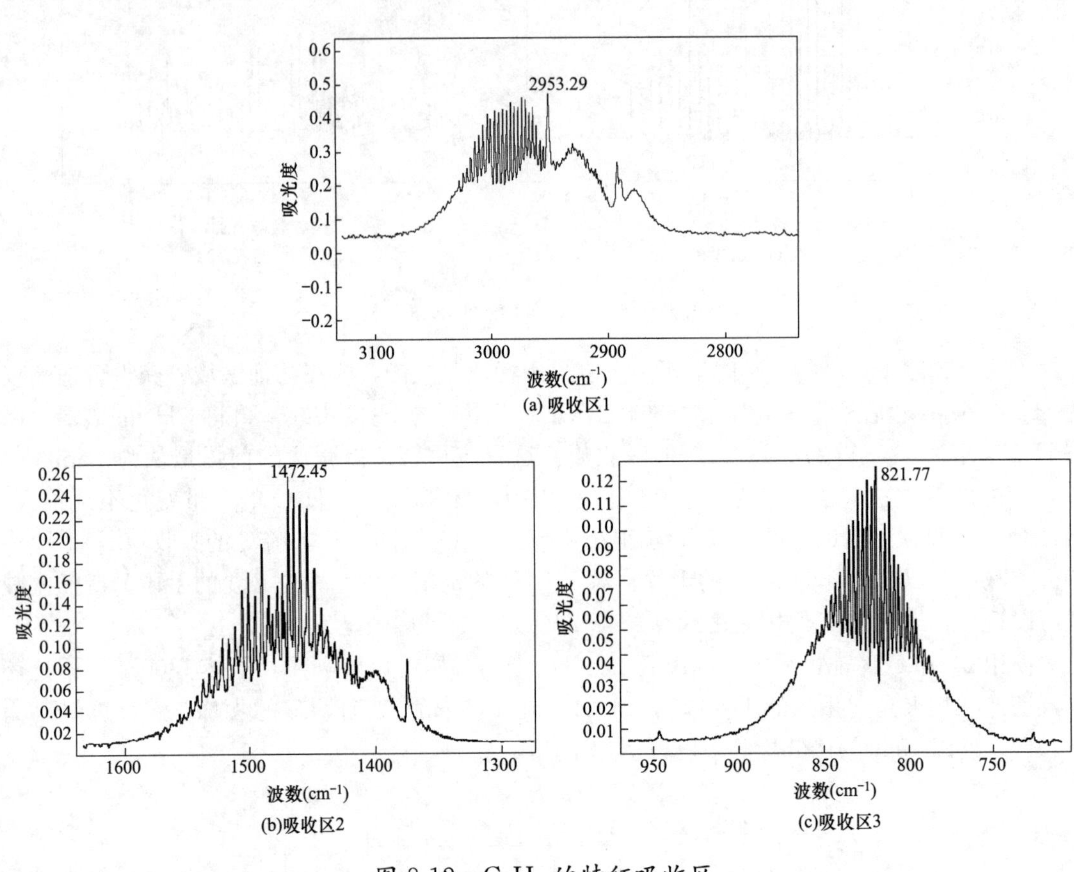

图 8-12　C_2H_6 的特征吸收区

其他组分对在 $2953cm^{-1}$ 处的 C_2H_6 尖峰是有影响的。C_2H_2 在 $2953cm^{-1}$ 恰好没有吸收，不会对其形成干扰。CH_4 在 $2700 \sim 3400cm^{-1}$ 的吸收表现为一系列细密的尖峰，而 $2953cm^{-1}$ 恰恰位于两个尖峰之间，两个 CH_4 的尖峰分别位于 $2957cm^{-1}$ 和 $2947cm^{-1}$，且两个尖峰之间基本没有吸收，对 $2953cm^{-1}$ 处的 C_2H_6 的影响非常小，可以忽略。C_2H_4 在 $2700 \sim 3400cm^{-1}$ 的吸收表现为较宽的弱吸收峰，仅在 2988 处有一尖锐的中心峰，在 $2953cm^{-1}$ 处的吸收很弱，因此 C_2H_4 对 $2953cm^{-1}$ 处 C_2H_6 的影响是有限的。同样，可以利用前面提到的特征差减法来有效扣除 C_2H_4 对 C_2H_6 的影响，这里不再详述。

使用 2.4m 气体池采集 $8\mu L/L$ 的 C_2H_6 光谱，如图 8-13 所示，经计算 C_2H_6 的 $2953cm^{-1}$ 处峰高为 0.08，高于附近噪声。所以，如果不考虑其他组分的干扰，C_2H_6 的最低检测限可以达到 $8\mu L/L$ 以下。

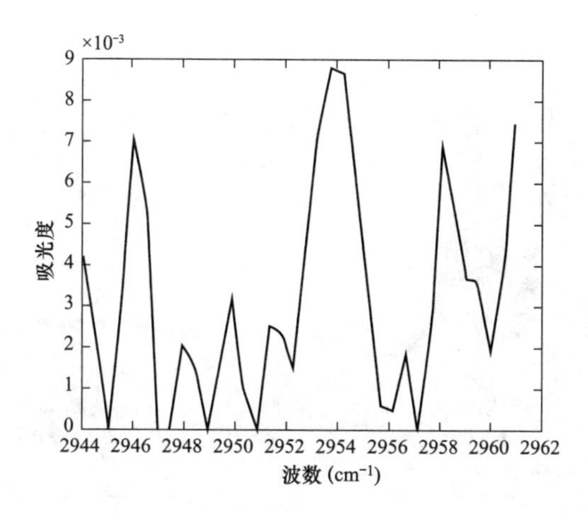

图 8-13 C_2H_6 的光谱（2.4m 气体池，浓度 8μL/L）

6. CO 的定量分析

CO 在中红外只有一个特征吸收峰群，分布在 1980～2260cm^{-1}，由相距约 5cm^{-1}的两组细密的谱峰组成，如图 8-14 所示，这样的峰形适合用峰高定量。在 CO 的吸收区没有其他组分干扰，只有一些 H_2O 吸收峰，它们由一些很弱的细尖峰组成，各细峰间距 20～30cm^{-1}，细峰之间基本没有吸收。由于 H_2O 峰的间距远大于 CO，所以很容易找到一些不受 H_2O 干扰的 CO 峰。

选择 2173cm^{-1}处的强峰峰高作为 CO 的定量特征，使用 2.4m 气体池，采集 30μL/L CO 光谱，如图 8-15 所示。可以看到 CO 标志性的两组谱峰，而且 2173cm^{-1}处峰高在 0.08 以上，附近噪声高度约 0.03，所以 CO 的最低检测限可以达到 30μL/L 以下。

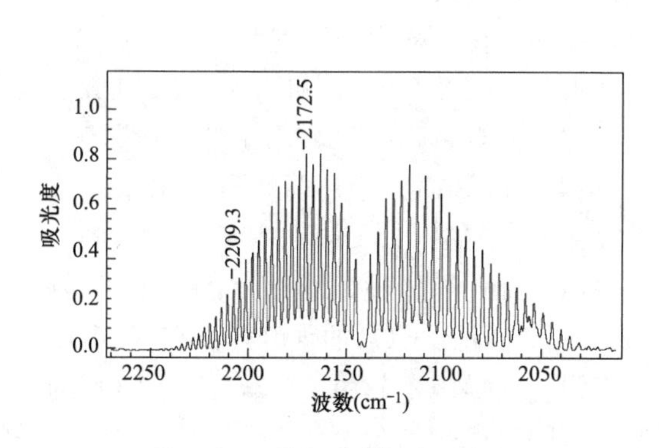

图 8-14 CO 的特征吸收区

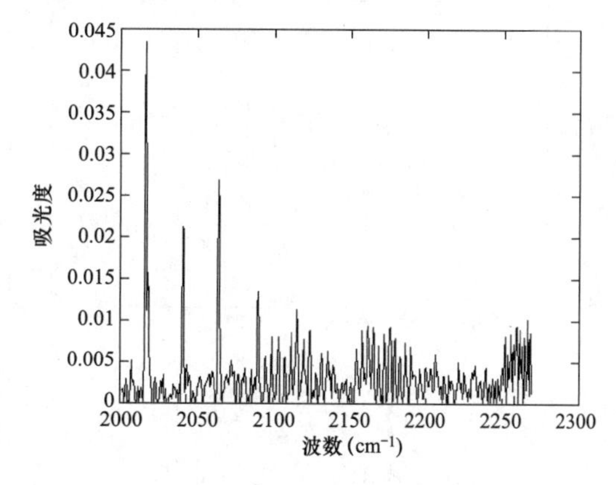

图 8-15 CO 的光谱
（2.4m 气体池，浓度 30μL/L）

7. CO_2 的定量分析

CO_2 的红外光谱由 3 个特征吸收区组成，分别位于 3462～3774cm^{-1}、617～720cm^{-1}和 2230～2390cm^{-1}，如图 8-16 所示。第 1 区吸收很弱，不适合定量。第 2 区中心吸收峰（668cm^{-1}）很强，但在高浓度时趋于饱和，增加了定量难度，中心峰以外都是很弱的小峰，而且受到 H_2O 的干扰。

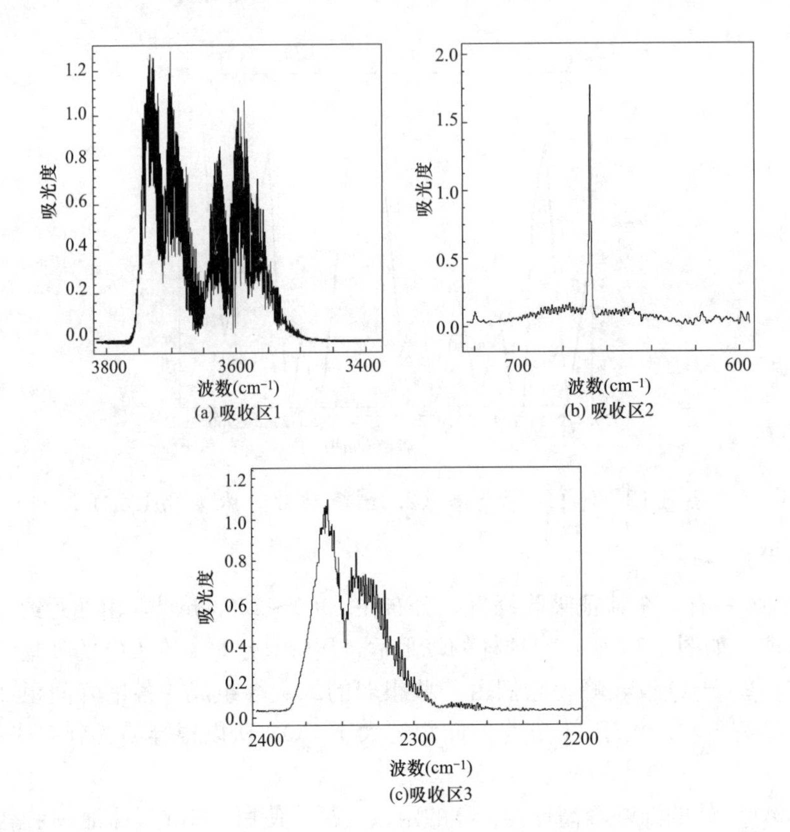

图 8-16 CO_2 的特征吸收区

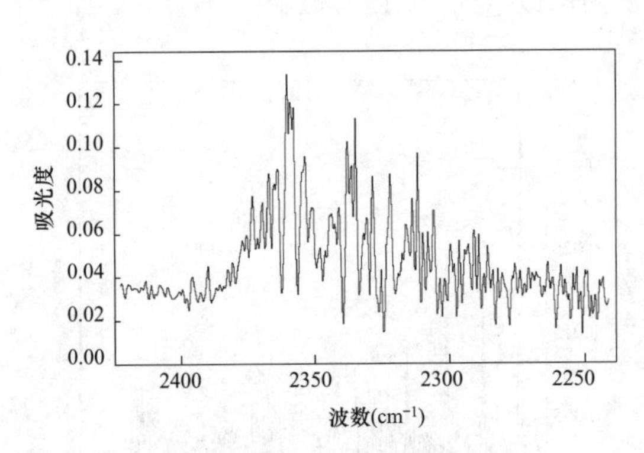

图 8-17 CO_2 的光谱

（2.4m 气体池，浓度 3μL/L）

第 3 区基本不受其他组分干扰，吸收峰很强，表现为平缓的峰群，适合用面积定量。其中较强的峰在高浓度趋于饱和，所以在第 2 区中划出 2288～2390cm^{-1}和 2230～2283cm^{-1}两个区域。前者是强峰群，用于低浓度（0～1500μL/L）定量；后者是弱峰群，用于高浓度（1500～8000μL/L）定量。

使用 2.4m 气体池，3μL/L 的 CO_2 吸收谱如图 8-17 所示。CO_2 的强峰峰高在 0.08 以上，而附近的噪声不超过 0.02，所以 CO_2 的最低检测限可以达到 3μL/L 以下。

8.2.6 红外光谱的免背景采集

1. 背景提取的原理

变压器油中故障特征气体的傅里叶红外光谱，其特点是样品的组分种类是已知的，信号受到的干扰主要来自空气中的 H_2O 和 CO_2。

实验室采集的背景谱（设为 B_0）包含两部分信息：①外光路的 H_2O 和 CO_2 信号；②光谱仪本身的参数信息。将这些信息从样品谱中扣除，可以消除外光路对气体池内气体定量的

影响。

而背景提取算法得到的背景（设为 B_1）和实验室背景 B_0 是不同的。背景提取算法不能将外光路和气体池内气体区分开来，所以得到的背景中也不包含 H_2O 和 CO_2 的信息。这样，在线监测装置中的光路必须做成全封闭的，与大气隔绝，否则无法准确测量气体池内 H_2O 和 CO_2 的含量。所以，用于在线监测的傅里叶红外光谱分析提取背景信息的目的是，获取光谱仪的参数（包括光源、光学传输系统以及探测器系统等）随频率的非线性变化特性，以及这些参数随时间的缓慢变化。

在色谱和光谱数据处理中，基于低通滤波器的方法被研究得最多。这种方法将谱图看作一个时间序列，将其中的低频成分提取出来作为背景成分，然后将其从原始谱中扣除而实现背景补偿。除各种传统滤波器方法外，小波理论在被引入谱信息处理领域之后，它在获得背景信息上的应用也得到了普遍的重视。下面介绍近年来实际效果较好的移动窗口提取背景方法。

2. 移动窗口法提取背景信号

图 8-18 是实验室采集的背景谱 B_0，有几个比较强的吸收区，是外光路的 H_2O 和 CO_2 的吸收所致。图 8-19 是浓度为 516μL/L 的 C_2H_6 的原始样品谱 S，可以看到在 3000cm^{-1} 附近区域有 C_2H_6 的吸收。图 8-20 是扣除背景得到的吸收谱（设为 A_0）（波数为 530～3857cm^{-1}）。

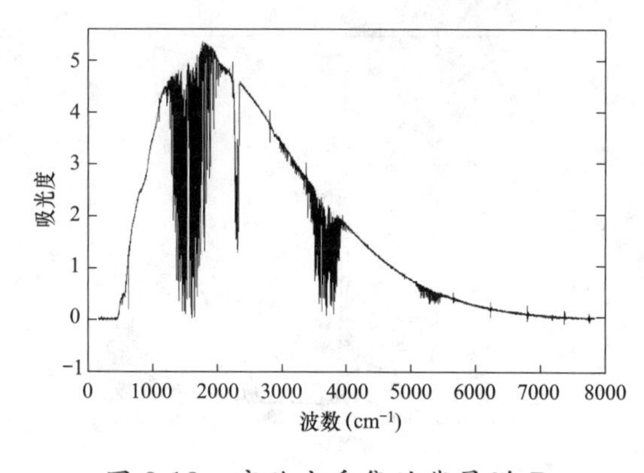

图 8-18 实验室采集的背景谱 B_0

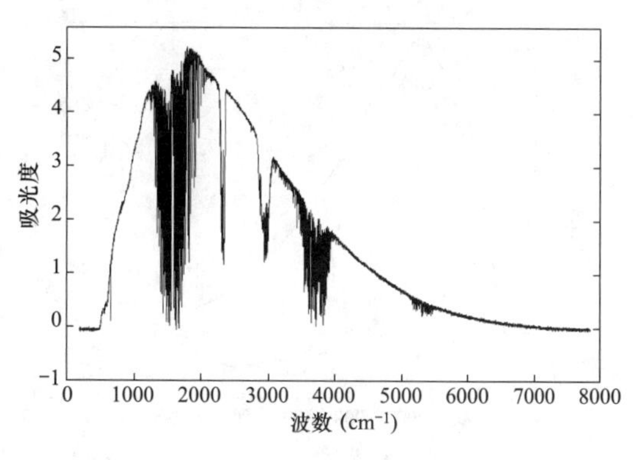

图 8-19 C_2H_6 的原始样品谱 S

将图 8-19 的原始谱 S 和图 8-18 的实验室背景谱 B_0 比较可知，原始谱和背景谱在很多点上是重合的。如果把这些点提取出来，就有可能用这些点来重构背景谱线。这些点称为轮廓点，在原始谱的上沿，把轮廓点平滑后可以获得近似的背景谱线，把原始谱减去背景谱便可以获得真实的吸收谱。

原始谱轮廓点的判断和提取是这种方法的重点，采用移动窗口极值提取算法来解决这个问题。该算法根据轮廓点在原始谱某个区域内为极大值的性质，利用一个滑动窗口确定原始谱中的轮廓点。这种方法在第六章色谱谱图分析算法中有更详细的介绍。

轮廓点提取过程中窗口的宽度是一个可以修改的参数，选择这个参数的标准是保证在窗口滑动的每个位置都至少有一个真正的轮廓点落在窗口内，否则所选择的轮廓点将不在基线上，这将引入误差。但是，这个宽度也不应太大，否则容易遗漏大量真正的轮廓点，从而导致轮廓线太粗糙。窗口宽度可以根据谱峰的宽度来确定，即窗口宽度应稍大于最大谱峰宽

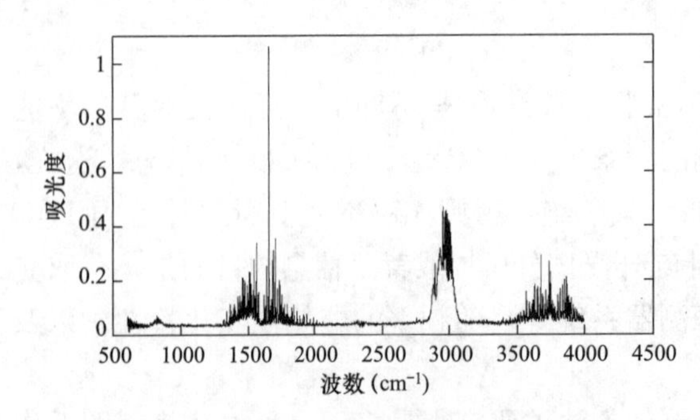

图 8-20　扣除实验背景得到的吸收谱 A_0

度。如果有多个峰重叠，则应该将这些峰作为一个峰来对待。

通过轮廓提取获得的轮廓点不过是背景谱线的一部分，不能构成一条完整的谱线，其中的缺口部分对应某个谱峰。对这些轮廓点进行插值，可以获得一条完整的曲线。

插值后的曲线与实际的背景谱线已经非常接近，但在某些位置上比较粗糙，因此需要继续进行平滑处理，平滑实际上是对数据中的高频成分进行消除。国内有人采用小波进行平滑处理，先用小波进行分解，然后用分解后的近似分量进行信号重构来得到背景谱。

应用案例：对 516μL/L 的 C_2H_6 的原始谱 S 采用移动窗口法得到背景谱 B_1，如图 8-21 所示，其高度和轮廓与图 8-18 的实验室背景 B_0 基本相同。图 8-22 是采用移动窗口法得到的吸收谱（设为 A_1），与图 8-20 中实验获得的吸收谱 A_0 相比多了 CO_2 的吸收峰，H_2O 的吸收峰也明显增强了。这是因为移动窗口法的背景谱不包含 CO_2 和 H_2O，所以外光路的 CO_2 和 H_2O 没有从原始谱 S 中扣除。

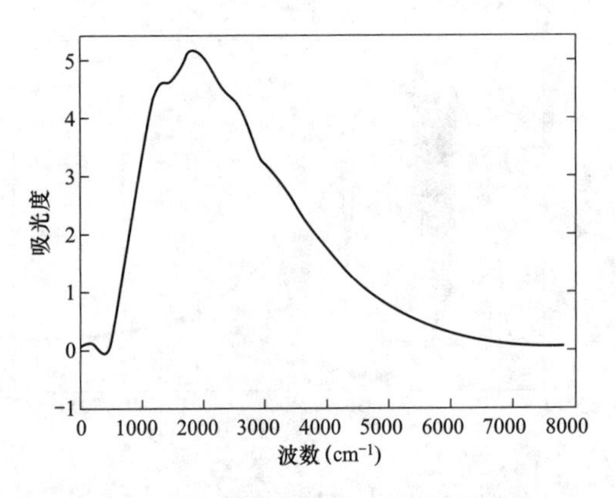

图 8-21　移动窗口法得到背景谱 B_1

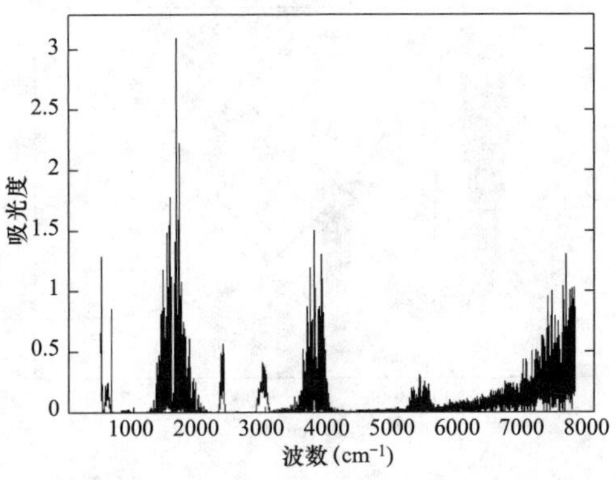

图 8-22　移动窗口法获得的吸收谱 A_1

8.3　光声光谱检测技术

8.3.1　光声光谱检测基本原理

当光线断续地照射密闭容器中的气体时，容器中会有声波产生，这种现象即为气体的光声效应。本质上，光声效应是由于气体分子吸收间断性光能而引起的周期性无辐射弛豫（热效应）过程，宏观上表现为气体压力的周期性变化。

气体分子吸收光能后，有三种方式释放能量，即：无辐射跃迁、发光衰减和化学变化。在不发生化学反应的情况下，气体分子释放能量的方式主要取决于它所吸收的光能。在可见和紫外光区，分子吸收光能而处于电子激发态，电子态的荧光量子效率高，分子主要以发光衰减的方式释放能量；而在红外波段，分子吸收光能处于振动激发态，主要以无辐射跃迁的方式将振动能转化为平动能，辐射跃迁的几率很小。由于光声效应的产生源于气体分子的无辐射跃迁，因此，气体的光声检测主要是在红外波段进行。

气体的光声光谱检测原理如图 8-23 所示。气体分子吸收特定波长的入射光后由基态跃迁至激发态，一部分处于激发态的分子与处于基态的分子相碰撞，吸收的光能通过无辐射弛豫过程转变为碰撞分子之间的平移动能（即气体的 V-T 传能过程），它表现为气体温度的升高。在气体体积一定的条件下，温度升高，气体压力会增大。如果对光源进行频率调制，气体温度便会呈现出与调制频率相同的周期性变化，进而导致压强周期性变化，微音器感应这一变化并将其转变为电信号，供外电路检测分析。气体 V-T 传能过程所需时间，取决于气体各组分的物理化学特性。一般情况下，处于激发态的气体分子的振动动能经无辐射弛豫转变为碰撞分子之间的平动动能的时间非常短暂，远低于光的调制周期，因此可近似认为 V-T 传能过程是瞬时完成的。此时，光声信号的相位与光的调制相位相同，而光声信号的强度与气体的体积分数及光的强度成正比。光的强度一定时，根据光声信号强度就可以定量分析出气体的体积分数。

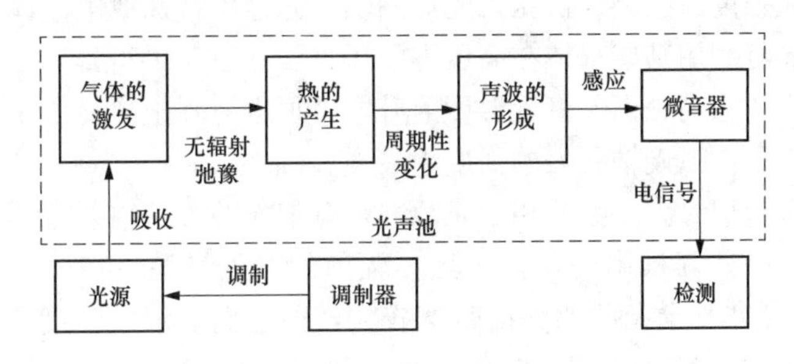

图 8-23　气体光声光谱检测原理图

由于气体分子对光强的吸收遵循朗勃—比尔定律，不同波长光线照射下产生的光声信号强度并不一致，把反映光声信号强度与光线波长关系的谱图称为光声光谱。基于光声效应的光声光谱同红外光谱一样，都属于吸收光谱。

8.3.2　光声光谱检测系统设计

用于油中气体在线监测的光声光谱检测单元的设计包括光源、光声池、微音器、斩波器、滤光片等的设计。如前所述，将光声光谱应用于油中气体在线监测，国外的产品是采购完整的光声光谱模块，自行开发油气分离单元和其他部件。而国内在这方面的研发工作主要是元件的选取和装置的搭建。本节主要介绍国内的研究情况。

1. 光源

变压器油中溶解故障气体（除氢气外）的吸收谱峰位置主要位于 3～15μm 范围，因此光源的光谱应覆盖这一范围。光源功率越大，光声信号的幅值越大，但是由于光声池体积大小的限制，光源的体积不能过大。

光源是光声检测系统中的激励源，光源的辐射特性直接关系到光声系统的检测灵敏度及可检测的气体种类。按照辐射特性，光源分为非相干光源和相干的激光光源两类。常用的非

相干光源主要有白炽光源、高压氙灯、弧光灯源等。

白炽光源的辐射光谱及强度与它本身的温度有关，可以把它们近似地看成是黑体辐射，根据斯特藩—玻尔兹曼定律，黑体单位面积上辐射的总能量与其温度的四次幂成正比，它的能谱分布由普朗克辐射公式确定。

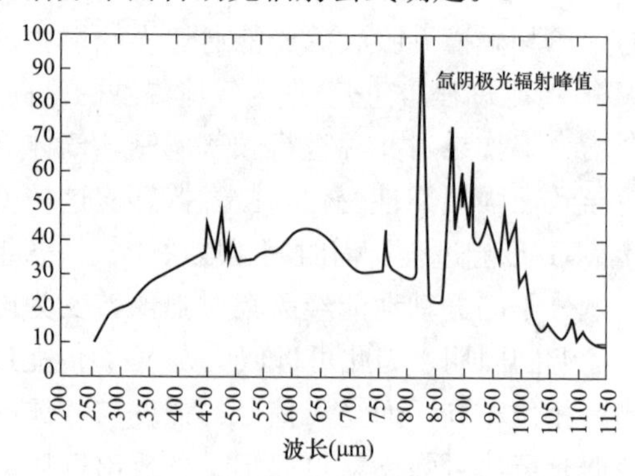

图 8-24　高压氙灯的典型发射谱

高压氙灯是波谱研究中一种常用的非相干光源，其工作压力为 5～7MPa，色温为 8000～10000K。它是波段 230～2000nm 中很有效的强辐射体，发射光谱主要呈连续状，在 800～1000nm 之间有几条强谱线，其典型发射谱如图 8-24 所示。

弧光灯源是由电流通过气体或蒸汽引起弧光放电而产生光辐射。这些气体或蒸汽通常被密封在玻璃或石英管内，管内的压力介于几个毫巴的低压到几百个大气压的高压之间，这种压力只受管壳的机械强度所限制。低压弧光灯的辐射光谱由特殊放电气体产生的几条分立谱线组成；而高压弧光灯利用某些气体在高压下的压力展宽效应可得到连续的宽带光谱，发光效率较高，但是工作压力高、引起灯管温度上升，必须进行强迫风冷或水冷。弧光灯源的辐射不均匀，靠近阳极和沿弧光轴线处的强度为最强。

与上述几种光源相似，大多数非相干光源都是宽带光源，其辐射范围能够连续覆盖红外波段的大部分区域。一些新推出的类似于黑体辐射的红外光源，甚至已能够连续发出 1～20μm 的光辐射。虽然非相干光源的辐射带宽较大，但它们的辐射强度普遍较弱，表 8-1 给出了几种非相干光源的光谱辐射率（光谱辐射率可定义为单位面积、单位立体角和单位光学带宽内所发射的功率）。作为比较，表 8-1 还给出了一个 20mW 的染料激光器的光谱辐射率，可以看出，该辐射率是非相干光源光谱辐射率的 10^9 倍以上。由于光声信号与入射光强成正比，若光源的辐射率过小，则必然使系统检测灵敏度的提高受到限制。利用非相干光源进行光声检测时，往往需要配合滤光片来提高气体选择性，从光源的连续辐射中截取出对应于气体特征吸收谱线的窄带辐射，而滤光片不可能是完全透光的，总有部分光被衰减掉，这也减小了用于气体检测的入射光强。另外，由于滤光片的带宽至少为几个纳米，在检测多组分气体时为了避免气体间的交叉吸收，有时不得不从气体吸收较弱的谱带中选取特征吸收谱线，这也影响了系统的检测灵敏度。

表 8-1　几种连续不相干光源的光谱辐射率

光源	辐射波长范围（nm）	光谱辐射率峰值 [$mW/(mm^2 \cdot sr \cdot nm)$]
太阳（海平面）	30～>1000	10（在 550nm）
钨丝灯（1kW）	600～>1000	1（在 800nm）
氙弧灯（1kW）	400～2500	10（在 550nm）
碳弧灯（铈蕊）	350～700	10（在 400nm）
氢灯（1kW）	165～250	10^{-1}（在 230nm）
氙放电灯	150～225	10^{-2}（在 170nm）
染料激光（20mW）	340～1200	10^{10}

与非相干光源相比，相干光源（激光光源）最突出的特点是功率大、单色性及准直性好，这些特点对于气体的光声检测特别有利。所以，虽然激光光源的历史相对较短，但其发展迅速、种类众多。目前用于光声光谱气体分析研究的主要是近中红外的可调谐连续激光光源，该段光谱涵盖了多数气体分子的振动能级基频和泛频吸收带。其中有代表性的主要包括由工作物质本身增益作用而产生激光的气体、固体、半导体激光器等。

在这些激光器中，CO和CO_2激光器因具有效率高、光束质量好、功率范围大、既能连续输出又能脉冲输出等优点成为应用较早、也较广泛的两种分子气体激光器。它们同时也存在操作复杂、体积庞大、价格昂贵、需低温制冷等不足。

固体激光器中的激活离子密度较高，所以单位工作物质产生的激光功率也较高，并且工作物质具有储能效应，因而可以产生很高的峰值功率。但大多数的固体激光器需要光泵浦，能量转移过程复杂导致转换效率较低。而且激光的输出波长也不够多样化，尤其在光声光谱气体检测所需要的红外谱段。光纤激光器是一种新兴的固体激光器，其以光纤芯作基质掺入稀土元素离子作为激活离子来构成工作物质。光纤激光器的光谱范围涵盖455～3500nm，包含了多数气体分子的振动泛频吸收带，具有结构紧凑、便于和其他集成光学器件耦合等特点。目前光纤激光器的调谐带宽已达到144nm，可以方便地与光纤放大器联用，使激光的总输出功率达到瓦量级。尽管在光声光谱气体检测中气体的泛频吸收较弱，但光纤激光器与光纤放大器联用所获得的高功率为高灵敏度检测提供了可能，并且在光纤激光器上较容易实现的波长调制也有利于提高光声信号的信噪比，因此对多种气体能够达到ppb量级的极限检测灵敏度。

半导体激光器的输出波长分布在0.33～44μm的较宽范围内，而且有体积小、能量转换效率高、使用寿命长等优点，但同时也存在输出光束质量较差的缺点。波长小于2μm的半导体激光器在技术上相对成熟，并发展出分布反馈激光器、分布布拉格反射激光器、垂直腔面发射激光器、外腔激光器等可调谐半导体激光器。其中，外腔激光器的调谐范围可达到100nm，并且可以与光纤放大器联用而获得瓦量级的总输出功率，更适宜用作气体光谱分析。波长大于2μm的半导体激光器主要有锑化物激光器、铅盐激光器和量子级联激光器，其中量子级联激光器在光谱特性上更具优势，是中红外谱段极具发展潜力的一类激光器。

2. 光声池

光声光谱气体检测的技术实质上是利用光到热、再到声的转换过程，实现这一转换的核心是光声池，前提是光的周期性调制。因此，光声信号的产生也就自然而然地可以分为两个过程：第一个过程是光到热的转换，第二个过程是热到声的转换，这两个过程的高效率转换保证了光声信号与气体浓度之间很好的线性关系，最终可以从探测到的声音信号中得到气体的浓度变化信息。气体光声光谱系统中使用的光声池通常按照工作模式被分为非共振式和共振式两类。

非共振模式下激发的声波信号的幅值较小，一般检测极限局限于μL/L量级；但是非共振工作状态对于光声池的设计参数要求不高，允许光声池的小型化设计，具有结构简单、体积小、造价低等特点；在极限灵敏度满足要求的情况下，适合于仪器化产品的采用。

共振式光声池分为光学共振式光声池和声学共振式光声池，目前广泛采用的是声学共振光声池。共振模式下激发的声波信号通过共振效应得到了加强，幅值一般较大，较高的工作频率对于改善信噪比有显著作用，相比于非共振模式具有更高的灵敏度，检测极限理论上可以达到 ppt 量级，因而可以实现更低浓度的气体的测量。此外，共振式光声池内的声场分布为驻波形式，通过在合适位置安放微音器可以实现流动式测量，但是工作在共振模式下的光声池往往结构要复杂一些，稳定性不如非共振式光声池。

非共振型光声池与共振式光声池相比，容易做得更小，从变压器油中脱出的气体最多只有十几毫升，所以光声池的体积不宜过大，不应超过 20mL。所以相比较而言采用非共振式光声池在体积上更具有优势。用于变压器在线监测的光声池采用非共振式的较多，也有人尝试采用共振式光声池。

光声池的结构不尽相同，但是设计的一般原则是相同的，可归纳为以下几条：

（1）光声池尽量与外界声音隔绝。

（2）尽量减少入射光与池壁、池窗与微音器发生直接作用。

（3）尽量增强光声池内照射样品的辐射光强或设法增强池内的声信号以提高信噪比。

（4）池内表面要光洁，使之对气体的吸附和解吸都小。

光声池材料的选择也很重要，它直接关系到气体的阻尼、粘滞和热损耗，对提高检测灵敏度影响极大。光声腔一般选用热传导系数较大、泊松比较大的铝、黄铜等材料。

3. 微音器

气体因吸收调制光能而在光声池中形成的周期性压力波动即光声信号的强度极其微弱，必须使用对声压敏感的高灵敏度微音器来检测。微音器按照换能方式分为电动式和电容式两大类。

电动式微音器通过电磁感应来实现声电转换，具有动态范围大、结构简单、性能稳定等特点，其历史悠久且至今仍被广泛用于人声的拾取。电容式微音器通过静电感应来实现声电转换，其核心部分相当于一个平板电容器，由一块固定极板和一块可移动极板组成，可移动极板被设计成能够感知声压的振膜。振膜在声波的推动下发生形变，进而引起两极板之间电容的改变，电容变化的频率和幅度正比于声波的频率和强度。电容式微音器具有灵敏度高、频响范围宽、瞬态特性好等优点，被广泛用于声学测量、录音、扩音等领域，是使用最广泛的一类微音器。

将光声光谱技术用于变压器在线监测，对微音器的要求如下：

（1）构造简单，体积小；

（2）有稳定的高灵敏度，以获得尽可能大的电信号输出；

（3）在所感兴趣的检测频率范围内，具有平坦的幅值响应和线性的相位响应；

（4）低噪声；

（5）能在潮湿的环境下工作。

4. 斩波器

根据气体光声光谱法的理论，要得到光声信号必须将功率恒定的连续光变成功率周期时变的光束，这就必须采取相应的光学调制技术，具体实现方式包括机械斩波器、电调制斩波器等。

目前机械式斩光器应用较多，优点是构造简单、价格较低，可适用于整个可见至红外波谱范围的各种波长的光束调制，但应解决工作中机械振动产生的噪声问题。机械斩波调制的原理是利用机械斩波器对光束的间断性通断来实现的。机械斩波器通常由开有若干通光孔的斩光盘、转速稳定和可控的电机以及电子控制装置三部分组成。当斩波器的调制频率较高

时，由于斩光盘的高速转动，会产生较大的干扰振动和噪声，因此，斩波器的调制频率不会很高，一般最高只能达到 5kHz。

电调制式斩波器可直接用调制光源强度的方法代替机械式斩波器，可以避免机械式斩波器产生的噪声对光声信号的影响，还可使系统的体积大大缩小。

5. 滤光片

变压器故障气体的定量分析需要得到其在特殊谱线位置的能量吸收，由于光源为宽谱光源，因此获得这些谱线位置的光能量需要使用仅能透过一定波长范围的带通滤光片来实现。合适的滤光片是将光源的宽谱辐射转化为特定波长窄带红外光的关键，设计中必须根据光源辐射谱和滤光片透过特性对气体吸收谱进行综合分析，才能确定合适的滤光片设计参数，从而使待测气体吸收更高的光强度以利于光声信号的提高，并限制光被其他气体吸收以免产生无法去除的交叉干扰。

9　油中气体在线监测系统

9.1　油中气体在线监测技术

9.1.1　油中气体在线监测技术的必要性

实践表明，绝缘油中溶解气体分析是发现充油高压输变电设备内部故障最为灵敏、快捷和准确的检测方法之一。其实验室离线检测数据一直是判断充油类高压输变电设备内部运行状态、保证设备运行安全的最为重要的技术数据。表 9-1 给出了 GB/T 722—2014《变压器油中溶解气体分析和判断导则》中规定的不同电等压等级下，运行中的高压充油电气设备绝缘油中溶解气体分析的定期检测周期。

表 9-1　　运行中高压充油电气设备绝缘油中溶解气体分析的定期检测周期

设备类型	设备电压等级或容量	检测周期
变压器和电抗器	电压 330kV 及以上 容量 240MVA 及以上的发电厂升压变压器	3 个月
	电压 220kV 及以上 容量 120MVA 及以上	6 个月
	电压 66kV 及以上 容量 8MVA 及以上	1 年
互感器	电压 66kV 及以上	1～3 年
套管		必要时

从表 9-1 可知，高压充油电气设备开展实验室离线绝缘油中溶解气体检测的定期检测周期较长，最短的两次检测时间也要相隔三个月。因此，在两个检测周期之间若设备内部运行状态发生改变，现有的实验室离线绝缘油中溶解气体检测是不能及时发现设备内部故障隐患的，从而给设备运行带来安全风险。另外，实验室离线油中溶解气体分析的环节较多，需要经历申报工作计划、开具第二种工作票、现场取样、样品运输、样品检测等多个环节。若实验室离变电站距离较远，检测样品运输时间太长会影响及时发现和追踪设备故障，大大降低了故障检测的及时性。随着国内高压电气设备状态检修工作的不断深入推进，高压电气设备检修周期由定期变为根据带电检测和在线监测数据判断设备状态，检修周期延长至 3～6 年。因此，及时了解设备运行状态变得日益迫切。

为了弥补离线色谱检测的不足，国内外一直都不遗余力地进行绝缘油色谱在线监测装置的研制与开发，通过在线监测装置对变压器油进行连续不间断的在线检测与监测，实时了解

与掌握充油类电气设备的内部状态，判断其运行状态是否正常，并利用连续的在线监测数据发现设备内部故障隐患，判断故障类型、严重程度、预测故障发展趋势，将数据上传至数据库，供专家在线分析并做出故障处置预案。

9.1.2 在线监测技术的发展现状

油中气体在线监测技术和传统的实验室检测相比，有很多特殊的要求。实验室检测由检测人员手工操作，仪器在户内、使用环境较好，对维护性、消耗性材料也没有太高要求。而在线监测装置是无人操作、在变电站户外全自动运行，要求尽量做到无耗材、免维护，并且在线监测装置整体上要有良好的环境适应能力，能适应变电站现场一年四季不同的温度、湿度、气候变化，能适应变电站的电磁干扰环境。

油中气体在线监测的关键技术包括油气分离、色谱柱、气体检测技术三大类技术。三大关键技术中，色谱柱是难度相对较低的，目前各厂家普遍解决得比较好，和早期产品相比已经有了明显的进步，基本能满足现场在线监测的需要。

油气分离技术对整个装置的性能影响很大，随着油中气体在线监测装置的推广，油气分离技术得到了很大的发展，各项指标显著提高。膜脱气、顶空脱气、真空脱气等三种脱气方式的技术路线已经基本定型，目前各制造厂家的主要工作是进一步完善技术细节，提高装置的维护性、安全性。

气体检测技术包括气敏传感器和光谱检测技术是难度最大，也是尚需进一步提高的关键技术。气敏传感器非常重要，但成本在整个产品中的占比很低。在线监测装置所用的气敏传感器一般是直接采购传感器成品、并进行集成应用，所以气体检测技术受到传感器产业的发展水平限制。将来如果气敏传感器产业出现重大技术突破，则油中气体在线监测装置的性能有望得到显著提升。

除了上述三大关键技术之外，在线监测装置都配置一套计算机软硬件系统，功能包括现场的信号采集、部件控制、数据处理、数据通信等。这些功能对微处理器的运行速度等没有太高的要求，只是要求整个计算机系统能在户外长期稳定运行。早期的部分在线监测厂家规模小、实力弱，监测装置的大部分故障都是计算机通信和控制方面的问题，现在在线监测厂家普遍研发实力较强，这方面已经得到了很大改善。

9.2 油中溶解气体在线监测装置

油中溶解气体在线监测装置是安装在充油电气设备本体上或附近，可对变压器油中溶解气体组分含量进行连续或周期性自动监测的装置，一般由油样采集与油气分离、气体检测、数据采集与控制、通信与辅助等部分组成。

9.2.1 在线监测装置的结构及工作流程

9.2.1.1 监测装置的构成

变压器油中溶解气体在线监测装置主要由以下五部分组成。

1. 油样采集与油气分离部分

油样采集部分与被监测设备的油箱阀门相连，完成对变压器油的取样。油气分离部分实现油中溶解气体与变压器油的分离。

油中溶解气体在线监测装置，在保证被监测设备以及人员安全条件下，可以在变压器运行状态下直接安装，无需停电安装。与变压器本体的安装比较简单，多组分监测装置一般采用一进一出双油口。大部分在线监测装置的油循环回路从变压器抽取油样、脱气后随即将油样重新返回变压器油箱，因而取油、回油的位置对于准确分析油中气体含量至关重要。总的来说，从一个阀门取出变压器油样后，应从另一个阀门返回变压器内。而变压器上选取的进样阀位置应能够保证获取变压器的典型油样。变压器上可以利用的阀门有注油阀、排空阀、辅助阀门、冷却回路阀门、取样阀等。选择其中两个，进油口取下部位置，出油口取上部位置，使油形成回路。

2. 气体分离与检测部分

油气分离后得到的是包含多种故障特征气体的混合气体。气体检测部分完成油气分离后的混合气体组分含量检测。气体含量检测又可分为少组分与多组分两种检测方式。这也是少组分油中气体在线监测装置与多组分油中气体在线监测装置的主要区别。

少组分气体的检测主要是氢气和可燃性气体的检测，通常利用渗透膜进行油气分离，常用的氢气检测器主要有钯栅极场效应管、催化燃烧型传感器和燃料电池。多组分气体检测是对通过油气分离得到的包含多个故障特征气体的混合气体中的全部气体组分进行检测。混合气体可直接检测，也可通过色谱柱分离为单组分后再检测。多组分气体检测器主要有热导检测器、半导体气敏传感器、阵列式气敏传感器法、傅里叶红外光谱技术和光谱声谱技术。

3. 数据采集与控制部分

数据采集与控制部分完成信号采集与数据处理，实现分析过程的自动控制等。

4. 通信部分

通信部分用于实现其他设备与本装置的通信，应采用满足监测数据和控制指令传输要求的标准通信接口和规约。

5. 辅助部分

辅助部分是用于保证装置正常工作的其他相关部件，例如恒温控制、载气瓶或发生器、管路等。

9.2.1.2 监测装置的工作流程

变压器油中溶解气体在线监测装置的基本原理如图 9-1 所示。从图中可知，变压器油中溶解气体在线监测装置的工作流程是，变压器本体油首先通过管路进入到变压器油中溶解气体在线监测装置进行油气分离，然后由检测器对油气分离后的气体（混合气体或单组分气体）进行检测，检测得到油中溶解各故障气体含量，通过转换将气体浓度信息变为电信号，经模数转换后将数据展示在用户终端并存储在控制器内供就地分析或远程调用查看。经过油气分离后的变压器本体油再经过处理后返回变压器本体或直接排放到废油箱内。

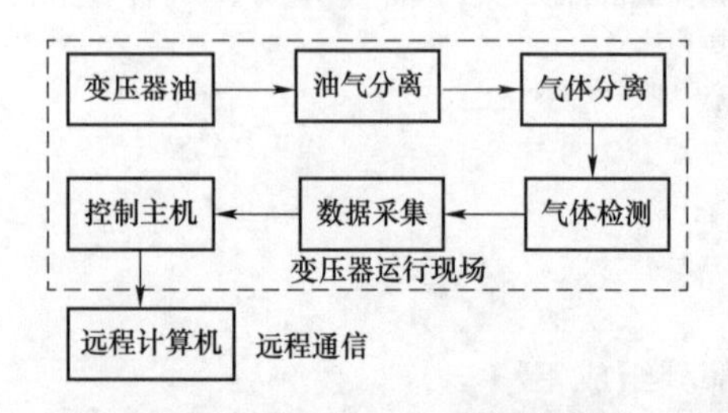

图 9-1　变压器油中溶解气体在线监测装置基本原理图

9.2.2 在线监测装置分类

根据所检测变压器油中溶解气体组分的多少，可将变压器油中溶解气体在线监测装置分为少组分在线监测装置和多组分在线监测装置。

9.2.2.1 少组分在线监测装置

少组分在线监测是指监测变压器油中溶解气体组分少于 6 种的监测，用于缺陷或故障的前期预警。监测量为特征气体中的一种或多种，应至少包括氢气（H_2）或者乙炔（C_2H_2）。该方法在线监测变压器油中如 H_2、C_2H_2 等某一特征气体组分含量或以它为主的混合气体浓度，不进行气体组分分离而直接测量气体体积分数。

比较常见的少组分在线监测装置有：

1）测可燃气体总量。即氢气、一氧化碳和各种气态烃类含量气体的总和。其代表产品有日本三菱电力公司生产的 TCG 检测装置。

2）检测单组分氢气。由于几乎所有油纸绝缘故障的发生都伴随有氢气的产生，当设备内部存在放电或过热故障时，油中氢气含量均会发生改变，所有这些产品只监测氢气一个组分，结构简单。其代表产品有加拿大 Syppotec 公司生产的 HYDRAN 系列产品，其燃料电池传感器对氢气、一氧化碳、乙炔和乙烯均有反应，但对氢气的响应远比其他气体组分灵敏，可认为是一种主要针对氢气的监测装置。

单组分在线监测装置的体积均较小，其主要利用渗透膜进行油气分离，用钯栅极场效应管、催化燃烧型传感器和燃料电池等检测器进行检测。

9.2.2.2 多组分在线监测装置

多组分在线监测是指对变压器油中溶解气体组分 6 种及以上气体的监测，用于缺陷或故障预警和故障类型诊断。监测量包括氢气（H_2）、甲烷（CH_4）、乙烷（C_2H_6）、乙烯（C_2H_4）、乙炔（C_2H_2）、一氧化碳（CO）。常用的是包含二氧化碳（CO_2）在内的 7 种特征气体的监测。氧气、氮气和微水为可选监测量。

多组分气体在线监测方法是单组分气体在线监测方法的进一步发展，它先对变压器油中溶解气体进行油气分离，再对利于诊断变压器故障的多种气体进行组分分离和测量。多组分气体在线监测必须解决多组分气体的分离和测量两大技术问题，其技术实现难度更大，装置构造比单组分气体在线监测装置更复杂，相应成本和价格也较高。

随着油中溶解气体在线监测技术的日趋成熟以及对电力设备运行监测要求的不断提高，目前，应用于电力系统中的绝大部分为多组分变压器油中溶解气体在监测装置。早期应用的少组分变压器油中溶解气体在监测装置也逐步更换为多组分检测。

9.3 典型的油中气体在线监测产品

9.3.1 HYDRAN 201R/201i

HYDRAN 201R/201i 是加拿大 Syppotec 公司研发的油中溶解气体监测装置，它是基于选择性气体渗透膜和燃料电池技术的变压器油气在线监测装置，主要监测油中小分子气体 H_2 及少量 CO、C_2H_2 及微量 C_2H_4 等气体的综合体积分数及其时、日变化趋势，以判断变压器的运行状态。该装置利用聚四氟乙烯薄膜的透气特性，用燃料电池型传感器作为检测器，对不同气体组分的响应能力为：H_2，100%；CO，18±3%；C_2H_4，1.5±1.5%；C_2H_2，8±2%。因此，HYDRAN 201R/201i是一种以检测总可燃性气体为主的在线监测装置。

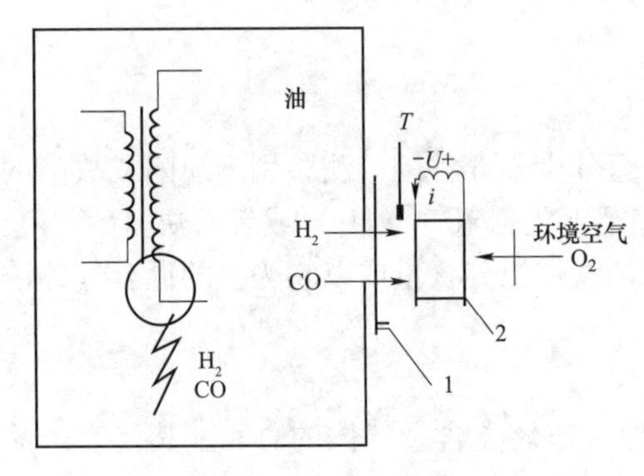

图 9-2　HYDRAN 201R/201i 装置油气监测工作原理

1—渗透膜；2—气体探测器

9.3.1.1　工作原理

HYDRAN 201R/201i 装置工作原理如图 9-2 所示，反映变压器早期故障的油中小分子特征气体 H_2、CO、C_2H_2 和 C_2H_4 等，在不同气体的压力差作用下透过选择性气体渗透膜进入传感器电化学气体检测器（燃料电池）内，与氧气反应产生一个与气体体积分数成比例的电信号，经数字化处理后，得到气体综合体积分数及时、日变化率。故障气体和氧气作为反应的燃料，无需其他试剂或材料。根据气体渗透膜对各气体的选择透过性，变压器油中气体气相色谱分析体积分数与油气在线监测值 φ 的近似关系为 $\varphi=\varphi(H_2)\times100\%+\varphi(CO)\times18\%+\varphi(C_2H_4)\times1.5\%+\varphi(C_2H_2)\times8\%$

9.3.1.2　型号配置

该装置有模拟型和数字型两种。

1. HYDRAN 201R 模拟型检测仪

HYDRAN 201R 模拟型检测仪包括传感器单元和电子箱，两个单元配合作用，其功能是：

（1）传感器单元检测油中溶解气体的含量。

（2）电子箱数字显示油中气体含量，具有灯光报警、模拟量输出、报警开关量输出功能。

2. HYORAN20li 数字型检测仪

HYDRAN 201i 数字型检测仪包括传感器和控制器两部分，各部分功能为：

（1）H201Ti 型传感器的功能有：油中气体含量检测及数字显示；油中气体含量变化率计算及数字显示；报警；模拟量输出和报警开关量输出接口；数据存储；标准 RS232 接口专用电缆通信接口；系统定期自检及判断。

（2）控制器有 201Ci—C 型、201Ci—4 型和 201Ci—1 型三种。

201Ci—C 型控制器通过专用通信电缆，可连接 4 台 H201Ti 型传感器，如图 9-3 所示，并提供通信控制器之间的 RS485 接口，和与调制解调器或计算机连接的 RS232 接口。

201Ci—4 型 4 通道控制器具有 201Ci—C 型控制器的通信功能，并且可以提供传感器检测的气体含量值、灯光报警指示、报警接点和模拟量输出接点。

201Ci—1 型单通过控制器的功能和 201Ci—4 型控制器相同，但只能连接一台 H201Ti 传感器，如图 9-4 所示。

9.3.1.3　技术性能

测量范围为 0～2000×10^{-6}μL/L（等效 H_2）；准确度为±10%（读数），对 H_2 为±25%×10^{-6}；通信接口中，用户可选 RS232（DR-9）或隔离的监视连接。

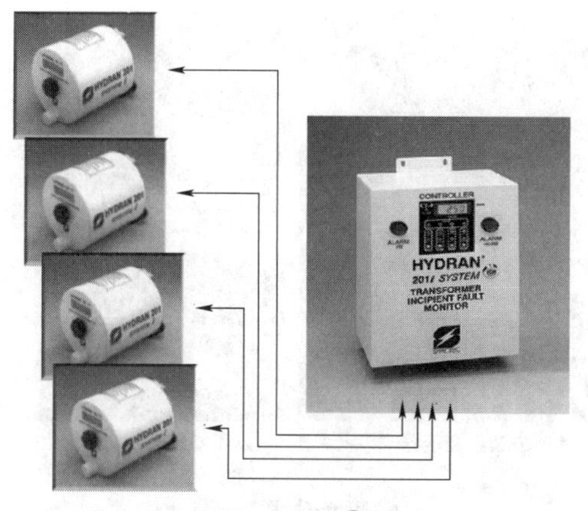

图 9-3 HYDRAN® 201Ci—4

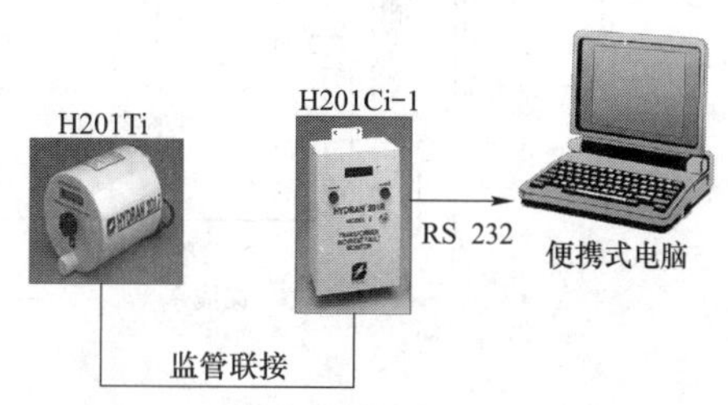

图 9-4 201Ci—1 系统通信

9.3.1.4 装置安装

为了获得有效的检测和较短的响应时间，传感器的安装应选择在变压器油流畅通、循环良好，运行温度适宜且易于操作维护的部位。对于大型三相变压器，由于冷却器的运行方式可能在运行和备用状态之间切换，因而传感器不宜安装在冷却器上（无论顶部或底部），一般可安装在变压器本体油箱上部充油阀门、下部放油阀门和冷却器的回油管上。为了获得较好的油的强制对流或自然对流，传感器连接阀门应处于全开位置，除非拆卸传感器，否则禁止关闭传感器前侧阀门。同时，传感器最好水平安装，传感器安装在油面之下，安装处油温不宜过高，禁止将传感器朝下安装。若不能将 H201Ti 水平安装时，也必须传感器开口朝上安装，且传感器处油温在 30℃以下；禁止使传感器渗透膜外侧处于负压；禁止安装在冷却器泵进口处。安装位置如图 9-5 所示，传感器安装如图 9-6 所示。

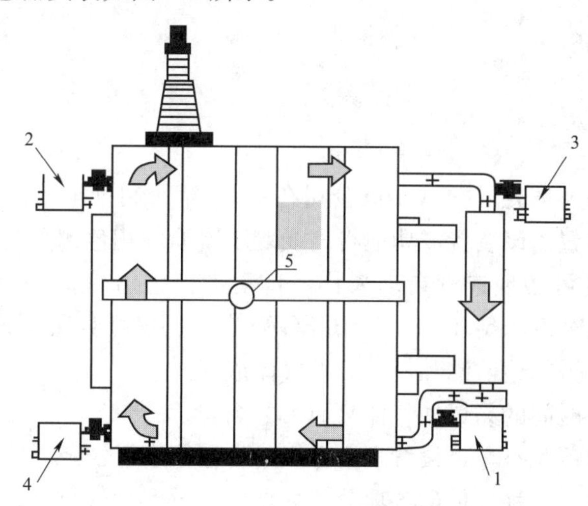

图 9-5 H201Ti 安装位置

位置 1：冷却器出口（推荐位置），油流循环好，温度适宜，易于操作。

位置 2：上部充油阀，油流循环良好，但温度较高，不易操作。

位置 3：冷却器上部，特点同位置 2。

位置 4：下部放油阀，温度较低，易于操作但油循环不良。

位置 5：变压器中部壳壁（必须前置阀门），特点介于上部和下部位置之间。

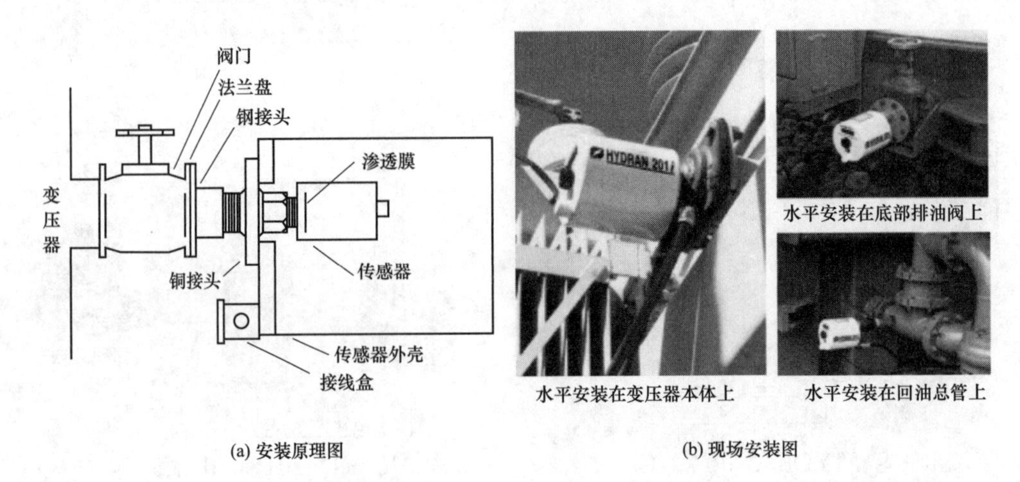

(a) 安装原理图 (b) 现场安装图

图 9-6　H201Ti 在变压器上的安装

9.3.1.5　检测结果输出

Hydran 公司 H201Ti 型检测装置使用燃料电池型传感器作为检测器，可以检测出 4 种溶解于油中的气体，其结果以油中综合气体含量（体积比）表示。如变压器油中溶解气体含量分别为 H_2—300×10^{-6}、CO—100×10^{-6}、C_2H_2—10×10^{-6}、C_2H_4—100×10^{-6}，则仪器的输出为

仪器指标$=\varphi(H_2)\times100\%+\varphi(CO)\times18\%+\varphi(C_2H_4)\times1.5\%+\varphi(C_2H_2)\times8\%=(300\times1.0+100\times0.18+10\times0.08+100\times0.015)\times10^{-6}=3.203\times10^{-4}$

可见，装置的主要指标是指溶解于油中氢的含量。

9.3.2　TRUEGAS

9.3.2.1　主要功能

TRUEGAS™分析仪是美国 Serveron 公司在 1999 年研制推出的油浸式变压器 8 种故障气体智能化在线监测装置。该装置成功地将离线变压器油气相色谱分析应用到现场，直接安装在变压器旁。该装置可实现连续自动采样，自动进行色谱分析并由网络进行数据上传。TRUEGAS™已推出其升级产品 TM8。TRUEGAS™分析仪可实现以下功能：

(1) 在线、实时、连续地监测和显示 8 种气体浓度。

(2) 及时显示任一时间的易燃性气体（TCG）含量。

(3) 针对不同的监测状态量，设置多个等级的告警值进行告警。

(4) 以表格方式显示 8 种气体的各项分析数据，显示 8 种气体记录数据的波形曲线图及历史数据。

9.3.2.2　工作原理

TRUEGAS™分析仪的核心部件是一个特殊设计的气相色谱分析柱，用来分离 8 种变压器故障气体，如 H_2、CO_2、CO、C_2H_4、C_2H_6、C_2H_2、C_2H_4 和 O_2。采用高纯氦气作为载

气，通过两根色谱柱 Porapak N 和分子筛来分离气体组分，分离出的气体组分进入热导池进行定量检测。

TRUEGAS™分析仪可分为气相分析仪和油相分析仪两种。对于敞开式变压器，两种分析仪都可以用来测量故障气体，而对于全密封式变压器，只能用油相分析仪。

对于气相分析仪，用不锈钢管把仪器接到变压器的气相（顶部空间）。对于油相分析仪，油通过不锈钢管在变压器本体油箱—仪器、仪器—变压器本体油箱之间循环流动，如图 9-7 所示。TRUEGAS™分析仪从变压器本体油箱采样，油样通过采样管道进入检测仪并从相距一定距离的回流管道返回变压器油箱。在监测仪中油样流经特制的油气分离装置将溶解在油中的 8 种故障气体收集出来，当气体达到预定浓度后，一起按照用户设置自动采样。气样由注入器注入 2 根色谱柱。在高纯氦气载气输运下，色谱柱中的气体被逐个分开并先后进入热导检测器。检测器信号经信号处理和计算，以各种气体浓度与时间的关系函数存入仪器的永久存储器中。从开始检测到结束，一个循环大约需要 35min。Serveron 公司推荐的默认采样周期为每天一次，如果变压器运行状态不稳定，可根据要求增加每天采样频次，如 4h 或 8h 一次。

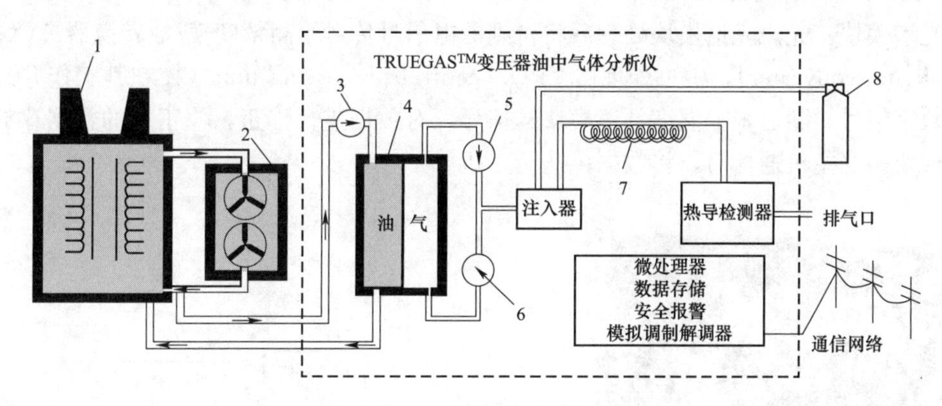

图 9-7　油相气体分析系统

1—变压器；2—冷却器；3—油泵；4—油气分离装置；5—气泵；6—阀门；7—色谱柱；8—氦载气

9.3.2.3　装置安装

该仪器可安装在变压器本体上，也可以安装在变压器附近。TRUEGAS™分析仪需要一个高纯度（99.999%）的氦气气瓶。油相分析仪必须在两个位置接入变压器本体，第一个位置用于取油，第二个位置用于回油，图 9-8 为油路循环示意图。另外，必须提供 110V 或 220V 交流电源和通信连接。

9.3.3　GE TRANSFIX

美国 GE TRANSFIX 变压器油中 8 种气体及微水在线监测装置采用光声光谱（PAS）技术，可实现在线监测变压器油中的 8 种故障气体及微水。它可以直接安装在变压器现场，连续自动采样，自动监测油中气体及微水。主控室终端电脑可以通过有线或无线的方式与其通信，获取油中气体及溶解水的实时数据信息。图 9-9 给出了该装置的现场安装图。

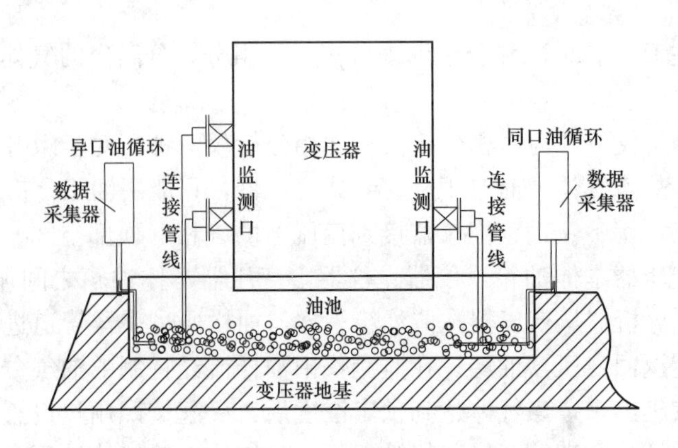

图 9-8 油路循环示意

9.3.3.1 系统结构

GE TRANSFIX 内部模块如图 9-10 所示。油样泵入脱气模块，经过脱气得到的气样进入光声光谱模块。光声光谱模块处理后将得到的电信号传送给高精度模/数转换器 ADC（analog to digital converter），中央处理器 CPU（central processing unit）控制其工作并且得到相应的数字信号，随后根据温度补偿模块的信号，对数据进行修正，修正后的数据存放于数据存储模块。当主机通信时，将数据传送给主机。

图 9-9 GE TRANSFIX 现场安装图

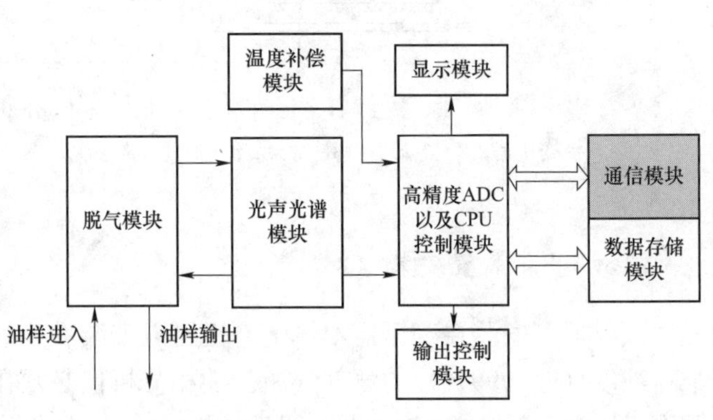

图 9-10 内部模块图

和传统的气相色谱分析仪相比，该装置采用动态顶空平衡法进行油气分离，检测所需油样约 50ml；采用红外光声光谱技术对油中溶解气体进行检测。

9.3.3.2 油气分离

在脱气过程中，油气分离装置内抽有一定压力的真空，且置于油气分离装置内的磁力搅拌装置加速了油样脱气；析出的气体经过监测装置后再返回油气分离装置的油样中。在这个过程

中，光声光谱模块间隔测量气样的浓度，当前后测量的值一致时，认为脱气完毕。该脱气方式满足美国 ASTM D3612 标准及 IEC 相关标准要求。

9.3.3.3 气体检测

光声光谱是基于光声效应的一种光谱技术。光声效应是由分子吸收电磁辐射（如红外线等）而造成。气体吸收一定量电磁辐射后其温度也相应升高，但随即以释放热能的方式退激，释放出的热量则使气体及周围介质产生压力波动。若将气体密封于容器内，气体温度升高则产生成比例的压力波。监测压力波的强度可以测量密闭容器内气体的浓度。

一个简单的灯丝光源可提供包括红外谱带在内的宽带辐射光，采用抛物面反射镜聚焦后进入光声光谱测量模块。光线经过以恒定速率转动的调制盘将光源调制为闪烁的交变性号。由一组滤光片实现分光，每一个滤光片允许透过一个窄带光谱，其中心频率分别与预选的各气体特征吸收频率相对应。图 9-11 给出了宽红外光声光谱检测原理图，图 9-12 给出了实际的光声光谱检测模块。

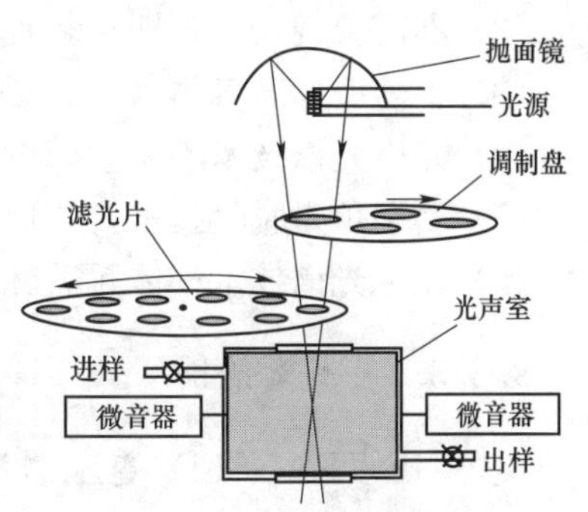

图 9-11 宽红外光声光谱检测原理图

如果在预选各气体的特征频率时排除各气体的交叉干扰，则通过对安装滤光片的圆盘进行步进控制，就可以依次测量不同的气体。经过调制后的各气体特征频率处的光线以调制频率反复激发样品池中相应吸收波长的气体分子，被激发的气体分子会通过辐射或非辐射两种方式回到基态。对于非辐射弛豫过程，体系的能量最终转化为分子的平动能，引起气体局部加热，从而在光声室中产生压力波（声波）。使用微音器可以检测这种压力变化。声光技术就是利用光吸收和声激发之间的对应关系，通过对声音信号的探测从而了解吸收过程。由于光吸收激发的声波的频率由调制频率决定，而其强度只与可吸收该窄带光谱的特征气体的体积分数有关。因此，建立气体体积分数与声波强度的定量关系，可以准确计量光声室中各气体的体积分数。

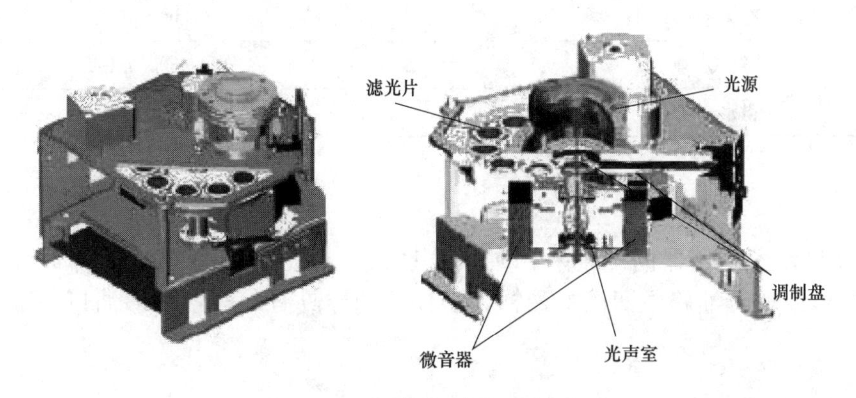

图 9-12 光声光谱检测模块图

由于光声光谱测量的是样品吸收光能的大小，因而反射，散射光等对测量干扰很小；尤其在对弱吸收样品以及低体积分数样品的测量中，尽管吸收很弱，但不需要与入射光强进行比较，因而仍然可以获得很高的灵敏度。

通过观察变压器故障气体的分子红外吸收光谱发现，其中存在不同化合物分子特征谱线交叠重合的现象。通过进一步研究，可寻找到合适的独立特征频谱区域以满足监测各种气体化合物的要求，从而从根本上消除了监测过程中不同气体间发生干扰的问题。

9.3.3.4 装置特点

(1) 不需要载气（无后续载气更换成本）；
(2) 不需要现场和定期对装置进行标定（无后续定期标定费用）；
(3) 不需要标准气体（无后续标准气体更换成本）；
(4) 光声光谱技术不需频繁更换色谱柱，不存在色谱柱老化与饱和现象；
(5) 动态顶空脱气技术，更快速地从油中分离气体；
(6) 光声光谱技术气体无需分离即可检测，节省气体分离时间，快速获取即时数据。

9.3.3.5 测量范围

美国 GE TRANSFIX 变压器油中 8 种气体及微水在线监测装置的测量范围如表 9-2 所示。

表 9-2　　TRANSFIX 的测量范围

气体种类	检测范围
氢气（H_2）	5～5000μL/L
二氧化碳（CO_2）	10～50000μL/L
一氧化碳（CO）	1～50000μL/L
甲烷（CH_4）	1～50000μL/L
乙烷（C_2H_6）	2～50000μL/L
乙烯（C_2H_4）	1～50000μL/L
乙炔（C_2H_2）	1～50000μL/L
氧气（O_2）	100～50000μL/L
微水（H_2O）	0～100%

9.3.3.6 管路连接

图 9-13 显示了变压器的取油和回油示意图。一般推荐在变压器中部取油，因为从变压器中部可以取得油路主回路的油样，这样的油样具有代表性。回油口一般位于变压器底部。

9.3.3.7 系统连接

该装置可实现连续监控两台主变压器的需求。位于控制室的主机运行监控软件，在监控软件上可以设置运行状态，获取监测数据并且分析这些数据得出变压器油中气体的变化趋势。设备固定在金属架上，放置于变压器旁，监测变压器油中气体。采用交换机和调制解调器（Modem）实现主机和两台设备间的通信连接，利用它们传送主机的命令和监测数据。图 9-14 给出了装置控制示流的信息交换流程，图 9-15 为 GE TAPTRANS 同时监测两台主变压器的连接图。

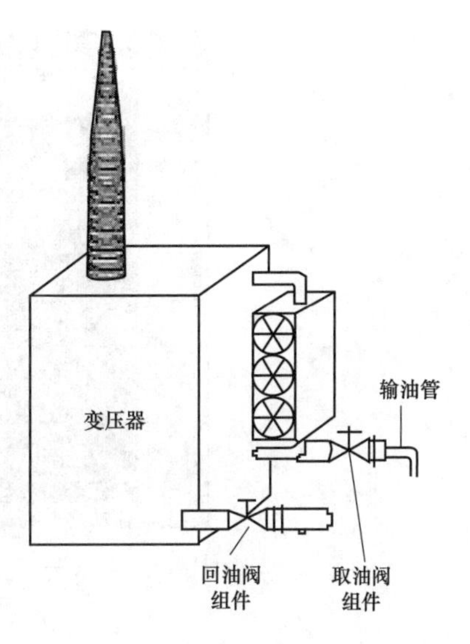

图 9-13　油路连接示意图

9.3.3.8　数据显示

变压器故障气体的图形显示采用了一种半对数表的形式。纵坐标采用了对数标度，而横坐标则以线形方式代表时间。同时也可利用变压器中任何时刻所有的可燃气体（TDCG）的量值来进行故障诊断。仪器中 TCG 确定为氢气、一氧化碳、乙炔、乙烯、乙烷、甲烷气体浓度的总量，将每种气体按照 100％真实测量浓度的分量相加。该设备同时提供每种气体报警的注意值及报警值。图 9-16 给出了展示故障气体及微水趋势图。

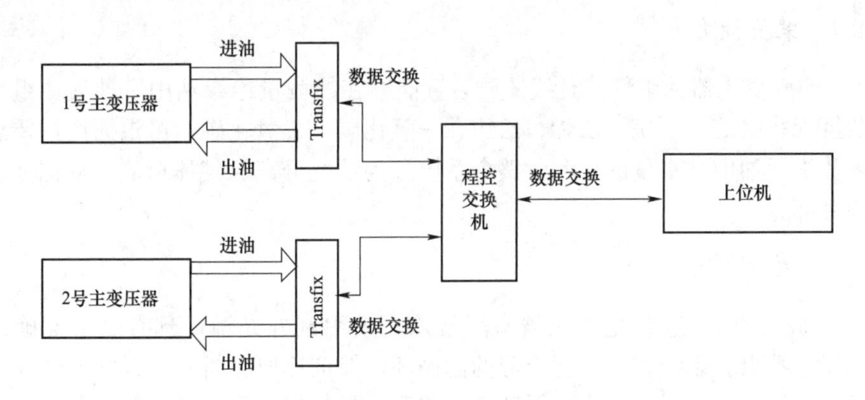

图 9-14　控制系统模块图

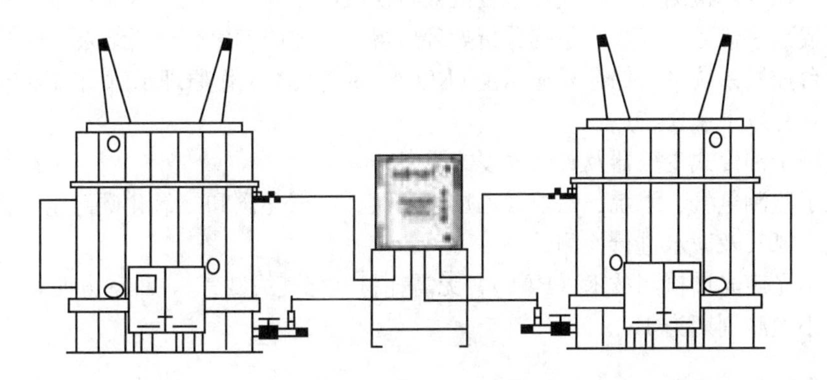

图 9-15　GE TAPTRANS 同时监测两台变压器

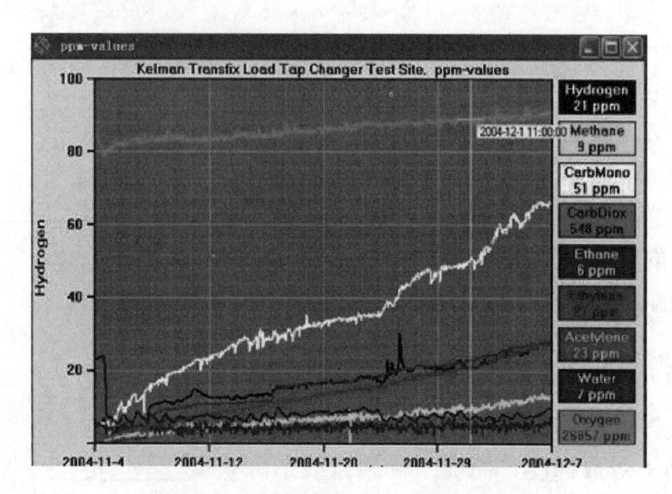

图 9-16　故障气体及微水趋势图

9.3.4　TROM-800

上海思源电气股份有限公司研发的 TROM—800 油中溶解气体在线监测装置采用光声光谱检测技术，无需载气，可同时检测绝缘油中 7 种气体成分以及油中微水含量。

9.3.4.1　装置简介

TROM—800 变压器油中气体在线监测装置能够在线测量绝缘油中 7 种气体组分及气体含量，包括氢气、甲烷、乙烷、乙烯、乙炔、一氧化碳、二氧化碳，可根据用户要求增加氧气、氮气以及绝缘油中含水量的检测。整个系统分为油气分离、气体检测、数据处理、远程传输控制四大部分。

9.3.4.2　检测原理

TROM—800 采用先进的光声光谱检测技术，采用红外光源，具有测量准确、分析快速、无需载气等特点。系统首先进行充分的油循环，保证所取分析的油样能反映变压器内部的真实油样；变压器中油样通过充分循环后再获取少量油样，进入油气分离装置，由真空装置抽取真空将特征气体与被检测油样分离，被分离后的特征气体被送入气体检测模块进行气体含量分析。在气体检测模块，气体浓度值被转换成电压信号，此电压信号通过高精度 A/D 转换器转换成数字信号，经过一系列分析处理后得出气体浓度值。检测结果通过 RS485 通信线上传到后台控制系统进行储存和显示。TROM—800 基本工作原理示意图如图 9-17 所示。

该装置具有以下主要特点：

(1) 适用于油浸式变压器及其他油浸式设备；

(2) 除了监测氢气、甲烷、乙烷、乙烯、乙炔、一氧化碳和二氧化碳 7 组气体外，还可对油中氧气、氮气及微水进行检测；

(3) 采用光声光谱检测技术（PAS），无需耗材（标气或载气），维护方便；

(4) 最小检测周期为 1h。

9.3.4.3　性能指标

该装置的性能指标如表 9-3 所示。

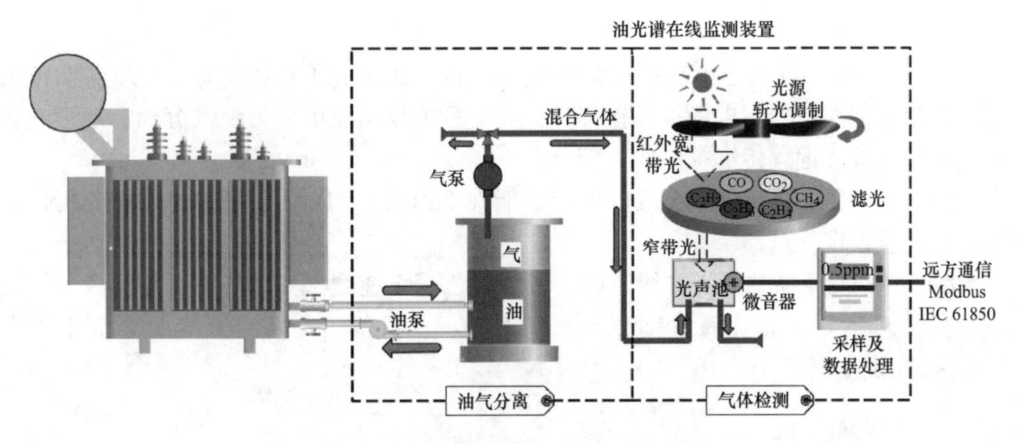

图 9-17 TROM-800 基本工作原理

表 9-3 检测性能指标

气体组分	检测范围（μL/L）	测量误差	重复性（RSD）
氢气（H_2）	2～2000	最低检测限值或±30%，测量误差取两者最大值	≤5%
一氧化碳（CO）	25～5000	最低检测限值或±30%，测量误差取两者最大值	≤5%
二氧化碳（CO_2）	25～15000	最低检测限值或±30%，测量误差取两者最大值	≤5%
甲烷（CH_4）	0.5～1000	最低检测限值或±30%，测量误差取两者最大值	≤5%
乙烷（C_2H_6）	0.5～1000	最低检测限值或±30%，测量误差取两者最大值	≤5%
乙烯（C_2H_4）	0.5～1000	最低检测限值或±30%，测量误差取两者最大值	≤5%
乙炔（C_2H_2）	0.5～1000	最低检测限值或±30%，测量误差取两者最大值	≤5%
氧气（O_2）	100～50000	±10%	≤5%
氮气（N_2）	100～130000	±15%	≤5%
微水（H_2O）	0～100%RS（以 ppm 形式显示）	±30%	≤5%

9.3.4.4 数据显示

站端后台软件通过对 TROM—800 在线监测装置上传的数据进行分析，以趋势图、谱图、报表等形式展现。设备状态显示设备过程参数及设备状态等参数。页面每 10s 刷新一次，用于实时显示设备系统状态。

9.3.5 TROM—600

上海思源电气股份有限公司研发的 TROM—600 变压器油色谱在线监测装置采用复式循环泵进行变压器取样，采用复合固定相色谱柱进行气体组分分离，分离后的气体用气敏传感器进行检测，可同时检测绝缘油中 7 种气体组分以及油中微水含量。

9.3.5.1 系统特点

TROM—600 变压器油色谱在线监测装置能够测量在线绝缘油中 7 种气体组分及气体含量，包括氢气、甲烷、乙烷、乙烯、乙炔、一氧化碳、二氧化碳，还可根据需求增加绝缘油中含水量检测。

TROM—600变压器油色谱在线监测系统由三部分组成：TROM—600变压器油色谱在线监测装置、智能控制器、电缆等连接部件。整个系统按功能可分为油气分离、混合气体分离、数据分析处理、远程传输控制四大部分。

TROM—600变压器油色谱在线监测装置能在2h以内完成一个完整的采样分析，最长检测周期可任意设定。

TROM—600变压器油色谱在线监测装置需要色谱级纯度（≥99.999%）的氮气提供载气。设备配置两瓶8升高纯氮气钢瓶，一只工作，一只备用。高纯氮气输出工作压力为0.4MPa，需要定期更换。

9.3.5.2 检测原理

TROM—600的工作原理是：变压器中的油通过强油循环装置进入油气分离装置，通过高效真空油气分离装置将变压器油中的特征气体完全分离。被分离后的特征气体进入色谱柱进行气体组分的分离，在载气推动作用下经过气体传感器，将气体浓度值转换成相应的电信号。采样控制系统采用数字信号处理器（DSP）；传感器的电压信号通过高精度A/D转换器转换成数字序列信号，并通过RS485通信线上传到后台控制系统进行分析、储存和显示。TROM—600的工作原理示意图如图9-18所示。

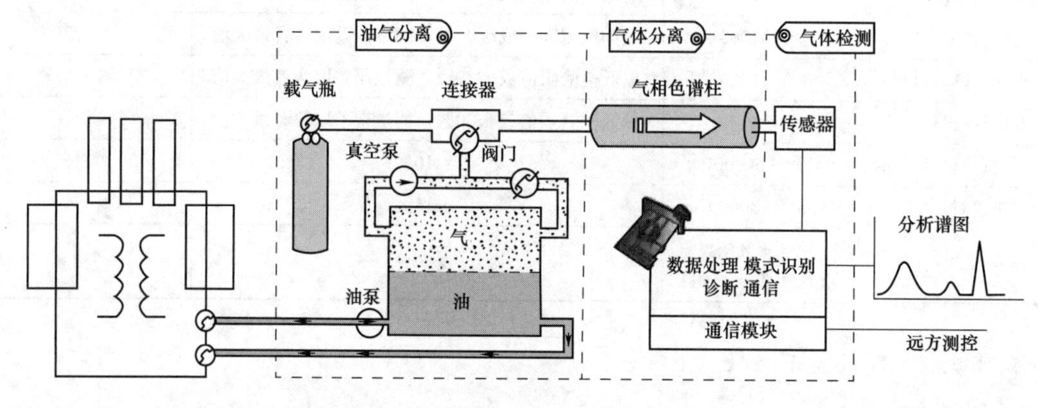

图9-18 TROM—600的基本工作原理

9.3.5.3 性能指标

TROM—600变压器油色谱在线监测装置的技术性能指标如表9-4所示。

表9-4 检测性能指标

气体组分	检测范围（μL/L）	检测精度（A级）	重复性（RSD）
氢气（H_2）	2～20	±2μL/L或±30%	≤±5%
	20～2000	±30%	
一氧化碳（CO）	25～100	±25μL/L或±30%	≤±5%
	100～5000	±30%	

续表

气体组分	检测范围（μL/L）	检测精度（A 级）	重复性（RSD）
二氧化碳（CO_2）	25～100	±25μL/L 或±30%	≤±5%
	100～15000	±30%	
甲烷（CH_4）	0.5～10	±0.5μL/L 或±30%	≤±5%
	10～1000	±30%	
乙烷（C_2H_6）	0.5～10	±0.5μL/L 或±30%	≤±5%
	10～1000	±30%	
乙烯（C_2H_4）	0.5～10	±0.5μL/L 或±30%	≤±5%
	10～1000	±30%	
乙炔（C_2H_2）	0.5～5	±0.5μL/L 或±30%	≤±5%
	5～1000	±30%	
微水（H_2O）	1～100	±10%	≤±5%

实现各种气体浓度、三比值分析、相对产气率、绝对产气率、故障诊断等的自动计算。结果输出氢气、甲烷、乙烷、乙烯、乙炔、一氧化碳、二氧化碳、氧气、微水及总烃数值及曲线，生成任意时段历史数据查询及报表。

9.3.5.4 网络系统

TROM—600 变压器油色谱在线监测装置和智能控制器可实现 N：1 远距离测控通信方式，同一智能控制器连接的各监测设备的数据由智能控制器统一分析处理和保存，存储数据可与电力系统内部其他 SCADA 系统共享。图 9-19 为 TROM—600 网络系统结构图。

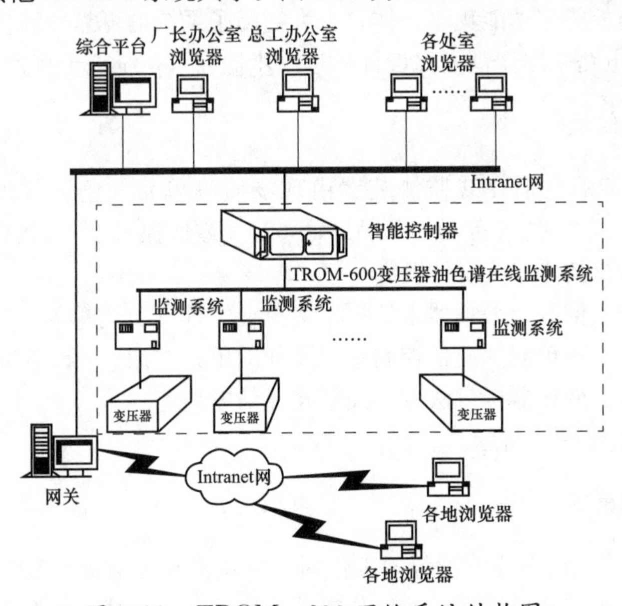

图 9-19 TROM—600 网络系统结构图

9.3.6 MGA2000

宁波理工环境能源科技股份有限公司研发的 MGA2000 系列变压器油色谱在线监测装置采用复合色谱柱和 PID 双回路恒温控制，气体经色谱分离后进入半导体传感器检测器进行检测，可同时检测绝缘油中6种气体组分和绝缘油中含水量。

9.3.6.1 系统特点

MGA2000系列变压器油色谱在线监测装置能够在线测量绝缘油中6种气体组分及气体含量，包括氢气、甲烷、乙烷、乙烯、乙炔、一氧化碳，可选配检测二氧化碳，并可增加微水变送器来测量绝缘油中微水含量。

MGA2000系列变压器油色谱在线监测装置配置两瓶15升高纯度合成空气，一只工作，一只备用。其主要特点为：

（1）采取循环取样方式，真实反映变压器油中溶解气体状态。

（2）油气分离安全可靠，不污染、不排放变压器油。

（3）采用专用复合色谱柱，提高气体组分的分离度。

（4）采用特制的热线性半导体检测器，对氢气、甲烷、乙烷、乙烯、乙炔、一氧化碳、二氧化碳等特征气体在全量程范围内均有线性响应。

（5）高稳定性、高精度气体检测技术，误差范围为±10%，优于离线色谱±30%的指标。

（6）更快的分析周期，最小监测周期为1h，可由用户自行设置。

（7）采用负压式动态顶空吹扫脱气法，油气分离速度快，仅需15min。分析后的油样采用二次脱气技术和过滤处理，消除回注变压器本体的油样中夹杂的气泡。

（8）乙炔最低检测限可达0.5μL/L。

（9）采用双回路多模式恒温控制，控温精度达±0.1℃。

（10）采用嵌入式处理器控制系统，将油气分离、数据采集、色谱分析、浓度计算、数据报警、设备状态监控等多功能集于一体，大大提高了系统的可靠性和稳定性。

（11）功能接口电路采用光耦隔离设计，进一步提高了系统抗干扰性能。

9.3.6.2 系统组成

MGA2000变压器油色谱在线监测装置由现场监测单元（色谱数据采集器MGA2000-01）、主站单元（数据处理服务器MGA2000-02）及监控软件（状态监测与预警软件MGA2000）、载气以及其他连接附件组成。

现场监测单元即色谱数据采集器由油样采集单元、油气分离单元、气体检测单元、数据采集单元、现场控制处理单元、通信控制单元及辅助单元组成。其中辅助单元包括置于色谱数据采集器内的载气、变压器接口法兰、油管及通信电缆等。

其组成示意图如图9-20所示。

9.3.6.3 工作原理

MGA2000变压器色谱在线监测装置工作时，采用真空差方式将变压器油吸入到油样采集单元中，通过油泵进行油样循环；油气分离单元快速分离油中溶解气体至气室，内置的微型气体采样泵把分离出来的气体输送到六通阀的定量管内并自动进样；在载气推动下，样气经过色谱柱分离，顺序进入气体检测器；数据采集单元完成A/D数据的转换和采集，嵌入式处理单元对采集到的数据进行存储、计算和分析，并通过RS485/CAN/100M以及网接口将数据上传至数据处理服务器（安装在主控室），最后由MGA2000状态监测与预警软件进行数据处理和故障分析，如图 9-21 所示。

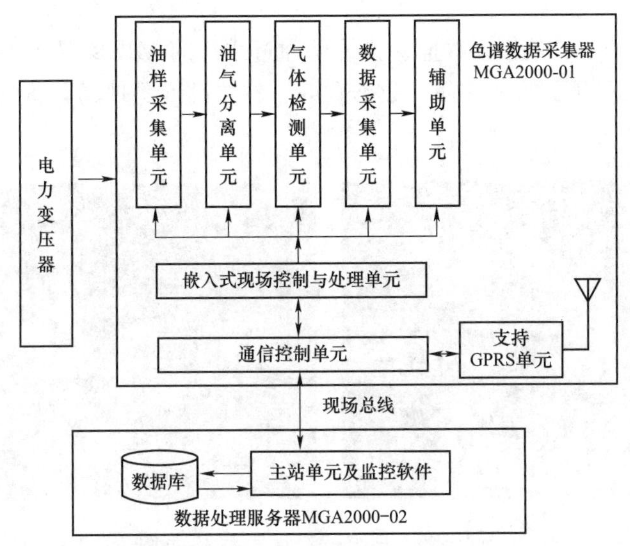

图 9-20　MGA2000 变压器色谱在线监测系统组成示意图

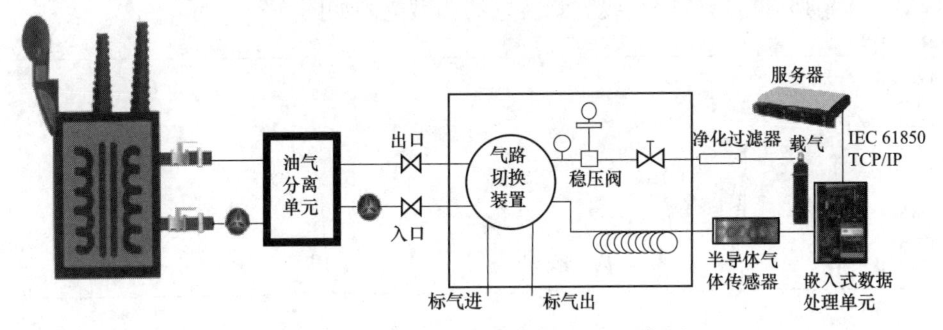

图 9-21　MGA2000 系统原理示意图

9.3.6.4　性能指标

MGA2000 变压器色谱在线监测装置的技术性能指标如表 9-5 所示。

表 9-5　　检 测 性 能 指 标

气体组分	检测范围（μL/L）	最低检测限（μL/L）
氢气（H_2）	0～2000	2
一氧化碳（CO）	0～5000	25
甲烷（CH_4）	0～1000	0.5
乙烷（C_2H_6）	0～1000	0.5
乙烯（C_2H_4）	0～1000	0.5
乙炔（C_2H_2）	0～1000	0.5
微水（H_2O）可选	（2%～100%）RH	2%RH
二氧化碳（CO_2）可选	0～15000	25
总可燃气体	0～8000	1μL/L
稳定性（测量偏差）	同一试验条件下对同一油样的监测结果偏差不超过 10%（中等浓度）	

9.3.6.5 用户交互与展示

MGA2000系列变压器色谱在线监测系统可通过用户的MIS系统或GPRS实现网络远程功能，用户可以在远端显示监测界面、数据查询、参数设置等现场具备的全部功能。图9-22为MGA2000用户交互与展示界面。

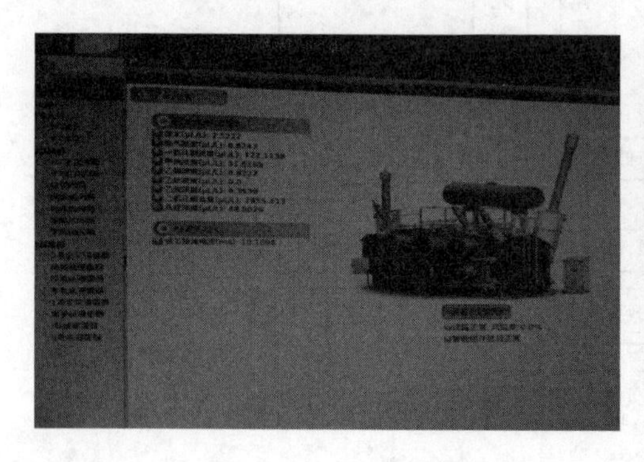
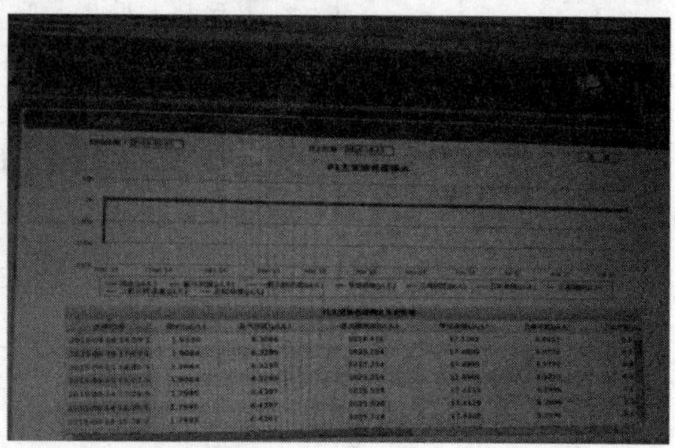

图9-22 用户交互/展示界面图

MGA2000系列变压器色谱在线监测装置的典型谱图如图9-23所示。

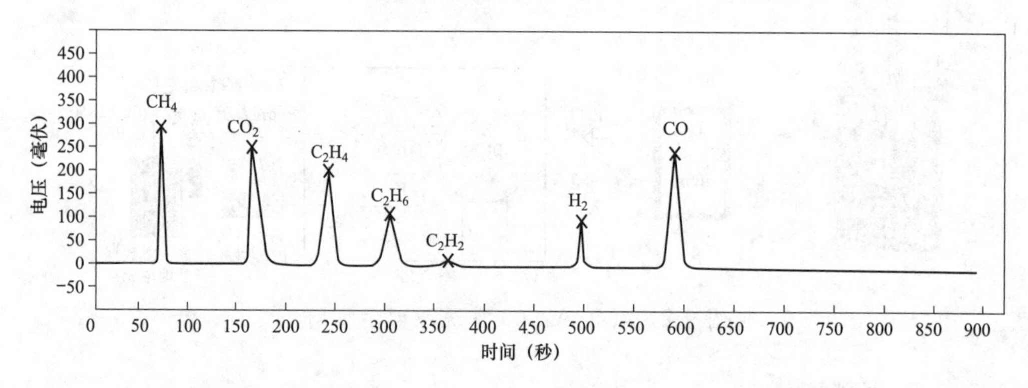

图9-23 MGA2000油色谱在线监测装置典型色谱曲线图

9.3.6.6 型号说明

MGA2000系列变压器色谱在线监测装置的型号说明如表9-6所示。

表9-6 MGA2000系列型号说明

检测指标	产品型号
氢气（H_2）、甲烷（CH_4）、乙烷（C_2H_6）、乙烯（C_2H_4）、乙炔（C_2H_2）、一氧化碳（CO）、总烃、总可燃气	MGA2000-6H
氢气（H_2）、甲烷（CH_4）、乙烷（C_2H_6）、乙烯（C_2H_4）、乙炔（C_2H_2）、一氧化碳（CO）、总烃、总可燃气、水	MGA2000-6HE
氢气（H_2）、甲烷（CH_4）、乙烷（C_2H_6）、乙烯（C_2H_4）、乙炔（C_2H_2）、一氧化碳（CO）、二氧化碳（CO_2）、总烃	MGA2000-7H
氢气（H_2）、甲烷（CH_4）、乙烷（C_2H_6）、乙烯（C_2H_4）、乙炔（C_2H_2）、一氧化碳（CO）、二氧化碳（CO_2）、总烃、总可燃气、水	MGA2000-7HE

9.3.6.7 与变压器连接

通常从变压器的中上部取油，在变压器的其他部位回油。取油口位置的油应该能够充分代表变压器中的油，与变压器的连接如图 9-24 所示。

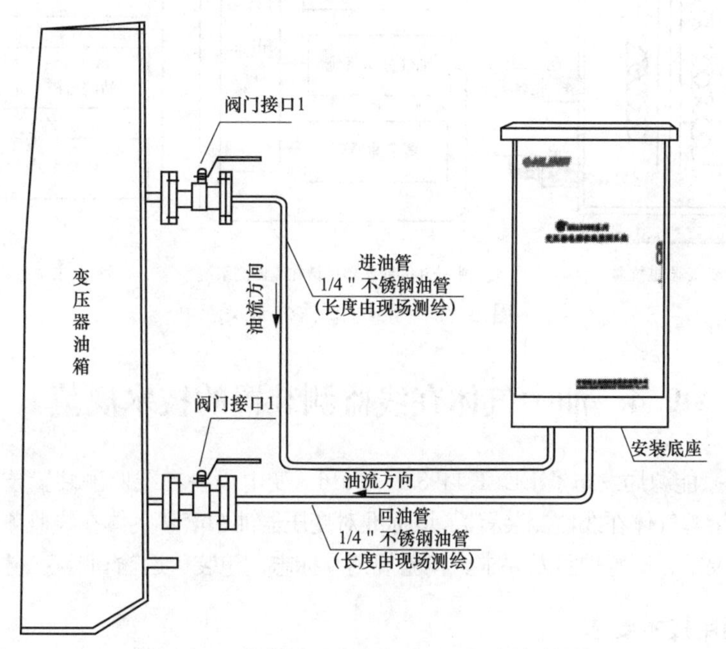

图 9-24 MGA2000 与变压器的连接图

9.3.7 中分 3000

河南中分仪器股份有限公司研发的中分 3000 变压器油色谱在线监测装置采用色谱分析原理，应用动态顶空脱气技术和高灵敏度微桥式 TCD 检测器，可同时检测绝缘油中 7 种气体组分以及油中微水含量。

9.3.7.1 系统特点

中分 3000 变压器油色谱在线监测装置能够测量在线绝缘油中 7 种气体组分及气体含量，包括氢气、甲烷、乙烷、乙烯、乙炔、一氧化碳、二氧化碳，也可根据客户需要实现油中氧气、氮气以及绝缘油中含水量的检测。采用动态顶空（吹扫-捕集）脱气技术和高灵敏度微桥式 TCD 检测器技术。

中分 3000 变压器油色谱在线监测系统由色谱分析系统、电路系统模块、环境温度调节模块、通信模块、客户端监控工作站等部分组成。中分 3000 油中溶解气体在线监测装置能在 2h 以内完成一个完整的采样分析。

9.3.7.2 检测原理

采集变压器本体油样进入脱气装置，实现油气分离，脱出的样品气体组分经色谱柱分离依次进入检测器，检测计算后的各组分浓度数据传输到后台监控工作站，自动生成谱图，并可自动进行故障诊断。图 9-25 给出了系统工作流程图。

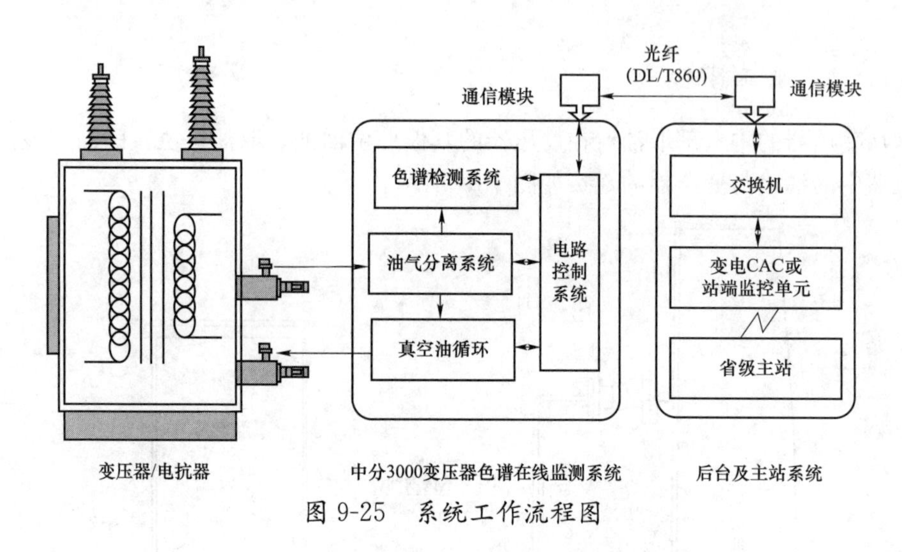

图 9-25 系统工作流程图

9.4 油中气体在线监测装置的技术规范

2016年，国家能源局发布了 DL/T 1498.2—2016《变电设备在线监测装置技术规范 第2部分：变压器油中溶解气体在线监测装置》。该标准对变压器油中溶解气体在线监测装置的定义、组成、分类、技术要求、试验项目及要求、检验规则及标志、包装、运输和贮存进行了规范和要求。

9.4.1 通用技术要求

变压器油中溶解气体在线监测装置的基本功能、绝缘性能、电磁兼容性能、环境适应性能、机械性能、外壳防护性能、可靠性及外观和结构等通用技术要求应符合 DL/T 1498.1—2016《变电设备在线监测装置技术规范 第1部分：通则》的规定。

9.4.2 接入安全性要求

变压器油中溶解气体在线监测装置的接入不应使被监测设备或邻近设备出现安全隐患，如绝缘性能降低、密封破坏等；油样采集与油气分离部件应能承受油箱的正常压力，对变压器油进行处理时产生的正压与负压不应引起油渗漏；应不破坏被监测设备的密封性，采样部分不应引起外界水分和空气的渗入。

9.4.3 油样采集部分要求

(1) 循环油工作方式：油气采集部分需进行严格控制，应满足不污染油、循环取样不消耗油的条件。所取油样应能代表变压器中油的真实情况，取样方式和回油不影响被监测设备的安全运行。

(2) 非循环油工作方式：分析完的油不允许回注主油箱，应单独收集处理，一次排放油量不大于100mL。所取油样应能代表变压器中油的真实情况，取样方式不影响被监测设备的安全运行。

9.4.4 取样管路要求

油管应采用不锈钢或紫铜等材质，油管外可加装管路伴热带、保温管等保温部件及防护

部件，以保证变压器油在管路中流动顺畅。

9.4.5　功能要求

变压器油中溶解气体在线监测装置应满足的基本功能如下：

（1）在线监测装置应具备长期稳定工作能力，装置应具备油样校验接口和气样校验接口，装置生产厂家应提供校验用连接管路及校验方法。

（2）在线监测装置的最小检测周期不大于表 9-7 要求，且检测周期可通过现场或远程方式进行设定。

表 9-7　　中溶解气体在线监测装置最小检测周期

参量	多组分在线监测装置	少组分在线监测装置
最小检测周期	≤4h	≤36h

（3）具有故障报警功能（如数据超标报警、装置功能异常报警等）。

（4）多组分在线监测装置分析软件应能对检测结果进行分析，并具有相应的常规综合辅助诊断功能。

（5）多组分在线监测装置应具有独立的油路循环功能，用于清洗管路。

（6）多组分在线监测装置应具有恒温、除湿等功能。

（7）少组分在线监测装置至少应监测氢气或乙炔等关键组分含量。

9.4.6　性能要求

9.4.6.1　测量误差

宜根据在线监测装置测量限值要求的严苛程度不同，从高到低将测量误差性能定义为 A 级、B 级、C 级，合格产品的要求应不低于 C 级。具体各级测量误差限值要求见表 9-8 和表 9-9。若产品说明书中标称的检测范围超出表 9-8 和表 9-9 的规定，应以说明书的指标检验。

表 9-8　　多组分在线监测装置技术指标

检测参量	测量范围（μL/L）	测量误差限值		
		A 级	B 级	C 级
氢气（H_2）	2～10	±2μL/L 或±30%*	±6μL/L	±8μL/L
	20～2000	±30%	±30%	±40%
甲烷（CH_4） 乙烯（C_2H_6） 乙烷（C_2H_4）	0.5～10	±0.5μL/L 或±30%*	±3μL/L	±4μL/L
	10～1000	±30%	±30%	±40%
乙炔（C_2H_2）	0.5～5	±0.5μL/L 或±30%*	±1.5μL/L	±3μL/L
	5～1000	±30%	±30%	±40%
一氧化碳（CO）	25～100	±25μL/L 或±30%*	±30μL/L	±40μL/L
	100～5000	±30%	±30%	±40%
二氧化碳（CO_2）	25～100	±25μL/L 或±30%*	±30μL/L	±40μL/L
	100～15000	±30%	±30%	±40%
总烃 （C_1+C_2）	2～20	±2μL/L 或±30%*	±6μL/L	±8μL/L
	20～4000	±30%	±30%	±40%

注　* 表示在低浓度范围内，测量误差限值取两者较大值。

表 9-9　　少组分在线监测装置技术指标

检测参量	测量范围（μL/L）	测量误差限值		
		A级	B级	C级
氢气（H_2）	5～50	±5μL/L 或±30%*	±20μL/L	±25μL/L
	50～2000	±30%	±30%	±40%
乙炔（C_2H_2）	1～5	±1.0μL/L 或±30%*	±3μL/L	±4μL/L
	5～200	±30%	±30%	±40%
一氧化碳（CO）	25～100	±25μL/L 或±30%*	±30μL/L	±40μL/L
	100～2000	±30%	±30%	±40%
复合气体（H_2、CO、C_2H_4、C_2H_2）	5～50	±5μL/L 或±30%*	±20μL/L	±25μL/L
	50～2000	±30%	±30%	±40%

注　*表示在低浓度范围内，测量误差限值取两者较大值。

9.4.6.2　其他指标

多组分在线监测装置、少组分在线监测装置的其他技术指标见表 9-10 和表 9-11。

表 9-10　　多组分在线监测装置其他技术指标要求

参量	要求
取油口耐受压力	≥0.6MPa
载气瓶使用时间	≥400 次
测量重复性	在重复性条件下，6 次测试结果的相对标准偏差 $\sigma_R \leqslant 5\%$

表 9-11　　少组分在线监测装置其他技术指标要求

参量	要求
取油口耐受压力	≥0.6MPa
测量重复性	在重复性条件下，6 次测试结果的相对标准偏差 $\sigma_R \leqslant 5\%$

9.4.7　试验项目及要求

9.4.7.1　通用技术条件试验

通用技术条件试验项目包括基本功能检验、绝缘性能试验、电磁兼容性能试验、环境适应性能试验、机械性能试验、外壳防护性能试验、可靠性评定及结构和外观检查。这些项目的试验方法、试验后监测装置的性能要求应符合 DL/T 1498.1—2016《变电设备在线监测装置技术规范　第 1 部分：通则》的相关规定。

9.4.7.2　测量误差试验

受试装置处于正常工作状态，试验期间不允许进行任何设置。试验采集的油样按所含气体组分含量划分应满足下列要求：

（1）多组分监测装置检验：

1）总烃含量小于 10μL/L 的油样 1 个，其中乙炔（C_2H_2）接近最低检测限值（允许偏

差≤0.5μL/L)；

2）总烃含量介于10μL/L和150μL/L之间的油样不少于3个；

3）总烃含量介于150μL/L和高最检测限值两者之间的油样不少于3个。

(2) 少组分监测装置检验：介于最低检测限值和最高检测限值两者之间的油样不少于3个。

油中溶解气体组分含量由实验室气相色谱仪确定，试验方法应符合GB/T 17623—2017《绝缘油中溶解气体组分含量的气相色谱测定法》的要求。试验时，应配制含多气体组分的油样，必要时也可配制含单一气体组分的油样。各油样气体组分的测量误差均需符合表9-8和表9-9关于测量误差的要求。

9.4.7.3 测量重复性试验

对于多组分在线监测装置，针对总烃不小于50μL/L的混合油样，在线监测装置连续进行6次油中溶解气体分析，重复性以总烃测量结果σ_R的相对标准偏差*RSD*表示，按式(9-1)计算。σ_R应不大于5%。

对于少组分在线监测装置，针对氢气或乙炔不小于50μL/L的油样，在线监测装置连续进行6次油中溶解气体分析，重复性以总烃测量结果σ_R的相对标准偏差*RSD*表示，依式(9-1)计算。σ_R应不大于5%。

$$RSD=\sqrt{\frac{\sum_{i=1}^{n}(C_i-\overline{C})^2}{n-1}}\times\frac{1}{\overline{C}}\times100\% \tag{9-1}$$

式中 *RSD*——相对标准偏差；

n——测量次数；

C_i——第i次测量结果；

$\overline{C}$——n次测量结果的算术平均值；

i——测量序号。

9.4.7.4 最小检测周期试验

最小检测周期是指正常工作条件下，在线监测装置从本次检测进样到下次检测进样所需的最短时间。最小检测周期应满足表9-7的要求。

9.4.7.5 数据传输试验

将在线监测装置与计算机进行通信连接，应能够进行数据就地导出。

9.4.7.6 数据分析功能检查

将在线监测装置与计算机进行通信连接，检查上传的数据和谱图应满足以下要求：

(1) 多组分监测装置应提供组分含量，能计算绝对产气速率、相对产气速度，可采用报表、趋势图、单一组分显示、多组分同时显示等显示方式，并且有报警和故障诊断功能。

(2) 少组分监测装置应至少可以监测氢气或乙炔等关键气体组分含量，并具有故障报警功能。

9.4.8 检验规则

9.4.8.1 检验类别

装置检验分型式试验、出厂试验、交接试验和现场试验四类。变压器油中溶解气体在线监测装置检验项目按表9-12的规定进行。

表9-12　变压器油中溶解气体在线监测装置检验项目

序号	检验项目	依据标准	条款	型式试验	出厂试验	交接试验	现场试验
1	结构和外观检查	DL/T 1498.1—2016	5.3	●	●	●	●
2	基本功能检验	DL/T 1498.1—2016	5.4	●	●	●	●
3	绝缘电阻试验	DL/T 1498.1—2016	5.6.1	●	●	●	*
4	介质强度试验	DL/T 1498.1—2016	5.6.2	●	●	*	*
5	冲击电压试验	DL/T 1498.1—2016	5.6.3	●	●	*	○
6	电磁兼容性能试验	DL/T 1498.1—2016	5.7	●	○	○	○
7	低温试验	DL/T 1498.1—2016	5.8.2	●	○	○	○
8	高温试验	DL/T 1498.1—2016	5.8.3	●	○	○	○
9	恒定湿热试验	DL/T 1498.1—2016	5.8.4	●	○	○	○
10	交变湿热试验	DL/T 1498.1—2016	5.8.5	●	○	○	○
11	振动试验	DL/T 1498.1—2016	5.9.1	●	○	○	○
12	冲击试验	DL/T 1498.1—2016	5.9.2	●	○	○	○
13	碰撞试验	DL/T 1498.1—2016	5.9.3	●	○	○	○
14	防尘试验	DL/T 1498.1—2016	5.10.1	●	○	○	○
15	防水试验	DL/T 1498.1—2016	5.10.2	●	○	○	○
16	测量误差试验	DL/T 1498.2—2016	7.2.2	●	●	*	●
17	测量重复性试验	DL/T 1498.2—2016	7.2.3	●	●	●	●
18	最小检测周期试验	DL/T 1498.2—2016	7.2.4	●	●	●	○
19	数据传输试验	DL/T 1498.2—2016	7.2.5	●	*	●	*
20	数据分析功能试验	DL/T 1498.2—2016	7.2.6	●	*	●	○

注　●表示规定必须做的项目；○表示规定可不做的项目；*表示根据客户要求做的项目。

9.4.8.2 型式试验

型式试验是制造厂家将装置送交具有资质的检测单位，由检测单位依据试验条目完成试验，试验项目按表9-12中的检验项目逐项进行，并出具型式试验报告。有以下情况之一时，应进行型式试验：

(1) 新产品定型；

(2) 连续批量生产的装置每4年一次；

(3) 正式投产后，如设计、工艺材料、元器件有较大改变，可能影响产品性能时；

(4) 产品停产一年以上又重新恢复生产时；

(5) 出厂试验结果与型式试验有较大差异时；

(6) 国家技术监督机构或受其委托的技术检验部门提出型式试验要求时；

（7）合同规定进行型式试验时。

9.4.8.3　出厂试验

每台装置出厂前，应由制造厂的检验部门进行出厂检验，检验项目按表 9-12 中规定的检测项目逐项进行，全部检验合格后，附有合格证方可允许出厂。

9.4.8.4　交接试验

在装置安装完毕后、正式投运前，由运行单位开展试验，装置试验合格后，方可运行。测量误差试验方法与现场试验相同。

9.4.8.5　现场试验

现场试验是现场运行单位或具有资质的检测单位对现场待测装置性能进行的测试。现场试验一般分为两种情况：①定期例行校验，校验周期为 1～2 年；②必要时。

检验项目按表 9-5 中规定的检测项目逐项进行。现场试验时，测量误差试验可采用以下两种方式：

（1）采集被监测设备本体油样进行试验，与实验室气相色谱仪检测结果进行比对；

（2）配制一定气体组分含量的油样进行试验，与实验室气相色谱检测结果进行比对。测量误差试验一般取 1～3 个测试点，检验结果应能满足表 9-8 和表 9-9 关于测量误差限值的要求。

9.5　油中气体在线监测装置的入网检验规范

为了保证油中溶解气体在线监测装置数据检测的准确性，规范油中溶解气体在线监测装置的检验方法，2016 年，国家能源局发布了 DL/T 1432.2—2016《变电设备在线监测装置检验规范　第 2 部分：变压器油中溶解气体在线监测装置》。本标准规定了变压器油中溶解气体在线监测装置的检验条件、检验项目、仪器设备和材料、检验内容及要求、检验结果处理和检验周期六个方面的专项检验要求。与 DL/T 1498.2—2016 不同的是增加了在实验室开展检测的具体方法。

2017 年国家电网有限公司发布了企业标准 Q/GDW 10536—2017《变压器油中溶解气体在线监测装置技术规范》，这个文件对油中溶解气体在线监测装置最小检测周期的要求与 DL/T 1432.2—2016 有所不同，要求的时间更短；另外，相比 DL/T 1432.2—2016，增加了对交叉敏感性试验的要求。

9.5.1　入网检验项目

变压器油中溶解气体监测装置检验分为型式试验、出厂试验、交接试验和现场试验四类。通用项目的检验要求按照 DL/T 1432.1—2015《变电设备在线监测装置检验规范　第 1 部分：通用检验规范》执行，专项项目按照 DL/T 1432.2—2016《变电设备在线监测装置检验规范　第 2 部分：变压器油中溶解气体在线监测装置》执行，具体检验项目见表 9-12。

专项项目检验时，要求被检装置连续运行时间不应低于 72h，同时进行表 9-12 中试验项目的检验，检验间隔时间不小于产品的最小检测周期。采用油样进行检验时，以 GB/T 17623《绝缘油中溶解气体组分含量的气相色谱测定法》规定的实验室气相色谱方法作为比对依据。

入网检测时，根据 Q/GDW 10536—2017，可在实验室开展测量误差试验、测量重复性试验、最小检测周期以及交叉敏感性试验。

9.5.2 仪器设备和材料

配油样用气体应包含以下组分的单组分气体和多组分混合气体：氢气（H_2）、甲烷（CH_4）、乙烷（C_2H_6）、乙烯（C_2H_4）、乙炔（C_2H_2）、一氧化碳（CO）和二氧化碳（CO_2）。检验时用到的其他气体应符合下列要求：

（1）氮气（或氩气）：纯度不低于 99.99%。

（2）氢气：纯度不低于 99.99%。

（3）空气：纯净无油。

监测装置应具有控温、搅拌等功能，同时应有气体进样口、油样取样口、在线监测装置接口等。目前国内已有成熟的油样制备装置。

9.5.3 检验内容及要求

9.5.3.1 测量误差试验

1. 检测方法

（1）制备油样。向油样制备装置中注入新变压器油，将所需配置的标准油样中各组分气体的目标浓度及所需配置的目标油量输入配油装置软件程序，自动或手动计算出所需混入新变压器油中的各组分气体体积，将气体与变压器油充分混合，配制出一定组分含量的油样。制备的油样中各气体组分含量由实验室气相色谱仪检测。油样按气体组分含量划分且满足下列要求：

1）多组分监测装置检验：①总烃含量小于 10μL/L 的油样 1 个，其中乙炔（C_2H_2）接近最低检测限值（允许偏差≤0.5μL/L）；②总烃含量介于 10～150μL/L 之间的油样不少于 3 个；③总烃含量介于 150μL/L～最高检测限值两者之间的油样不少于 3 个。

2）少组分监测装置检验：介于最低检测限值和最高检测限值两者之间的油样不少于 3 个。

试验时，应配制含多气体组分的油样，必要时也可配制含单一气体组分的油样。

（2）油样分析。将油样接入变压器油中溶解气体在线监测装置进行分析测试，取相同油样用实验室气相色谱仪进行分析测试，且实验室气相色谱仪测量数据的重复性应满足 GB/T 17623 的要求。

2. 合格判据

应按式（9-2）和式（9-3）对在线监测装置测量数据与实验室气相色谱仪测量数据进行分析比对，计算其测量误差。宜根据测量误差限值要求的严苛程度不同，从高到低将在线装置的测量误差性能定为 A 级、B 级和 C 级，合格产品的要求应不低于 C 级。各级测量误差满足表 9-8 和表 9-9 的要求。

$$\text{测量误差(绝对)} = \text{在线监测装置测量数据} - \text{实验室气相色谱仪测量数据} \quad (9\text{-}2)$$

$$\text{测量误差(相对)} = \frac{\text{在线监测装置测量数据} - \text{实验室气相色谱仪测量数据}}{\text{实验室气相色谱仪测量数据}} \times 100\% \quad (9\text{-}3)$$

9.5.3.2 测量重复性试验

1. 检测方法

(1) 多组分监测装置。针对总烃≥50μL/L 的油样，对同一油样连续进行 6 次在线监测装置油中气体分析，重复性以总烃测量结果的相对标偏差 *RSD* 表示，依式（9-1）计算。

(2) 少组分监测装置。针对氢气或乙炔≥50μL/L 的油样，对同一油样连续进行 6 次在线监测装置油中气体分析，重复性以测量结果的相对标准偏差 *RSD* 表示，依式（9-1）计算。

2. 合格判据

相对标准偏差 *RSD* 不应大于 5%。

9.5.3.3 最小检测周期试验

最小检测周期指正常工作条件下，在线监测装置从本次检测进样到下次检测进样所需的最短时间。

1. 检测方法

按照厂家提供的装置技术说明书所给出的最小检测周期，设定为连续工作方式，参数设置应与测量误差试验和测量重复性试验保持一致。启动装置开始工作，待在线监测数据平稳后，记录仪器从本次检测进样到下次检测进样所需的时间，记录 3 次试验时间，计算平均值作为最小检测周期。

2. 合格判据

装置的最小检测周期工作不应超过表 9-13 和表 9-14 的要求。

表 9-13　　多组分在线监测装置其他技术指标要求

参量	最小检测周期
DL/T 1498.2—2016	不大于 4h
Q/GDW 10536—2017	不大于 2h

表 9-14　　少组分在线监测装置其他技术指标要求

参量	最小检测周期
DL/T 1498.2—2016	不大于 36h
Q/GDW 10536—2017	不大于 24h

9.5.3.4 交叉敏感性试验

1. 检测方法

(1) 配制油样 1：其中，一氧化碳（CO）含量＞1000μL/L，二氧化碳（CO_2）含量＞10000μL/L，氢气（H_2）含量≤50μL/L，在监测装置进行油中气体含量检测。

(2) 配制油样 2：其中，乙烯（C_2H_4）或乙烷（C_2H_6）含量＞500μL/L，其他烃类气体含量＜10μL/L，在线监测装置进行油中气体含量检测。

2. 合格判据

(1) 油样 1 的合格判据为：氢气（H_2）测量结果应满足表 9-8 和表 9-9 要求。

（2）油样 2 的合格判据为：烃类气体的测量结果应满足表 9-8 和表 9-9 要求。

9.6 监测装置的入网检测及运行检测情况分析

对新入网和运行多年的绝缘油中气体在线监测装置检测数据进行比对分析。数据表明，所检绝缘油中气体在线监测装置在新入网时其检测性能指标均较为良好，均能满足 Q/GDW 10536—2017《变压器油中溶解气体在线监测装置技术规范》中关于测量误差试验、测量重复性试验、最小检测周期试验及交叉敏感性试验的检测要求。但在运行一段时间后，绝缘油中气体在线监测装置与离线检测数据的测量误差逐渐变大。

9.6.1 监测装置的入网检测

对绝缘油中溶解气体在线监测装置进行入网抽检，无论是采用色谱法还是光声光谱法检测原理的设备，其在测量误差、测量重复性、最小检测周期及交叉敏感性四个重要性能试验方面均能满足 Q/GDW 10536—2017《变压器油中溶解气体在线监测装置技术规范》的要求。

下面对 4 家厂商的五台多组分油中溶解气体在线监测装置的入网检测试验数据进行分析。产品性能信息见表 9-15 所示。

表 9-15　多组分油中溶解气体在线监测装置基本性能信息

装置序号	油气分离方式	组分分离方式	测量原理	载气
1号	真空脱气	—	激光光声光谱	—
2号	真空脱气	—	红外光声光谱	—
3号	真空脱气	色谱柱	气体传感器	氮气
4号	动态顶空	色谱柱	半导体检测器	空气
5号	真空脱气	色谱柱	气体传感器	空气

9.6.1.1 测量误差试验

1. 总烃含量小于 10μL/L

配制总烃含量小于 10μL/L，其中 C_2H_2 接近最低检测限值（允许偏差≤0.5μL/L）标油。标油中，总烃气体检测含量为 4.79～10.13μL/L，乙炔检测含量为 0.4～0.79μL/L，氢气检测含量为 1.94～7.06μL/L。图 9-26 给出了 5 台装置相对误差曲线图，从图 9-26 中可知，当绝缘油中各气体组分浓度均在低浓度范围内时，氢气、乙炔、总烃的最大相对测量误差分别为 290.21%（3 号）、39.69%（5 号）和 20.78%（3 号）。

其中：

（1）氢气最大相对测量误差为 290.21%的 3 号装置，由于其绝对误差小于±6μL/L，满足 B 级测量误差限值要求。

（2）乙炔最大相对测量误差为 39.69%的 5 号装置，其绝对误差小于±0.5μL/L，满足 A 级测量误差限值要求。

（3）总烃最大相对测量误差为 20.78%的 3 号装置，满足 A 级（±30%）测量误差限值要求，其相对误差偏高与其所有烃类气体均为正偏差相关。

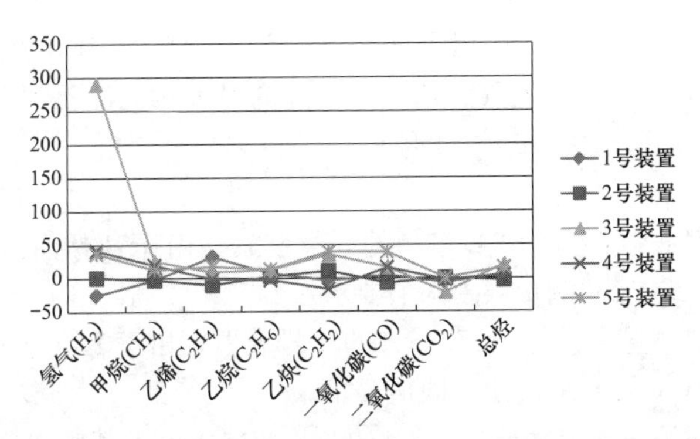

图 9-26　5 台油色谱在线监测装置（总烃含量小于 10μL/L）各组分相对误差曲线图

2. 总烃含量介于 10μL/L 和 150μL/L 之间

配制总烃含量介于 10μL/L 和 150μL/L 之间标油。标油中，总烃气体检测含量为 112.49～154.01μL/L，乙炔检测含量 1.82μL/L～7.51μL/L，氢气检测含量为 102μL/L～844μL/L。图 9-27 给出了 5 台装置相对误差曲线图。从图 9-27 中可知，在绝缘油中总烃气体含量低于注意值 150μL/L 时，氢气、乙炔、总烃的最大相对测量误差分别为 27.1%（5 号）、59.89%（2 号）和 16.08%（3 号）。

其中：

(1) 氢气最大相对测量误差为 27.1%的 5 号装置，由于其标油氢气在 20～2000μL/L 范围内，满足 A 级（±30%）测量误差限值要求。

(2) 乙炔最大相对测量误差为 59.89%的 2 号装置，由于其标油乙炔在 0.5～5μL/L 范围内，其绝对误差小于±1.5μL/L，满足 B 级测量误差限值要求。

(3) 总烃最大相对测量误差为 16.08%的 3 号装置，由于其标油总烃在 20～4000μL/L 范围内，满足 A 级（±30%）测量误差限值要求。其相对误差偏高与其所有烃类气体均为正偏差相关。

另外，在此检测浓度下，4 号装置所有 7 个组分的相对测量误差均为负值。

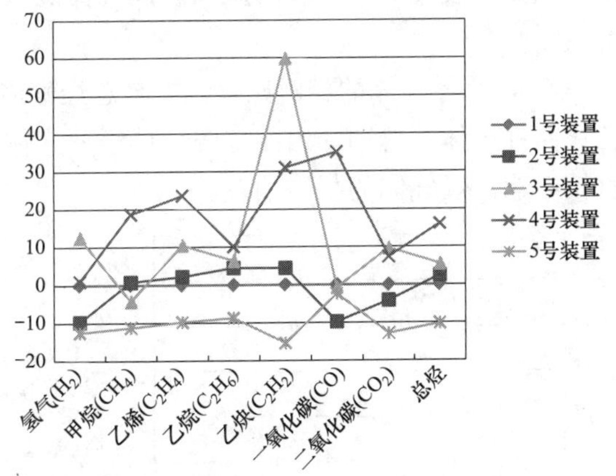

图 9-27　5 台油色谱在线监测装置（总烃含量介于 10μL/L 和 150μL/L）各组分相对误差曲线图

3. 总烃含量介于 150μL/L 和最高检测限值两者之间

配制总烃含量介于 150μL/L 和最高检测限值两者之间标油。标油中，总烃气体检测含量为 721.98～1089.91μL/L，乙炔检测含量 41.74～229.38μL/L，氢气检测含量为 76～

473μL/L。图 9-28 给出了 5 台装置相对误差曲线图。从图 9-28 中可知，在绝缘油中总烃气体含量高于注意值 150μL/L 时，氢气、乙炔、总烃的最大相对测量误差分别为 24.11%（3 号）、−17.48%（4 号）和−10.86%（4 号）。

其中：

（1）氢气最大相对测量误差为 24.11%的 3 号装置，由于其标油氢气在 20～2000μL/L 范围内，满足 A 级（±30%）测量误差限值要求。

（2）乙炔最大相对测量误差为−17.48%的 4 号装置，由于其标油乙炔在 5～1000μL/L 范围内，满足 A 级（±30%）测量误差限值要求。

（3）总烃最大相对测量误差为−10.86%的 4 号装置，由于其标油总烃在 20～4000μL/L 范围内，满足 A 级（±30%）测量误差限值要求。其相对误差偏高与其所有烃类气体均为负偏差相关。

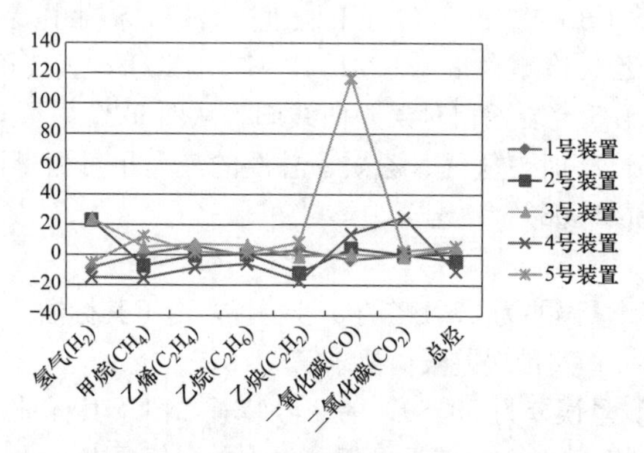

图 9-28　5 台油色谱在线监测装置（总烃含量介于 150μL/L 和最高检测限值）各组分相对误差曲线图

4. 小结

分析以上 5 台油色谱在线监测装置的氢气、乙炔和总烃气体测量误差的检测结果，可以得到以下结论：

（1）总烃。由图 9-29 可知，总烃气体的相对测量误差与总烃气体浓度成反比。由于总烃是甲烷、乙烷、乙烯和乙炔四种气体的总和，因此这四种单组分气体在不同浓度下各自的偏差（正偏差或负偏差）直接影响总烃气体的整体偏差。

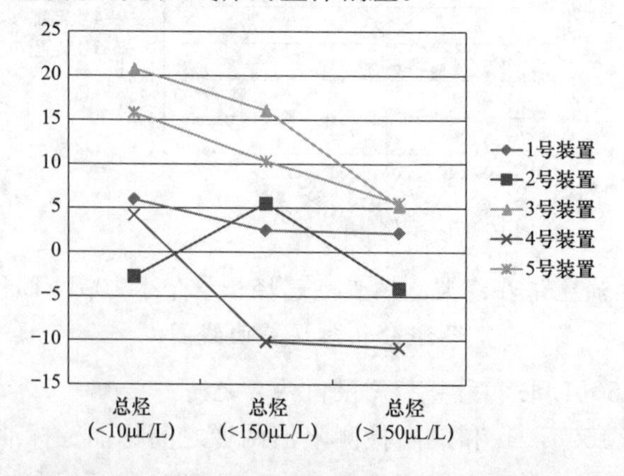

图 9-29　不同总烃气体浓度下 5 台油色谱在线监测装置的相对误差变化曲线

(2) 氢气。由图 9-30 可知，低浓度下氢气测量相对误差的分散性较大；随着氢气浓度的增加，测量相对误差变小；当氢气浓度小于 500μL/L 时，氢气测量误差的稳定性较好；当氢气浓度大于 500μL/L 时，氢气测量误差出现负偏差。

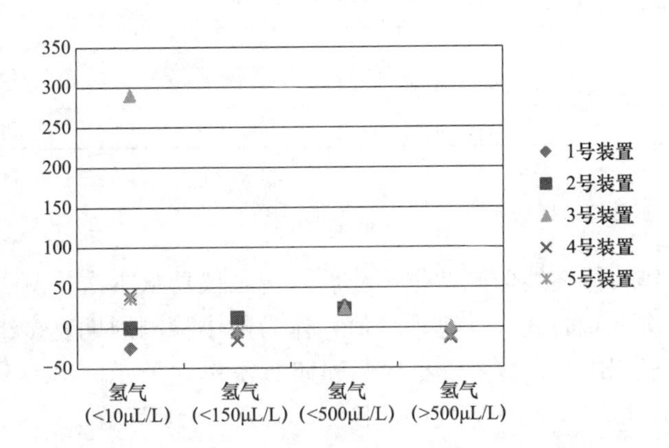

图 9-30　不同氢气浓度下 5 台油色谱在线监测装置的相对误差变化曲线

(3) 乙炔。从图 9-31 可知，乙炔气体的相对测量误差与乙炔气体浓度成反比。1 号装置与 4 号装置在不同乙炔气体浓度下其相对测量误差相对稳定。

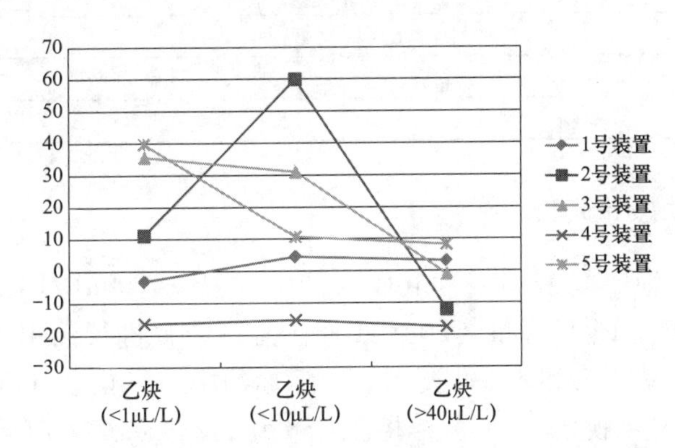

图 9-31　不同乙炔气体浓度下 5 台油色谱在线监测装置的相对误差变化曲线

根据以上数据分析可知，通常新入网的油色谱在线监测装置在氢气、乙炔和总烃气体的测量误差检测方面均可达到 B 级及以上的要求。但是随着被监测设备电压等级的不断提高，以及对高电压等级油浸式电力设备运行安全要求的不断提高，越来越多的电力用户要求新入网油色谱在线监测装置的测量误差必须达到 A 级。

9.6.1.2　测量重复性试验（总烃）

针对总烃≥50μL/L 的油样，对同一油样连续进行 6 次在线监测装置油中气体分析，重复性以总烃测量结果的相对标偏差 *RSD* 表示，总烃相对标准偏差 *RSD* 应不大于 5%。5 台装置总烃测量重复性试验结果见表 9-16。

从表 9-16 可知，不同浓度下总烃气体检测的相对标准偏差规律与前测量误差试验中的规律基本相同，且均满足总烃相对标准偏差 *RSD* 应不大于 5%的要求。

表 9-16 测量重复性总烃相对标准偏差检测结果

装置序号	总烃含量均值（μL/L）	相对标准偏差 *RSD*（%）
1号	274.3	0.87
2号	66.1	2.99
3号	147.7	1.44
4号	272.9	1.24
5号	371.3	0.28

9.6.1.3 最小检测周期试验

启动装置开始工作，待在线监测数据平稳后，记录仪器从本次检测进样到下次检测进样所需的时间，记录3次试验时间，计算平均值，作为最小检测周期。多组分在线监测装置要求最小检测周期不大于2h。5台装置最小检测周期如表9-17所示。由表9-17可知，采用光声光谱法的2台装置，均可在1h之内完成一次检测，其余3台则可在1.5～2h内完成一次检测。

表 9-17 最小检测周期试验结果

装置序号	最小检测周期平均值（h）
1号	1
2号	1
3号	2
4号	1.5
5号	2

9.6.1.4 交叉敏感性试验

（1）油样1。配制油样1，要求一氧化碳（CO）含量＞1000μL/L，二氧化碳（CO_2）含量＞10000μL/L，氢气（H_2）含量≤50μL/L，在监测装置进行油中气体含量检测。氢气（H_2）测量结果应满足表9-8和表9-9要求。实际标油中一氧化碳（CO）气体检测含量为1372～2117μL/L，二氧化碳（CO_2）气体检测含量为14286～16397μL/L，氢气（H_2）检测含量为23～33μL/L。表9-18给出了5台装置在此油中检测浓度下氢气的相对误差。从表9-18中可知，在氢气（H_2）含量≤50μL/L条件下，5台装置氢气的相对误差均满足测量误差限值A级（±30%）要求。

表 9-18 交叉敏感性试验氢气相对测量误差检测结果

装置序号	氢气（H_2）相对测量误差（%）
1号	15.63
2号	20.42
3号	12.03
4号	−8.08
5号	11.27

（2）油样2。配制油样2，要求乙烯（C_2H_4）或乙烷（C_2H_6）含量大于500μL/L，其它烃类气体含量小于10μL/L，在线监测装置进行油中气体含量检测。烃类气体的测量结果应

满足表 9-8 和表 9-9 要求。实际标油中乙烷（C_2H_6）气体检测含量为 631～597μL/L，其它烃类气体含量＜10μL/L。表 9-19 给出了 5 台装置在此油中检测浓度下烃类气体各组分的测量相对误差。从表 9-19 中可知，5 台装置的乙烷气体测量相对误差均满足 A 级（±30%）要求；除 3 号装置外，其余 4 台装置的甲烷、乙烯和乙炔气体在检测浓度下其测量相对误差也均满足 A 级（±30%）要求。3 号装置的甲烷、乙烯和乙炔气体在检测浓度下其绝对测量误差满足 B 级（±3μL/L）要求。

表 9-19　交叉敏感性试验烃类气体相对测量误差检测结果

装置序号	相对测量误差%			
	甲烷（CH_4）	乙烯（C_2H_4）	乙烷（C_2H_6）	乙炔（C_2H_2）
1号	−11.31	4.59	−1.18	−12.26
2号	7.56	8.11	4.03	−3.37
3号	30.99	34.05	16.59	41.26
4号	−13.30	−3.65	−4.10	−10.96
5号	−7.61	−2.83	−9.73	0.00

9.6.2　运行中监测装置误差偏大原因分析

目前，运行中的油色谱在线监测装置的主要问题是，在线监测装置的检测数据与实验室离线检测数据相比测量误差偏大，有些组分测量误差甚至超过 C 级误差要求，并且设备同时存在通信不畅、板卡故障、载气耗尽等非检测类故障率偏高等问题，从而导致油色谱在线监测装置运行不稳定、可靠性低的普遍现象。这是目前油色谱在线监测装置运行中存在的突出问题。究其原因主要有以下四个方面。

9.6.2.1　检测方式和原理

对油色谱在线监测装置检测数据测量误差的评定一般是通过在线数据与实验室离线数据的偏差来反应。但由于绝缘油中气体检测是一个整体系统，从油气分离、组分分离、组分检测到数据处理，油中气体在线与离线设备在各环节实现方式的不同必然导致检测结果的差异。如在油气分离单元，就存在薄膜脱气、真空脱气、顶空脱气等方式；在组分分离单元也有经色谱柱分离后检测和不经色谱柱混合气体检检测两种方法；在气体检测单元有 TCD 检测器、半导体气敏传感器检测和光声光谱法等检测原理。同时，载气的纯度也会对检测结果产生影响。因此，不同生产厂商采用不同油气分离方式、气体分离方式及检测原理必然导致检测误差的存在。

9.6.2.2　产品质量

由于油色谱在线监测装置检测功能的实现依赖于多个环节共同作用，即使采用同一检测原理，不同生产厂商也会使用不同灵敏度和品质的测量元件来实现其功能，以控制产品的成本。

另外，对产品的出厂检测方式也是造成产品最终质量差异的重要原因。如有的设备厂家在设备出厂时不是将在线监测装置作为一个整体进行性能测试，而仅对单独的元器件进行检测（如只检测检测器）。或因实验室静态检测无法真实模拟变电站现场实际动态运行条件（电磁干扰、环境温度、现场振动、环境污染等）而导致设备在现场实际运行的检测结果与实验室差异较大。而且，目前油色谱在线监测装置大多体积较小，其核心元器件均高度集成，主要由各类电子元器件构成，而电子元器件易受环境影响，高温高湿、灰尘、电磁干扰、振动等外部条件都会影响其运行的稳定性。设备出厂时用标准油样还是标准气样开展定量检测，以及标准油样（或标准气样）的配置浓度范围都会影响对设备检测的最终性能。

9.6.2.3　安装方式

油色谱在线监测装置的进出油路一般应利用变压器本体上部、中部和下部取样口或放油阀形成油路进行循环检测。但现场调研中发现部分设备进出油路（取油管与回油管）全部来自同一取油法兰（一般为下部），如图 9-32（a）所示。由于变压器一般采用油浸风冷或自冷方式，设备绝缘油流动性较弱，若取油口和回油口接于同一法兰上进行采样，当检测周期较短时，容易造成取样口附近绝缘油被反复取样而进行油气分离，导致在线检测数据偏小，油样无法灵敏反应设备本体实际运行状态。因此，建议油色谱在线监测装置在安装时应尽量将取油管与回油管分别安装于两个不同的法兰取油口，如图 9-32（b）所示。

(a) 取油口与回油口来自同一部位法兰

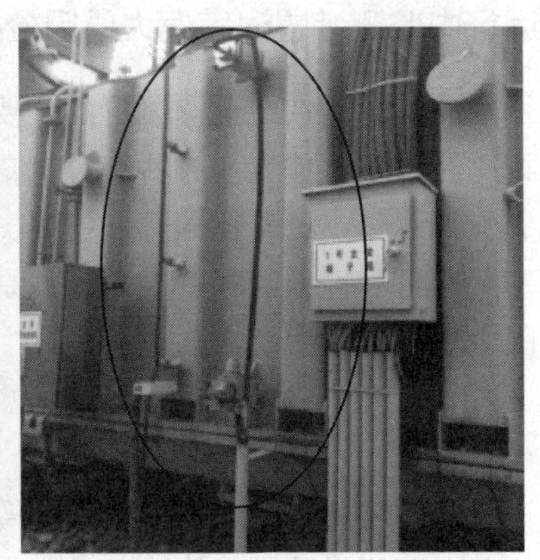

(b) 取油口与回油口来自不同部位法兰

图 9-32　油色谱在线监测装置油样采集管路典型安装方式

9.6.2.4　运维管理

除了以上设备固有的检测方式及原理、产品自身质量以及外部安装方式导致的检测数据不准确外，油色谱在线监测装置实际的运维方式也会影响其检测结果的准确性。

（1）检测频率。对于使用色谱法进行检测的油色谱在线监测装置，其寿命主要由色谱柱和检测器决定，以 TCD 检测器为例，一般按 24h 检测一次计算，可使用 5～7 年。而对于一些重要设备，如特高压以及换流站设备，要求 4～6h 检测一次，遇到检测数据异常有时还需以最小检测周期开展检测。检测频率的增加势必会大大加速色谱柱和检测器的性能退化，直接影响检测结果的准确性。

（2）设备维护。除油色谱在线监测装置自身产品质量外，现场运维技术与水平也是影响设备正常运行、提供准确检测数据的关键因素。如运行中及时记录载气压力、定期更换载气

钢瓶；更换载气纯度合格的钢瓶气；定期更换色谱柱或检测器；定期开展在线监测数据与离线数据的测量误差对比和油色谱在线监测装置的现场校验等，发现问题及时开展设备维护。

（3）运行年限。油色谱在线监测装置由大量的电子元器件组成，电子元器件的正常使用寿命最长可达 7～10 年，但受变电站现场恶劣运行条件、检测频率和设备运行维护等因素的影响，油色谱在线监测装置实际运行寿命一般为 5 年左右。设备使用年限越长其检测灵敏度会越低，测量误差会越大。

9.6.3 安装油色谱在线监测装置对主设备的影响分析

（1）载气对油色谱检测数据的影响。在实际检测过程中，发现某类油色谱在线监测装置所使用的载气会混入变压器本体油中，从而在进行离线色谱检测时检测到该载气成分。由于该载气的保留时间在某类色谱柱中与实际需要检测的油中溶解氢气的保留时间十分接近，在变压器本体油中氢气含量很低时十分容易与氢气混淆，给检测人员判断设备状态带来困扰。因此，在进行油中溶解气体分析时应注意油色谱在线监测装置载气对检测数据的影响。

（2）密封性影响。由于油色谱在线监测装置通常采用循环油工作方式，因此需要与充油设备本体连接以形成循环油路。这就不可避免地要在充油设备本体增加两个接口。如果接口连接部位密封不好很可能就会造成该部位的渗漏油，严重的会导致充油设备本体受潮、进气从而影响设备整体密封，危及设备运行安全。因此，巡检人员在巡视时应注意对该部位的检查。

10 油中气体诊断典型案例

本章给出了利用油中溶解气体技术对充油电气设备进行故障诊断的30个实例。通过实例可了解掌握利用油中溶解气体检测及故障诊断技术开展设备故障判断的流程及方法，本章故障实例分析所涉及设备类型有电力变压器、电力互感器、高压套管、有载分接开关等；故障设备电压等级涵盖直流±500kV，交流750～110kV；设备故障类别包含放电故障和过热故障；故障部位包括线圈故障、铁心故障、引线故障、磁屏蔽故障、潜油泵故障、将军帽故障等。

10.1 220kV电流互感器火花放电故障

在进行绝缘油例行检测时，检测到3台产品型号为LB9—220的220kV电流互感器内有乙炔，其中两台超过2.0μL/L的注意值，分别为13.2μL/L和2.8μL/L，三比值判断内部存在低能量火花放电故障。怀疑为电流互感器内部存在由不同电位间引起的油中火花放电或悬浮电位间的火花放电。

在返厂开展高压试验前对3台电流互感器开展油色谱检测，检测结果见表10-1。

表10-1　某220kV电流互感器油中溶解气体分析结果　μL/L

相别	CH_4	C_2H_6	C_2H_4	C_2H_2	H_2	CO	CO_2	总烃
A相	6.8	0.8	8.6	20.14	65	24	149	36.34
B相	3.7	0.7	2.3	4.98	43	39	159	11.68
C相	2.0	0.5	2.0	0.4	62	38	155	3.3

设备解体前对其进行相关高压电气试验，介质损耗检测表明3台设备在试验电压为10kV时，主绝缘介损值均小于0.7%，在试验电压由10kV上升到额定电压时，3台设备的介质损耗增量分别为0.05%、0.049%和0.055%，满足标准关于介质损耗因数增量应不大于±0.3%的要求。由此判断，设备内部不存在绝缘材料老化或受潮情况。对设备进行1min工频耐压试验，均未击穿，表明设备主绝缘良好。耐压试验前后3台设备电容量变化分别为0.11%、0和0.10%，表明设备主电容屏完好，未击穿。对绝缘油中乙炔气体含量最大的设备进行解体检查，如图10-1～图10-4所示。发现靠近一次绕组导体U形底部的最外层包扎带两侧均被蹭开，可见内层缠绕绝缘纸；部分绝缘纸破损断裂，露出最外层地屏铜带，且铜带上有明显黑色烧蚀痕迹；划开烧蚀地屏处内层绝缘，可见最外层地屏铜带烧蚀严重，已变

黑且有部分铜丝断裂形成孔洞且与之对应内层绝缘纸上也有明显的黑色炭黑附着。故障分析表明，这是由于设备一次绕组U形底部在装配时，由于与底部油箱器身托架尺寸过于紧密，造成器身一次绕组最外层铜带蹭伤，断裂的毛刺尖端由于曲率较大，导致附近电场畸变，处于高电场的尖端在绝缘油中产生火花放电，绝缘油分解产生乙炔。

图 10-1　外层包扎带两侧被蹭开

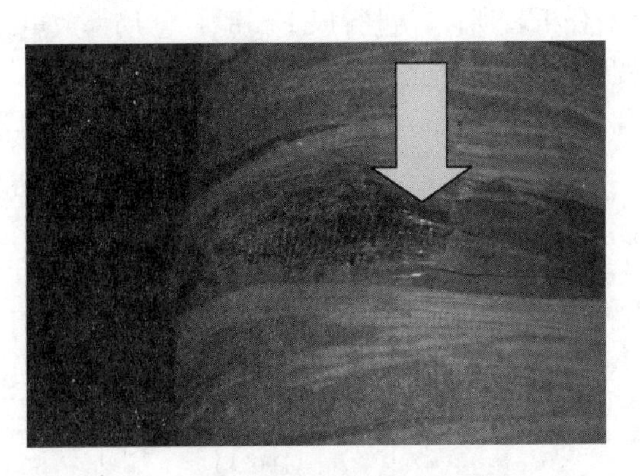

图 10-2　外层地屏铜带黑色烧蚀痕迹

图 10-3　地屏铜带图部分铜丝断裂

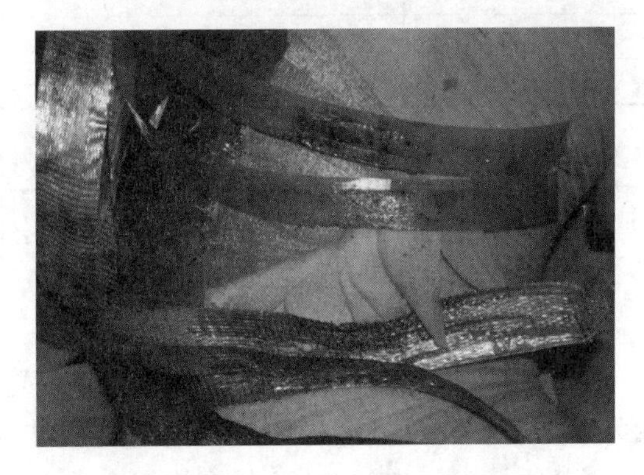

图 10-4　内层绝缘纸上也有明显的黑色炭黑附着

10.2　220kV电流互感器引线低能放电故障

在对一组投运一年型号为LB—220的220kV电流互感器进行首次例行试验时，发现A相电流互感器油中氢气、乙炔和总烃气体含量均远远高于GB/T 722—2014《变压器油中溶解气体分析和判断导则》要求的注意值（220kV及以下电流互感器：氢气≤300μL/L，乙炔≤2μL/L，总烃≤100μL/L)，B相和C相电流互感器中气体含量均正常，详见表10-2。

表 10-2　　某220kV电流互感器油中溶解气体分析结果　　μL/L

相别	CH_4	C_2H_6	C_2H_4	C_2H_2	H_2	CO	CO_2	总烃
A相	602.1	87.3	751.1	2227.8	4190	22	136	3668.3
B相	0.7	0.1	0.2	0.2	22	12	1	1.2
C相	0.8	0.1	0.3	0.2	19	37	176	1.4

用三比值法对A相电流互感器油中溶解气体检测数据进行分析，三比值编码为202，为低能放电故障，对故障点温度进行估算，计算故障点温度为817℃。

为进一步确认故障及分析原因，对该台设备返厂解体。怀疑该相电流互感器（以下简称试品）内部可能存在绝缘缺陷，因耐压试验可能会对其造成二次损伤而影响对其原始故障原因的分析，所以，进行以下试验：①局部放电检测；②电气试验前后介电损耗因数及电容量检测；③电气试验前后油色谱分析。表10-3为电气试验前后分别测量试品的介电损耗因数（介损）和电容量，表10-4为80%额定工频电压下的局部放电试验结果。

表10-3　　介质损耗和电容量检测

施加电压（kV）	10	72	145	备注
$\tan\delta$	0.00353	—	—	出厂值
电容量（pF）	1119	—	—	
$\tan\delta$	0.00350	0.00373	0.00359	电气试验前
电容量（pF）	1197	1198	1198	
$\tan\delta$	0.00342	0.00365	0.00356	电气试验后
电容量（pF）	1199	1200	1200	
$\tan\delta$	−0.85%			初差值
电容量（pF）	6.97%			
试验后	—	−0.00008	−0.00003	介质损耗变化量

表10-4　　局 部 放 电 测 量

测量电压（kV）	局部放电量（pC）
174	4
252	8

从电气检测数据可知，电气试验前后，试品电容量与其初始值差值超过标准要求±5%（警示值），初步怀疑试品内部存在主电容屏击穿。试品在局部放电测量电压下，其局部放电量均未超过标准规定的20pC的允许视在放电量水平，表明设备内部不存在尖端、杂质、毛

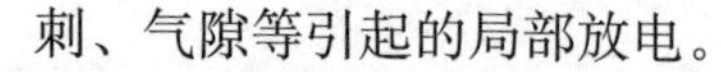
刺、气隙等引起的局部放电。

对试品进行放油、拆卸瓷套、油箱和吊芯。解体检查互感器油箱及二次绕组，油箱整体没有变形及开裂，内壁无明显放电痕迹；二次绕组形状排列整齐，形状和颜色均正常，绝缘布带包扎情况良好，绕组及引线抽头未发现放电痕迹，见图10-5。

图10-5　LB-220电流互感器

将一次绕组上的二次绕组取下，从一次绕组U形管的端部向下解剖。发现该位于一次绕组端部零屏引出线根部断裂，且在断裂处对应的一次导电杆上留有明显的炭黑沉积（见图10-6和图10-7）。对其进行进一步解剖，可见在零屏引出线断裂处有明显烧蚀痕迹，该处绝缘及铜带明显被烧黑（见图10-6）。将一次导电杆沉积的炭黑擦掉，明显可见炭黑下隐藏的电蚀点（见图10-7）。

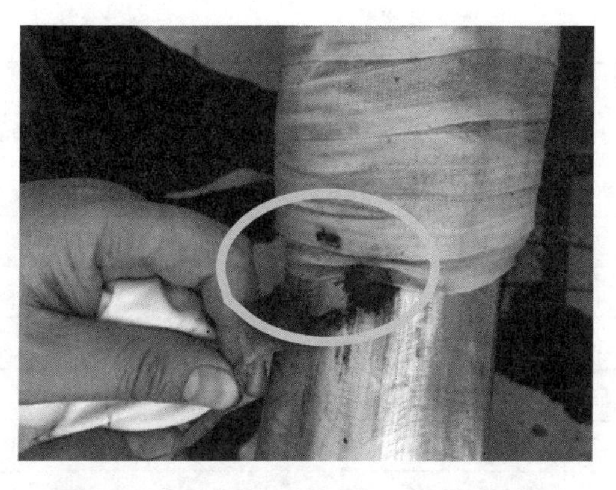

图 10-6 断裂的零屏引出线及炭黑

图 10-7 炭黑下的电蚀点

故障分析认为，此次故障是由零屏引出线根部绝缘破损引发零屏引出线与导电杆两点接触形成短路回路（高阻短路），负荷电流在短路环中产生感应电动势（电流越大感应电动势越高），从而导致铜带与一次导杆之间产生低能量的火花放电。火花放电逐步发展成电弧放电，烧损铜丝编织带使绝缘碳化，并在对应的一次导电杆上形成电蚀点，使得零屏引出线根部与邻近的一次导杆直接接触，同时分解周围液体绝缘介质形成炭黑沉积在电蚀点上，使零屏引出线根部绝缘破坏处通过炭黑与一次导电杆高阻短路，形成环流造成该处局部过热，导致油中过热性故障特征气体（甲烷、乙烯、乙烷）快速增长。

10.3 220kV 电流互感器一次接线松动缺陷

2014 年 6 月 20 日，检测人员在油色谱带电检测中发现某变电站 2211 电流互感器 A 相总烃、乙炔、氢气超过注意值，后每月进行跟踪检测，各项数据增长缓慢。2015 年 4 月，检测时发现氢气、乙炔、总烃等特征气体迅速增长，分析其内部可能存在电弧放电故障。2015 年 5 月 18 日，对该电流互感器进行更换，并对该电流互感器进行解体检查。

该电流互感器 A 相型号为 LB—220W2 型，出厂日期为 2008 年 10 月，投运日期为 2008 年 12 月。2014 年 6 月 20 日，检测人员在油色谱带电检测工作中发现 2211 电流互感器 A 相总烃、乙炔、氢气超过 GB/T 722—2014《变压器油中溶解气体分析和判断导则》中规定的注意值。检测人员现场检查，2211 A 相电流互感器本体未见异常现象，随后对 2211A 相电流互感器进行油色谱跟踪检测，2015 年 4 月检测时发现氢气、乙炔、总烃等特征气体迅速增长，检测数据见表 10-5。根据油色谱数据分析，三比值为 022，判断故障类型为高温过热。

表 10-5　2211 A 相电流互感器色谱跟踪检测数据　μL/L

试验日期	CH_4	C_2H_6	C_2H_4	C_2H_2	H_2	CO	CO_2	总烃
2014-06-20	108.8	46.0	238.7	2.9	153.7	174.7	365.6	396.4
2014-07-03	103.0	51.5	233.1	3.0	140.2	158.3	370.0	390.6
2014-07-24	108.6	45.5	228.7	2.5	152.7	165.1	338.3	385.3
2014-08-14	105.4	39.5	217.4	2.6	144.5	170.9	359.8	364.9
2014-09-24	108.7	46.5	244.4	3.0	150.7	172.7	447.9	402.6

续表

试验日期	CH_4	C_2H_6	C_2H_4	C_2H_2	H_2	CO	CO_2	总烃
2014-10-24	113.9	51.8	278.4	3.9	161.5	175.8	473.0	448
2014-11-25	209.9	86.6	494.2	4.9	237.4	181.1	459.3	795.6
2014-12-17	234.7	97.0	550.9	4.8	262.9	187.3	461.7	887.4
2015-01-15	364.1	150.0	835.3	5.7	353.6	185.6	473.2	1355.1
2015-02-15	564.0	217.2	1268.9	10.7	529.1	189.1	418.2	2060.8
2015-03-19	577.2	200.0	1169.5	11.5	526.3	187.4	577.2	1958.2
2015-04-20	3680.5	1010.1	8936.2	271	3313.5	200.9	494.6	13897.8
2015-05-06	3615.4	979.9	8621.5	238.7	3115.0	203.4	506.7	13455.5

停电后，检测一次直流电阻。利用回路电阻测试仪、输入电流100A，一次直流电阻显示3700$\mu\Omega$，超过仪器测量量程，与出厂值110$\mu\Omega$有很大差异。同时进行电流互感器局部放电试验和介质损耗及电容量试验，试验结果均在合格之内。在252kV和175kV电压下，局部放电量为8pC和4pC；在146kV下，介质损耗为0.289%，电容量为948pF。

根据油色谱和直流电阻试验数据综合分析，其内部可能存在放电故障。2015年5月18日，对该电流互感器进行更换后返厂处理。6月11日，对该电流互感器进行解体检查并查找原因。解体前复查了油样，见表10-6。

表10-6　　油色谱检测结果　　μL/L

CH_4	C_2H_6	C_2H_4	C_2H_2	H_2	CO	CO_2	总烃
4403.5	1986.9	6613.8	296.4	4191.8	194.4	358.5	13300.6

解体后发现在电流互感器头部C2侧有螺母松动，连接的螺母、平垫、软连接、螺杆有烧损变黑现象。分析认为，产品主绝缘良好，产生故障的主要原因为一次接线松动。刚开始造成油色谱超标的原因可能是产品在周期性电流、电压的作用下，受电动力影响，一次接线逐步松动，接触电阻增长，导致过热，烧损接触处的接触面氧化，氧化后接触电阻更大，发热更多，导致绝缘油中气体含量超标。而这种恶性循环作用最终使接触处产生电弧放电，氢气、乙炔、总烃等含量严重超标。设备解体后的放电点如图10-8和图10-9所示。

图10-8　电流互感器内部放电点

图10-9　电流互感器内部放电点

10.4 110kV电流互感器局部放电故障

2012年4月10日，检测人员对某变电站110kV电流互感器进行油色谱检测，发现101B相电流互感器数据异常，甲烷、氢气、总烃严重超标，并出现故障乙炔，将该电流互感器整体更换并解体检查后，发现内部制造工艺不良，电容屏间出现褶皱现象。

该电流互感器型号为LB7—110W3，生产日期为2006年4月，投运日期为2007年6月。2012年4月10日，检测人员发现油色谱数据异常，检测数据见表10-7，氢气含量达12988.02μL/L，总烃含量达588.64μL/L，氢气、总烃已严重超过GB/T 722—2014《变压器油中溶解气体分析和判断导则》规定的注意值，并出现微量乙炔，上次检测数据正常。初步判断内部存在严重缺陷，可能存在低能局部放电，产生大量气体，判断设备无法继续运行，应进一步进行局部放电、介质损耗及电容量试验等检查。

表10-7 现场油色谱检测结果 μL/L

试验日期	CH_4	C_2H_4	C_2H_6	C_2H_2	H_2	CO	CO_2	总烃
2012-04-10	532.27	1.14	54.81	0.42	12988.02	521.67	848.88	588.64
2010-05-08	10.31	0	1.23	0	35.42	500.63	823.41	11.54

对互感器进行停电试验检查，直流电阻试验数据正常，局部放电试验结果见表10-8，加压126kV时放电量已经达到100pC，严重超出试验规程规定值，从试验现象看为气泡放电。电容量及介质损耗试验结果见表10-9，电容量数据正常，介质损耗值比出厂值明显增长。电容量同出厂时基本相符，说明内部电容屏完好，无击穿现象，介质损耗相比出厂时增长较快，为油中气体含量较大、局部放电增大所致。

表10-8 局部放电试验结果

测量电压（kV）	历时（s）	测试值（pC）	出厂值（pC）
126	30	100	5
87	30	90	3.2

表10-9 电容量及介质损耗试验结果

	电压（kV）	$\tan\delta$	C_x（pF）
测试值	10	0.0058	921
	36	0.0058	921
	73	0.0059	921
出厂值	10	0.0025	927
	36	0.0025	927
	73	0.0026	927

将电流互感器更换后进行解体检查，产品放净油后，拆下电流互感器顶部的金属膨胀器。外观检查表面光整，膨胀节无明显拉伸变形，无放电灼烧痕迹，密封良好；检查二次绕组与端子排及末屏引线端连接完好，一次接线端子连接坚固，接线端子表面无放电灼烧痕迹及局部过热现象。末屏引线搭接良好，无异常现象，如图10-10所示。解体中检查各主屏及

端屏控制尺寸均在控制范围内，未发现异常。环部区域部分绝缘有褶皱现象。

解体可知，主绝缘的3～6主屏高压电缆纸存在绝缘起皱现象（见图10-11～图10-13），使凹槽中存在空气。由于气体的击穿电压低于油纸绝缘，容易在气泡中产生放电，所以绝缘包扎中绝缘纸褶皱是本次故障的主要原因。

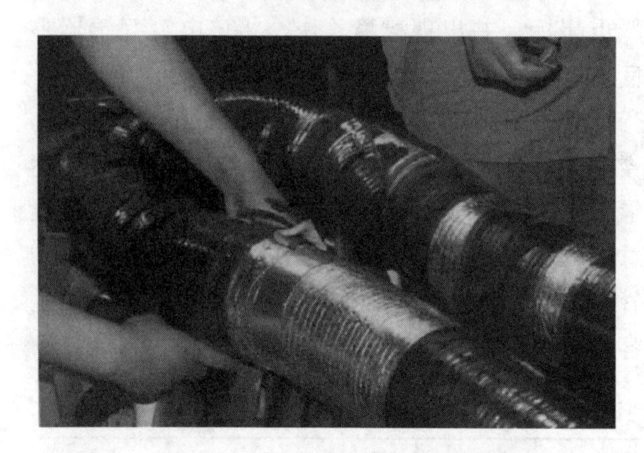

图10-10　末屏引线检查

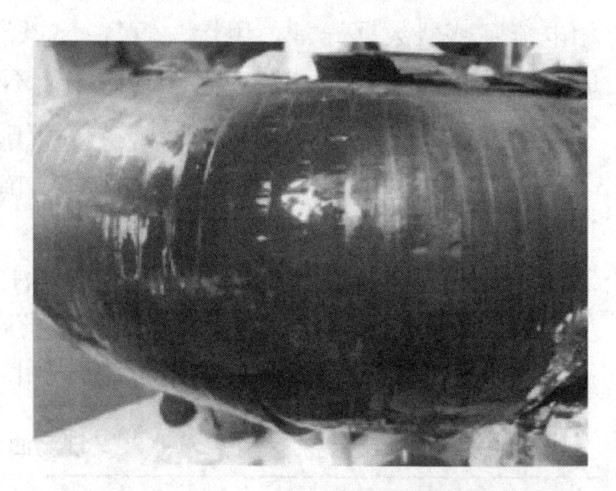

图10-11　6～5屏绝缘纸褶皱

图10-12　5～4屏绝缘纸褶皱

图10-13　4～3屏绝缘纸褶皱

10.5　110kV电流互感器低温过热缺陷

2014年9月9日，变电值班员对某220kV变电站进行巡视检查，发现122间隔A相电流互感器膨胀器顶开。2014年9月10日，在油色谱带电检测中发现122电流互感器A相总烃、氢气超过注意值。2014年9月15日，对该电流互感器进行解体检查。

该电流互感器型号为LB7—110GYW2，生产日期为2009年10月，投运日期为2010年11月。2014年9月10日，在油色谱带电检测试验中122电流互感器A相总烃、氢气超过GB/T 722—2014《变压器油中溶解气体分析和判断导则》规定的注意值，氢气达到46632.6μL/L（注意值为300μL/L），总烃达到5840.2μL/L（注意值为100μL/L）。此台电流互感器上一次油中溶解气体分析试验为2010年9月12日，试验数据合格。查看历年试验数据，油色谱试验均合格。现场检查，122A相电流互感器本体除膨胀器顶开外未见异常现象，随后对122A相电流互感器进行油色谱跟踪试验，数据见表10-10。

表 10-10　　122 A 相电流互感器跟踪测试试验数据　　μL/L

试验日期	CH_4	C_2H_6	C_2H_4	C_2H_2	H_2	CO	CO_2	总烃
2014-09-10	5424.2	412.1	3.9	0	46632.6	91.9	361.4	5840.2
2014-09-14	5434.2	439.9	4.2	0	46725.2	102.7	375.3	5878.3

根据特征气体法分析油色谱数据，判断故障类型为设备内部可能存在低温过热故障。长期低温过热导致绝缘材料劣化，产生气体。当油中气体组分浓度超出绝缘油溶解能力或大量产气来不及溶解于绝缘油时，气体会以游离状态存在，造成电流互感器内部压力升高，而高气态导致金属膨胀器拉抻变形。

2014 年 9 月 15 日，对该电流互感器进行更换。互感器更换后，对该电流互感器的解体检查使故障得到进一步证实。电流互感器内部线圈上有明显过热痕迹，绝缘纸因温度过高而变黑。该互感器解体后展现的故障位置和放电痕迹如图 10-14 和图 10-15 所示。

图 10-14　故障位置

图 10-15　放电痕迹

10.6　500kV 变压器高压套管放电故障

某 500kV 变电站 2 号主变压器型号为 ODFPSZ-250000/500 型，电压组合为 $525/\sqrt{3}/230/\sqrt{3}\pm8\times1.25\%/36$（kV）。高压侧套管型号为 GOE-1675-1300-2500-0.6-BS。该变压器于 2009 年 7 月底投运，投运以来运行状态良好。2009 年 11 月，该主变本体轻瓦斯报警，现场检查发现 C 相本体气体继电器中有气体，其他两相无异常。取 C 相变压器本体油开展油中溶解气体分析，发现油中乙炔、氢气、总烃气体含量均超过标准注意值，三比值编码为 102，表明该变压器中存在电弧放电现象。油中溶解气体检测数据如表 10-11 所示。

表 10-11　　某 500kV 2 号主变压器 C 相油中溶解气体分析结果　　μL/L

时间	CH_4	C_2H_6	C_2H_4	C_2H_2	H_2	CO	CO_2	总烃
2009-07-31	0.49	0.32	0	0	17.37	16.49	108.64	0.81
2009-09-14	0.60	0	0	0	12.45	40.17	230.08	0.60
2009-11-01	35.87	4.04	60.38	117.70	89.57	82.43	300.03	217.99
2009-11-02	60.6	5.92	94.83	184.9	178.10	110.49	266.06	364.33

主变压器退出运行后立即对C相进行变比、直流电阻、介质损耗、吸收比等电气试验，试验表明：①高压端头与中压端头间、高压端头与中性点间的直流电阻值与交接试验值相比分别超标64%和43%；②中压端头与中性点间和低压侧绕组的直流电阻值与交接试验值一致；③用500V绝缘电阻表测量铁心—夹件对地的绝缘时听到内部有明显放电，绝缘电阻表显示接地。

根据试验数据可初步判断高压串联绕组或出线部分存在故障。返厂检查发现变压器高压侧套管尾部有明显烧损痕迹，如图10-16所示。绕组出线装置内有大量碎屑，如图10-17所示。

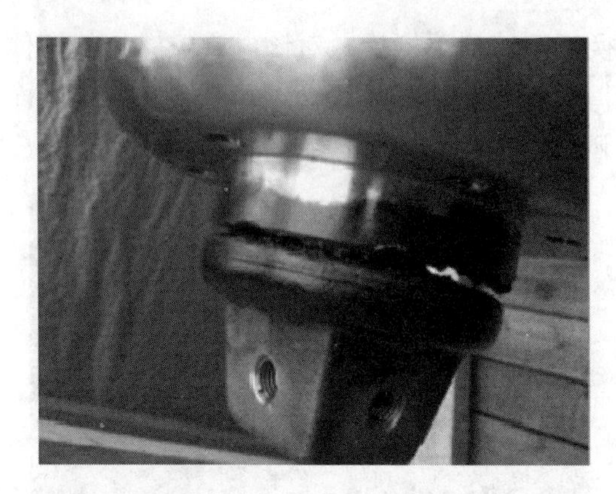

图10-16　套管尾部烧损

图10-17　出线装置存在大量碎屑

打开套管检查发现，套管中间的拉杆除在尾部严重烧损外，顶部和中部也有明显烧蚀痕迹，如图10-18和图10-19所示。变压器器身污染为高压套管烧蚀故障所致。

图10-18　拉杆顶部的烧蚀痕迹

图10-19　拉杆中部的烧蚀痕迹

10.7　110kV变压器高压套管放电故障

某110kV变电站在进行绝缘油例行检测时，发现一台型号为（110±8×1.25%）/（38.5±2×2.5%）/10.5kV的变压器油中乙炔气体含量超过GB/T 722—2014《变压器油中溶解气体分析和判断导则》对注意值的要求（乙炔气体含量不大于5μL/L）。检测数据见表10-12。用三比值法进行故障诊断，三比值编码为200，诊断故障为低能放电。

表 10-12　　某 110kV 变压器本体油中溶解气体分析结果　　μL/L

取样位置	H_2	CO	CO_2	CH_4	C_2H_4	C_2H_6	C_2H_2	总烃
主变压器本体油	91.1	272	1625	46.0	2.5	7.3	26.3	82.1

后对该变压器开展相关电气试验，除 C 相套管连同本体的电容量测不出来外，没有其它异常。在对套管进行接线时发现 C 相套管存在漏油，且油位较 A、B 两相偏低。后取 C 相套管及升高座绝缘油开展油中溶解气体分析，检测结果见表 10-13。发现 C 相套管油与升高座油色谱检测结果相近，但由于套管油与变压器本体油本应不通，所以怀疑 C 相套管存在故障。

表 10-13　　某 110kV 套管及套管升高座油中溶解气体分析结果　　μL/L

取样位置	H_2	CO	CO_2	CH_4	C_2H_4	C_2H_6	C_2H_2	总烃
C 相套管	98.1	275.2	1584	42.1	2.4	6.8	23.7	75.0
C 相套管升高座	70.4	254.8	1572	45.8	17.2	7.4	23.5	93.9

后对 C 相套管进行解体检查，发现 C 相套管底部接线端子与导电杆处断裂（见图 10-20），且在电容芯子处发现黑色放电痕迹（见图 10-21）。故障分析认为由于导电杆断裂，套管整体位移导致套管内部出现放电，破坏了套管整体密封（见图 10-22），套管内的油内渗漏到本体，使主变压器本体出现套管放电产生的故障特征气体，导致套管导电杆断裂的主要原因为材质不合格。

图 10-20　C 相套管底部导电杆与接线端子断裂

图 10-21　C 相套管电容芯子处放电痕迹

图 10-22　C 相套管密封破坏

10.8　±500kV 换流变压器放电故障

2007 年，在某±500kV 换流变压器绝缘油中检测到 2.16μL/L 的乙炔气体，超过 GB/T 722—2014《变压器油中溶解气体分析和判断导则》的注意值（330kV 及以上变压器：乙炔≤1μL/L）。随后，加强了对该台换流变压器绝缘油中色谱检测的频次，跟踪油中乙炔气体含量变化趋势。根据调度负荷曲线，对该换流站进行升功率直到双功功率最大值，后该台换流变压器绝缘油色谱在线监测装置油中气体含量出现增长，第二天取油样开展离线绝缘油色谱检测，发现该台换流变压器油中乙炔气体含量迅速增长到 25.9μL/L，后设备紧急停运。色谱检测数据如表 10-14 所示。三比值编码为 210，判断内部存在低能放电故障。

表 10-14　　某±500kV 换流变压器油中溶解气体分析结果　　μL/L

CH_4	C_2H_6	C_2H_4	C_2H_2	H_2	CO	CO_2	总烃
0.63	0.32	0	2.16	4.32	23.86	244.63	3.11
3.62	2.77	0.46	25.93	63.64	38.39	347.18	32.78
3.76	3.3	0.6	31.1	70.04	41.78	382.13	38.76

将该设备返厂检测，在解体前开展相关电气试验，无异常。后对设备进行解体，当打开阀侧套管和绕组间屏蔽管时，发现故障点位于屏蔽管内靠近绕组侧的连接引线上，该引线绝缘纸已损坏，引线上有一处直径约 1.5cm 的放电痕迹，见图 10-23；放电点对应的静电屏蔽铝管内壁（此处为转弯处）也存在放电痕迹，见图 10-24。

图 10-23　引线上的放电痕迹

图 10-24　静电屏蔽管内部放电痕迹

故障分析认为：导致该换流变压器故障产气的直接原因是由引线绝缘损坏引起的。由于引线绝缘损坏，导致引线在该位置与屏蔽管形成了非正常间隙接触，由于引线在该位置与屏蔽管存在一个电动势差，即该位置引线至套管间流过主电流引起的电动势差，最终导致了该位置放电和局部过热，使油中乙炔等故障性特征气体增加。

10.9　±500kV 换流变压器放电故障

2013 年 5 月，某±500kV 直流换流站内一台换流变压器发轻瓦斯报警信号，后运维单位取油样开展离线绝缘油色谱检测，发现绝缘油中乙炔气体含量达到 141.3μL/L，氢气含量为 193μL/L，总烃气体含量为 275.1μL/L，三项检测指标均超过 GB/T 722—2014《变压器油中溶解气体分析和判断导则》的注意值（330kV 及以上变压器：氢气≤150μL/L，乙炔≤1μL/L，总烃≤150μL/L），设备立即停运，1h 后再次取绝缘油开展油色谱检测，油中乙炔气体含量增长到 1342.4μL/L，氢气含量增长到 1806μL/L，总烃气体含量增长到 2133.1μL/L。后设备返厂解体检查，发现该换流变压器柱 2 线圈铁心地屏、角环以及阀侧绕组外部多层围屏间存在多处明显黑色放电点，如图 10-25 和图 10-26 所示。

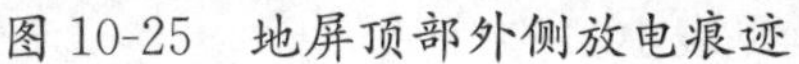
图 10-25 地屏顶部外侧放电痕迹

图 10-26 阀上部出头角环放电痕迹

故障分析认为：该换流变压器采用敞开式油枕结构，换流变压器储油柜无胶囊，敞开式运行，在长期运行中变压器油由于呼吸作用易氧化、受潮，形成杂质；在变压器运行中由于热胀冷缩交换及油箱底部排油造成油中水分偏大以及杂质进入变压器，在正对储油柜下油口铁心表面产生锈迹，在上铁轭边缘区域形成污染，在绝缘纸板形成局部受潮，积累到一定程度引发局部放电故障。

10.10 750kV 变压器电弧放电故障

某 750kV 变压器 C 相在例行绝缘油色谱检测中发现绝缘油中乙炔和氢气含量均超标，总烃接近注意值。三比值编码为 102，怀疑内部存在电弧放电故障，A、B 两相绝缘油色谱无异常，检测数据见表 10-15。

表 10-15　750kV 变压器 C 相油中溶解气体分析结果　$\mu L/L$

检测方式	CH_4	C_2H_6	C_2H_4	C_2H_2	H_2	CO	CO_2	总烃
离线数据	33.9	2.6	29.9	77.5	216	145	294	143.9
在线数据	37.6	1.5	26.9	69.2	163	104	223	135.2

对 C 相开展相关电气试验，除直流电阻发现异常外，其他常规绝缘试验均检测合格。高压绕组高—中侧直流电阻值超标、中—低侧及低压绕组直流电阻未见异常，因此判断高压绕组高—中侧回路存在接触不良、断股或匝间短路故障可能。后该变压器返厂解体以查找故障原因。

设备解体，发现 A 柱高压线圈存在部分烧蚀现象，且与上述故障点对应的紧挨线圈表面的绝缘纸板围屏有烧穿现象，但无放电痕迹。故障部位见图 10-27 和图 10-28。

图 10-27 高压线圈存在导线部分烧蚀

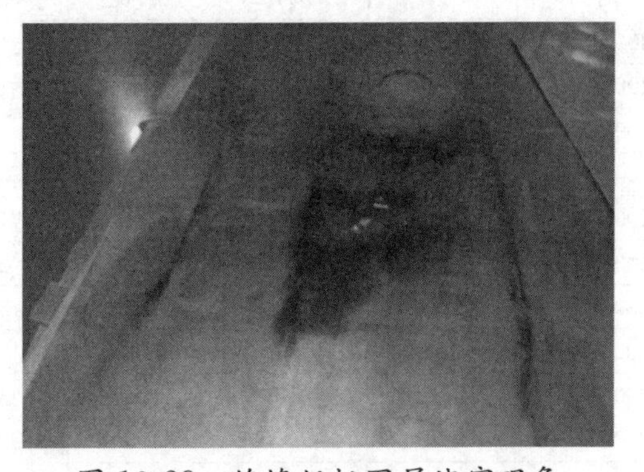

图 10-28 绝缘纸板围屏烧穿现象

故障分析认为：高压绕组突发匝间击穿短路，由于放电能量有限，匝间短路并没有造成对地击穿放电，因此该故障未造成变压器保护动作。

10.11　500kV 变压器电弧放电故障

某500kV变电站3号主变压器由乌克兰进口，1995年12月出厂，1996年9月投运运行，运行情况良好。2009年10月19日，试验人员对该3号主变压器实行周期性取样分析，发现B相油色谱异常，特征气体含量超过标准注意值。次日，再次取样确认B相油色谱异常，其中乙炔气体含量达到77.3μL/L，具体检测数据见表10-16。

表10-16　**某3号主变压器油中溶解气体分析结果**　μL/L

时间	CH_4	C_2H_6	C_2H_4	C_2H_2	H_2	CO	CO_2	总烃
2009-08-22	7.1	0	3.8	0	4.0	36	163	10.9
2009-10-19	22.8	2.8	22.3	74.6	308	69	812	122.5
2009-10-20	25.0	3.1	24.7	77.3	306	152	1583	130.1

根据油色谱试验结果的初步分析判断，三比值编码为212，推断该变压器内部存在电弧放电现象，因此对该变压器进行停运吊罩检查。检查发现，器身上用于金属压板8个稳钉中的2个存在明显放电痕迹，2个异常的稳钉有近一半的螺纹内部布满炭黑状灼烧痕迹。在稳钉进入器身端部表面也有炭黑状痕迹。将这些端部表面的炭黑状痕迹清洁后，整个表面呈现出明显的电弧灼烧后的金属性痕迹。在器身的对应压板上进行清洁后，同样呈现出明显的电弧灼烧后的金属性痕迹，表明两者之间产生空隙后发生电弧放电。

10.12　500kV 变压器磁屏蔽故障

某水电站的500kV变压器于2003年8月投运，运行以来状况良好，无故障及大修记录。2008年6月17日，气相色谱分析发现油中乙炔气体含量为1.3μL/L。2008年7月11日，主变压器脱气处理，重新投运后乙炔含量由0上升至3.8μL/L，随后出现小幅回落至2.2μL/L，色谱试验跟踪数据见表10-17。

表10-17　**1号主变压器油中溶解气体分析结果**　μL/L

时间	CH_4	C_2H_6	C_2H_4	C_2H_2	H_2	CO	CO_2	总烃
2008-06-17	2.2	0.8	0.5	1.3	18	446	1017	4.8
2008-07-01	3.0	1.2	1.1	1.9	23	500	1010	7.2
2008-07-11	0.3	0	0.2	0	9	36	194	0.5
2008-07-17	0.6	0	0	0.4	10	34	119	1.0
2008-08-14	0.6	0	0.4	1.7	21	62	459	2.7
2008-09-18	0.9	0	0.8	2.3	16	75	516	4.0
2008-10-17	1.0	0	1.0	3.8	32	76	545	5.8
2008-11-06	1.6	0	1.3	3.8	38	102	623	6.7
2008-12-11	1.6	0.6	1.0	3.2	32	101	668	6.4
2009-01-07	1.4	0	1.0	2.3	34	99	677	4.7
2009-02-02	1.4	0	1.1	2.2	31	102	695	4.7

该主变压器的乙炔绝对产气速率为7.6mL/d，已超过标准注意值（0.2mL/d），计算三比值编码为101，判断故障类型为电弧放电。2009年3月，设备排油检查，发现该主变压器A相、B相铁心高压侧上端的第二个L形磁屏蔽松动，与铁心距离过近。两者在运行中发生接触摩擦，经长时间运行，绝缘材料被磨损并脱落，最终导致磁屏蔽与铁心搭接，形成间歇性的裸金属放电。当磁屏蔽被烧出缺口且缺口不断增大时，磁屏蔽与铁心之间的距离也随之加大，当两者距离达到一定程度后，放电终止，反映在色谱数据上显示为乙炔含量停止增长。在运行扩散的情况下，乙炔含量缓慢回落。

10.13 500kV变压器绝缘油单氢超标故障

2007年，某省电网500kV主变压器和电抗器设备绝缘油色谱分析普查中，发现同一回线路的3台线路高压电抗器油色谱中氢气单组分超过国家标准注意值（150μL/L），油色谱检测数据如表10-18所示。

表10-18　某500kV线路高压电抗器油色谱检测数据　μL/L

设备名称	CH_4	C_2H_6	C_2H_4	C_2H_2	H_2	CO	CO_2	总烃
线路高压电抗器A相	24.0	3.7	1.2	0	273	92.4	959	28.9
线路高压电抗器B相	14.5	2.6	1.3	0	195	106	1003	18.4
线路高压电抗器C相	23.8	4.6	7.0	0	256	95.5	894	35.4

故障特征气体表现为氢气单组分偏高且超标，无乙炔，总烃气体含量在标准注意值以内。

氢气单组分偏高且超过标准注意值的变压器，其产气原因一般有：①设备受潮，油中水分与铁作用产生氢气；②设备发生局部放电故障；③铁心层间油膜过热裂解产生氢气；④设备中某些材料存在产（析）氢现象，如设备中某些绝缘油漆（醇酸树脂）分解产生氢气或某些金属部件（不锈钢）由于除氢处理不彻底有析出氢气现象。对3台高压电抗器开展油中微量水分检测，其油中水分含量均在标准范围以内。怀疑设备内部氢气偏高且超标是由于设备本身材料存在缺陷而造成的。

10.14 500kV变压器潜油泵故障

对某500kV变电站2号主变压器进行油色谱检测时，发现A相油中含有乙炔，并且乙炔含量迅速增长到注意值，随后对2号主变压器A相3号潜油泵进行检查，发现其线圈电流偏大，同时潜油泵噪声异常。对该潜油泵进行解体，发现转子靠近外圈处有多处比较明显的划痕，判断潜油泵定子与转子在运行中发生过多次摩擦，产生高温电火花，从而产生乙炔等特征气体。更换潜油泵后油色谱恢复正常。

该变压器型号为ODFPSZ—250000/500，生产日期为2000年4月，投运日期为2000年10月。投运后运行情况良好，未发生过乙炔超标现象。该主变压器A相第一次发现油中含有乙炔是2008年1月9日，油中乙炔含量为0.3μL/L，当时3号潜油泵在运行状态，之后缩短监测周期跟踪测试。2008年3月18日乙炔增长到0.7μL/L，2008年3月28日乙炔增长到1.0μL/L，达到GB/T 722—2014《变压器油中溶解气体分析和判断导则》中规定的注意值（乙炔不大于1.0μL/L）。后对2号主变压器A相3号潜油泵进行检查，发现其线圈电流明显偏大，同时潜油泵噪声异常，当天将3号潜油泵退出运行并进行更换。更换后，缩短周期进行监测，乙炔含量长期稳定在0.9μL/L。检测数据见表10-19。

表10-19　变压器油色谱分析测试数据　μL/L

试验日期	CH_4	C_2H_4	C_2H_6	C_2H_2	H_2	CO	CO_2	总烃	潜油泵
2008-01-09	6.2	0.4	1.3	0.3	25.2	300.3	961.8	8.2	3号
2008-01-11	5.6	0.4	1.2	0.4	23.7	280.1	859.8	7.6	3号
2008-01-14	5.9	0.5	1.6	0.4	24.8	302.4	914.4	8.4	3号
2008-01-17	5.7	0.4	1.3	0.4	24.7	297.1	876.9	7.8	3号
2008-01-24	6.1	0.5	1.5	0.4	25.0	296.8	870.8	8.5	3号
2008-01-31	5.9	0.4	1.1	0.3	23.7	268.8	763.6	7.7	3号
2008-02-14	6.5	0.4	2.4	0.4	27.4	292.8	820.4	9.7	3号
2008-02-18	5.6	0.4	1.2	0.4	23.3	279.4	772.3	7.6	3号
2008-03-04	5.4	0.4	1.2	0.5	25.8	265.2	766.5	7.5	3号
2008-03-18	5.8	0.5	1.3	0.7	24.9	290.3	855.1	8.3	3号
2008-03-21	6.0	0.4	1.2	0.7	22.2	273	984.2	8.3	3号
2008-03-28	6.3	0.6	2.1	1	25.8	297.8	897	10	3号
2008-03-31	6.6	0.6	1.6	1	25.0	286.8	871.8	9.8	1、3号
2008-04-03	6.1	0.6	1.5	1	26.6	311.1	919.8	9.2	1、3号
2008-04-07	6.8	0.7	1.6	1	28.4	307.9	876.9	10.1	1、3号
2008-04-09	6.3	0.5	1.3	0.9	26.2	297.9	863.5	9	1、3号
2008-04-26	5.8	0.5	1.1	0.9	23.5	263.1	804.4	8.3	1、3号
2008-05-03	4.6	0.4	0.9	0.7	17.4	189.8	623.9	6.6	1、3号
2008-05-09	6.5	0.6	1.6	0.9	26.4	305.2	1005.1	9.6	1、3号
2008-06-06	4.4	0.6	1	0.8	24.0	289	960.8	6.8	1、3号
2008-07-09	6.7	0.6	1.4	0.9	26.7	302.7	1162.3	9.6	1、3号

初步分析，因为3号潜油泵持续运行过程中电流偏大，可以判定3号潜油泵内部转子转动承受的阻力增大，受阻的原因是转子轴偏斜，使定子与转子之间因摩擦产生阻力，摩擦产生的火花将变压器油分解产生乙炔，但从乙炔增长速度来看，转子轴偏斜尚不严重，火花是非持续性的，放电现象并不稳定和连续。更换潜油泵后，乙炔基本稳定，说明变压器内部的放电点已排除，也验证了产生乙炔的原因是3号潜油泵运行异常。

图10-29　3号潜油泵转子上的划痕

对3号潜油泵进行解体验证了潜油泵故障是乙炔上升的主要原因。如图10-29所示，3号潜油泵转子靠近外圈处有6处比较明显的划痕，说明潜油泵在运行过程中定子与转子之间发生过多次摩擦，由于摩擦产生高温电火花，变压器油在高温电火花作用下产生乙炔等特征气体。

10.15 220kV 变压器沿面放电故障

220kV 某变电站 2 号主变压器型号为 SFSZ10—180000/220，2009 年出厂。2014 年 2 月 26 日轻瓦斯保护发出告警信号，现场检查发现气体继电器集气盒内有瓦斯气体，色谱分析存在异常，乙炔气体含量超过标准注意值。色谱检测数据详见表 10-20。

表 10-20　某变电站 2 号主变压器油中溶解气体分析结果　μL/L

时间	CH_4	C_2H_6	C_2H_4	C_2H_2	H_2	CO	CO_2	总烃
2014-02-19	8.3	0.9	0.7	0	4.1	441	1312	9.9
2014-02-26	11.5	1.5	3.4	5.1	16.2	517	3396	21.5
2014-02-27	14.0	1.7	6.6	11.4	25.5	504	1354	33.7
2014-02-28	15.8	2.0	8.9	16.0	48.6	478	1302	42.7

三比值法计算编码组合为 101，分析主变压器存在电弧放电故障。放电导致油中气体含量上升，轻瓦斯保护发出信号。主变压器主、纵绝缘无异常，放电可能在磁屏蔽、金属环、铁心柱绑带、均压球等部位产生。

2014 年 2 月 28 日，主变压器停电，进行吊罩检修。检查发现主变压器 C 相铁心下部一根铁心柱金属绑扎带绝缘件上存在沿面放电痕迹，绑带接地线烧断，放电绝缘件及绑带接地线分别位于铁心两侧，如图 10-30 和图 10-31 所示。此外，吊罩检查还发现部分其他绑带的绝缘件也有断裂现象，可初步判断该绝缘件质量或安装工艺不良。根据吊罩检查情况可判断，该主变压器一根铁心柱绑带绝缘件上发生了沿面放电。

图 10-30　放电时烧断的绝缘件

图 10-31　一根铁心柱绑带接地线已经烧断

10.16 220kV 变压器局部放电故障

某 220kV 变压器（型号为 SFPSZ10—180000/220）于 2006 年 11 月投运，2011 年 7 月进行例行油中溶解气体分析时，发现出现乙炔，含量为 3.51μL/L，2011 年 9 月增长至 6μL/L 左右后趋于稳定。色谱检测数据详见表 10-21。

表 10-21　　变压器油中溶解气体分析结果　　μL/L

时间	CH_4	C_2H_6	C_2H_4	C_2H_2	H_2	总烃
2011-05-26	5.38	0.35	0.36	0	31.52	6.09
2011-07-27	9.74	2.02	1.02	3.51	24.34	16.29
2011-09-29	10.78	3.58	2.05	5.91	39.57	22.32
2011-12-23	9.11	3.93	1.62	5.92	23.74	20.58
2012-03-21	10.90	5.09	2.33	7.61	34.90	25.93

2011 年 8 月 12 日，采用超声波对该变压器进行局部放电带电检测。检测人员在 110kV 侧 C 相（变压器油箱上沿向下 20cm 处）检测到疑似放电信号，其 220kV 侧对称位置有稍小于 110kV 侧的超声信号。8 月 16 日，再次对 110kV 侧 C 相变压器油箱上沿向下 20cm 处进行重点检测，未发现明显局部放电信号。后经多次测量，均未测到超声局部放电信号。

图 10-32　胶垫下木夹件和 C 相外侧绝缘纸处放电痕迹

2012 年 4 月 26 日，乙炔突然增至 23.6μL/L，随即安排停电，进行吊罩检查。发现 C 相分接引线木夹件上有一截断裂的胶垫，胶垫下木夹件和 C 相外侧绝缘纸有放电痕迹，如图 10-32 所示。

经检查，该胶垫为 C 相中压侧套管升高座所用，可能是安装时施工不当挤压断裂掉落。分析认为，2006 年 11 月该变压器投运时，胶垫挤掉后漂浮于油中并没有处于场强较高部位，因此没有发生局部放电，也没有出现油色谱异常。直至 2011 年 7 月，胶垫在油中随着油循环至分接引线的木夹位置，因此处场强较高，胶垫发生局部放电而导致产生乙炔。

10.17　220kV 变压器火花放电故障

某供电公司 1 号主变压器型号为 SFPZ10—180000/220，2002 年 11 月投入运行，运行 30 天后进行油色谱试验，发现油中存在乙炔。2005 年 11 月 9 日，对主变压器本体油进行色谱试验，数据见表 10-22。1 号主变压器数据异常：氢气、乙炔、总烃含量均超过标准注意值，且乙炔超标严重，为组成总烃的主要成分。

表 10-22　　某公司 1 号主变压器油中溶解气体分析结果　　μL/L

时间	CH_4	C_2H_6	C_2H_4	C_2H_2	H_2	CO	CO_2	总烃
2005-08-09	2.0	0.6	0.8	0.4	20.0	231	1467	3.8
2005-11-09	29.6	2.7	25.7	197.0	361.0	472	1682	255.0

返厂解体后发现：该主变压器铁心柱的屏蔽层引线与上轭铁紧固螺丝有放电烧黑的现象，是由螺丝松动引起的。变压器在负荷增加、非全相运行、振动增大情况下，松动的螺母

形成一个对地的悬浮端，在交变电场及磁场的影响下，由于电容耦合使悬浮端对地产生火花放电。

10.18 220kV 变压器将军帽过热故障

某发电厂2号主变压器型号为SFP8—150000/220，1997年12月投入运行。2007年3月20日，取油样进行色谱分析时发现各种烃类的增长率较大，总烃含量为314.2μL/L，超过注意值150μL/L。为此缩短周期进行跟踪采样试验，具体测试数据见表10-23。

表10-23　某厂2号主变压器油中溶解气体分析结果　μL/L

时间	CH_4	C_2H_6	C_2H_4	C_2H_2	H_2	CO	CO_2	总烃
2006-09-29	11.2	1.9	3.7	0	15.0	605	4622	16.8
2007-03-20	79.9	27.3	207.0	0	26.3	593	4202	314.2
2007-04-02	88.8	31.4	231.0	0.4	26.9	545	3978	351.6
2007-05-16	193	67.4	536.0	0.8	58.2	829	5603	797.2

应用三比值法判断，三比值法编码为022，表示变压器内部已经存在大于700℃的热故障。试验人员对该主变压器做了红外热成像试验，发现该主变压器220kV侧套管将军帽上导电杆位置有温度异常，A、C相只有36℃左右，B相有72℃。2007年5月17日，在2号机组停运小修时对主变压器检查处理，在修前的高压电气试验中发现高、低压绕组的直流电阻均合格，其他项目的电气试验结果都正常。经检查，发现故障原因为B相套管顶部穿缆式引线鼻子连接处有松动，造成接触电阻增大。在大电流通过时产生过热并导致接触面氧化，造成恶性循环，从而增大了接触电阻。

处理后，经过一段时间的运行情况监测和油样色谱分析结果显示，该变压器运行情况良好，各类气体含量稳定，证明原有故障已消除。

10.19 110kV 变压器引出线放电故障

某1号变压器电压等级为110kV，容量为50000kVA，油重为28.6t，至2004年1月运行4年左右。2008年5月7日16点左右，该变压器重瓦斯保护动作。当天现场取油气样色谱分析，其分析数据见表10-24。

表10-24　某1号主变压器油中溶解气体分析结果　μL/L

时间	CH_4	C_2H_6	C_2H_4	C_2H_2	H_2	CO	CO_2	总烃	备注
2008-04-07	8.1	2.5	1.3	2.5	14.1	384.5	1147	14.4	本体油样
2008-05-08	13.6	2.8	11.1	2.8	23.7	600	1562	30.3	本体油样
2008-05-08	47371	140	5604	31397	765621	86730	505	84512	瓦斯气体
2008-05-08	18474.69	322.0	8181.84	32024.94	45937.26	10407.6	464.6	59003.47	油中理论值

由表10-24可知，仅从2008年4月7日变压器油分析结果与5月8日相比较，总烃和氢气有一定增长，但气体继电器的气体含量却很大，这与油样色谱分析结果相差很大，说明油中气体浓度不均匀，气体并不是在平衡条件下释放出来的。继电器中故障气体含量明显超过油中溶解气体含量，设备存在较快产生气体的故障。

根据以上分析，可以得出以下结论：重瓦斯气体和油色谱分析可以判断设备突发故障时产生大量气体，来不及溶解于油中，造成重瓦斯保护动作。根据三比值编码为102，可以推断变压器存在电弧放电。2008年5月8日对设备解体检查，发现变压器的C相调压绕组分接段引出线焊接处，在4个分接级电压导线间有严重的放电击穿痕迹，与色谱分析结果一致。

10.20　110kV变压器铁心异常缺陷

2013年3月，检测人员对某110kV变电站2号主变压器进行油色谱检测时，发现检测数据异常，氢气含量超过注意值，并出现乙炔。于是对该主变压器加强监测，发现氢气含量增长，乙炔含量基本稳定。2014年4月，对该变压器停电检查，发现铁心边角存在片间多处粘连、开裂等缺陷。

该变压器型号为SSZ11—50000/110，生产日期为2011年9月，投运日期为2011年12月。检测结果见表10-25，依据GB/T 722—2014《变压器油中溶解气体分析和判断导则》，氢气含量超过注意值，并出现乙炔，三比值为101，判断故障类型为电弧放电。

表10-25　2号主变压器油色谱数据　$\mu L/L$

试验日期	CH_4	C_2H_4	C_2H_6	C_2H_2	H_2	CO	CO_2	总烃
2014-02-26	15.91	5.11	3.75	4.19	367.07	499.9	782.78	28.96
2014-01-22	15.4	4.53	3.53	3.33	370.15	520.4	830.52	26.79
2013-03-22	7.68	2.69	1.79	4.04	123.2	264.95	508.75	16.2
2013-03-04	7.1	2.63	1.68	4.11	121.5	329.02	650.36	15.52
2013-02-28	7.46	2.64	1.76	4.12	120.2	286.7	532.78	15.98

2014年4月3日，对该变压器进行吊罩检查。检查发现该变压器铁心制造工艺不良，叠铁边角存在多处粘连，铁心叠铁上部存在开裂、撞痕等多处问题，如图10-33～图10-35所示。

图10-33　叠铁边角存在多处粘连、碰撞

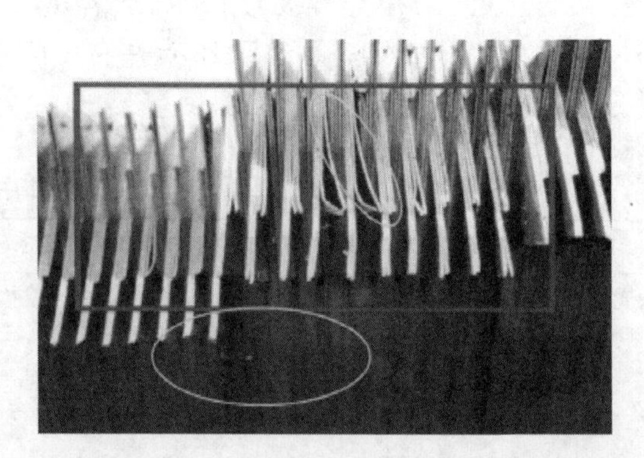
图10-34　叠铁边角存在多处粘连

图 10-35　铁心叠铁上部存在开裂

10.21　110kV 变压器铁心连接片故障

某电厂 3 号主变压器型号为 SFP8—75000/110，出厂日期为 1997 年 5 月，1997 年 12 月投入运行。2006 年 6 月 9 日，在进行定期化验时发现 3 号主变压器油中溶解气体中氢气体积分数达到 139μL/L，一氧化碳达到 371μL/L，二氧化碳达到 3849μL/L，总烃为 1062μL/L，总烃已远超出注意值。在随后的几个月内，油中总烃及氢气、一氧化碳、二氧化碳均有明显增长，相关气相色谱分析数据见表 10-26。

表 10-26　　**某电压 3 号主变油中溶解气体分析结果**　　μL/L

时间	CH_4	C_2H_6	C_2H_4	C_2H_2	H_2	CO	CO_2	总烃
2005-02-24	3.4	2.5	0.4	0	9.4	81	1403	6.3
2005-08-02	40.0	18.0	61.0	0	58.0	267	3537	119
2006-06-09	345.0	184.0	533.0	0	139.0	371	3849	1062
2006-07-06	434.0	228.0	638.0	0	118.0	366	4013	1300
2006-08-16	769.3	465.0	1210.5	0	211.1	378	5166	2444.8
2006-09-27	917.8	656.9	1461.0	0	194.9	387	5840	3035.7

从表 10-26 中数据可以看出，故障后主变压器油样中的气体以二氧化碳、乙烯和甲烷为主，其次是乙烷、一氧化碳和氢气。与油和纸过热时的特征气体基本相符。以 2006 年 9 月 27 日数据为例，利用三比值法对其故障进行判断，编码组合为 021，参考故障类型为中温过热。油中气体总烃及一氧化碳、二氧化碳气体体积含量都较高，$CO_2/CO=15.09$，比值大于 7，推测固体绝缘存在老化情况。

为了尽快消除设备隐患，决定吊芯检查，分别对变压器高、低压侧进行直流电阻测试，并对该变压器进行全面检查。在检查到变压器顶部时。检修人员发现铁心片由绝缘纸包裹，中间部分的绝缘纸已烤焦，部分脱落，接地连片已烧掉 2/3，如图 10-36 所示。

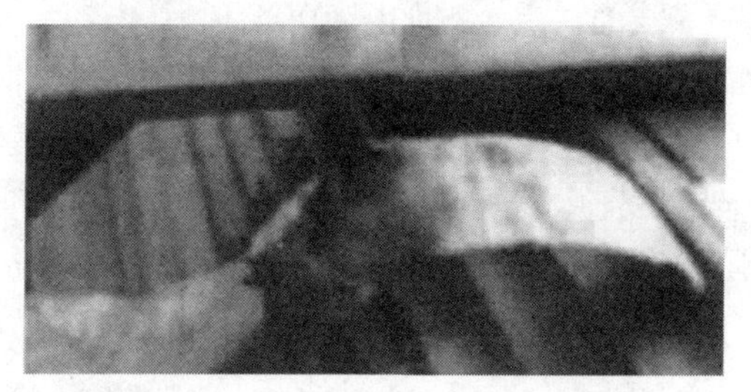

图 10-36　3 号主变压器铁心接地连片

按技术要求铁心接地连片只能有一处与铁心相连，由于该铁心接地连片较长，贴在铁心的表面，虽其外面包有绝缘，但在现场初次安装以及后来大修后重新安装过程中因反复扯动都有可能会擦伤此绝缘，进而形成铁心接地连片与铁心各级两点连接。正是由于铁心主级及副级铁心片之间存在电动势差，该电动势差会导致铁心接地连片与铁心主、副级间产生循环电流，进而产生焦耳热，使绝缘层碳化并最终导致接地连片部分被烧毁。发热的接地连片使与其接触的绝缘油氧化分解，进而产生特征气体。如果铁心接地连片烧断，使铁心无接地点，将给设备带来重大安全隐患。

10.22 变压器匝间短路故障

2013 年 8 月 25 日，某生物质电厂 2 号机组在负荷 47MW 下 2 号主变压器发出“主变压器差动保护动作”“主变压器重瓦斯保护动作”“主变压器轻瓦斯保护动作”信号，色谱检测数据见表 10-27，油中水分含量为 9mg/L。

表 10-27　　某站 2 号主变油中溶解气体分析结果　　μL/L

时间	CH_4	C_2H_6	C_2H_4	C_2H_2	H_2	CO	CO_2	总烃
2013-06-02	3.7	0.7	1.3	0	16.9	199.5	1985.7	5.7
2013-08-25	61.1	3.2	102.2	165.4	239.5	509.6	4390.0	331.9

由表 10-27 分析可见，发生事故后油中氢气、乙炔和总烃气体含量均超过标准注意值，一氧化碳和二氧化碳气体含量也有明显增长。三比值法编码为 102，初步判断为变压器内部发生了电弧性故障。

图 10-37　绕组匝间短路

对变压器进行解体检查，油枕解体后发现油枕底部积满了水，且经油管流向气体继电器进入变压器本体。从水质来看，水已出现了霉菌现象，说明水分存在已有一段时间，且导致出现霉菌的原因可能是胶囊不干净。抽真空管与油枕相连接的法兰处的橡胶垫圈严重变形，其余可能进水的法兰都处于良好状态，所以可以基本断定此处为漏水进入油枕的主要原因。为了检查变压器内部的情况，对变压器进行吊罩检查，故障原因为 C 相绕组底部靠最外侧的高压绕组发生匝间短路后出现了断股现象，情况如图 10-37 所示。

通过上述检查与分析，发生故障的主要原因是抽真空管与油枕连接的法兰处的橡胶垫出现变形，导致密封不良，下雨时有水进入变压器油枕里并慢慢地在里面存积。当水达到一定量后，便经油管进入变压器本体，由于水进入变压器本体的位置正好位于 C 相绕组的高压侧，当绝缘强度降低到一定程度后便发生了匝间短路，并将导线烧断出现断股现象。

10.23 变压器硅钢片短路故障

某变电站1号主变压器于1995年3月1日出厂，2007年4月4日经过返厂大修后再次投运。投运后油色谱周期试验数据除有0.1μL/L的乙炔外，其他数据均正常。2007年12月19日在油色谱周期试验时发现总烃含量达到365.3μL/L，超过了注意值（150μL/L），具体检测数据见表10-28。据此判断该变压器内部可能存在故障。

表10-28 某变电站1号主变压器油中溶解气体分析结果 μL/L

时间	CH_4	C_2H_6	C_2H_4	C_2H_2	H_2	CO	CO_2	总烃	备注
2006-07-03	21.2	3.1	30.4	0.7	43.6	897.5	8787.8	55.4	大修前
2007-04-04	0.5	0	0.2	0.1	0	8，1	586.2	0.8	投运第一天
2007-05-11	0.6	0	0.3	0.1	6.0	42.4	846.4	1.0	投运一个月
2007-12-19	143.9	36.6	184.5	0.3	87.6	317.8	2287.6	365.3	周期试验
2007-12-27	147.7	47.2	189.7	0.2	83.3	313.1	2181.1	384.8	跟踪
2008-01-10	146.0	44.7	187.3	0.1	83.2	325.5	2240.3	378.1	跟踪
2008-01-24	151.3	46.3	191.8	0.1	82.8	319.9	2224.9	389.5	跟踪
2008-02-04	147.6	45.1	186.7	0.2	82.3	321.9	2164.3	379.6	跟踪

从表10-28可以看出，乙炔气体从投运第一天的色谱试验就存在，但在运行过程并未有明显增加，因此初步判断色谱数据中出现的微量乙炔是由于返厂大修过程中没有完全处理掉，部分吸附在绕组、绝缘材料上，运行一段时间之后渗入变压器油中。根据2007年12月19日的数据，运用三比值法，确定三比值编码为022，属于高于700℃的裸金属过热故障。

2008年2月26日，在吊罩检查时发现故障点在C相铁心柱与铁轭交叉口，硅钢片角整体向右倾斜，硅钢片的中部被短接，主磁通通过被短接的硅钢片间，使部分硅钢片形成短路且产生短路电流，促使短接的硅钢片发热。因严重灼烧短路处硅钢片有过热发黑现象，并交织在一起，此现象与之前分析高于700℃的高温过热故障相吻合。

10.24 变压器铁心多点接地故障

某变电站2号主变压器为1998年7月21投运，历次色谱分析结果见表10-29。

表10-29 某站2号主变油中溶解气体分析结果 μL/L

时间	CH_4	C_2H_6	C_2H_4	C_2H_2	H_2	CO	CO_2	总烃
1998-07-01	0.7	0	0.4	0	47	47	452	1.1
1999-12-15	37	8	30	0	40	40	643	75
2000-07-03	41	12	33	0	18	18	249	86
2000-12-25	398	222	530	0	80	80	1564	1150
2001-01-04	535	251	613	0	147	147	1777	1399
2001-01-05	478	251	628	0	120	120	1715	1357

该色谱分析结果显示：①5 个月内总烃由 86μL/L 增长至 1150μL/L，远大于规定的注意值，总烃相对产气速率为 247%/月；②相对产气速率大于 10%/月，按 DL/T 722 的规定即可判断设备内部存在异常；③三比值法编码为 021，判断为中温过热故障，乙烯占总烃的 46%，其产气速率呈急剧上升趋势；④无乙炔。初步判断存在铁心多点接地故障。测量 2 号主变压器运行时铁心接地电流为 11.0A，大于规定要求的 0.1A，停电后用 2500V 绝缘电阻表测量铁心绝缘电阻为 0，用万用表测量为 19Ω，故确认铁心存在多点接地故障。

吊罩检查发现，铁心底部与变压器底座间有一个长约 3cm、一端已碳化的细薄月牙形金属片，底座表面有大量金属碎屑和一些碳化颗粒。清除这些杂质并将绝缘油脱气过滤后重新注入变压器，用 2500V 绝缘电阻表测量铁心绝缘电阻为 500MΩ。2 号变压器在重新投运后色谱分析结果均正常。

10.25 变压器进水受潮故障

某公司动力 1 号站 4 号变压器扩建工程完成安装后，经过交接试验、传动试验和微机保护等调试之后，按计划顺利进行 5 次受电冲击试验，然后转入空载进行考核。经过近 9h 连续运行后，变压器重瓦斯保护报警并跳闸，主变压器两侧开关断开，从变压器处传来一声巨响。故障后，检查人员发现中性点套管产生位移 20mm，套管内部绝缘油喷出，高压侧 A、B 相瓷套各产生位移 15mm。变压器内部有大量气体析出并产生突发压力。随后进行绕组实验，分别做了直流电阻测量、绝缘电阻测量、低电压阻抗测量、低电压空载试验、绕组频率响应特性试验。绕组物理特性试验初步显示，变压器内部绕组无断线、无匝间短路、无变形等情况，绕组绝缘良好，只是铁心对地绝缘电阻明显下降。后取本体绝缘油进行检测，色谱检测数据见表 10-30。

表 10-30　　某公司 4 号主变压器故障前后油中溶解气体分析结果　　μL/L

气体组分	CH_4	C_2H_6	C_2H_4	C_2H_2	H_2	CO	CO_2	总烃
事故后含量	164.9	14.9	231.6	419.9	664.3	338.3	127.4	831.3
事故前含量	0	0	0	0	0	267.7	20.1	0

根据油色谱检测结果，用三比值法进行故障性质判断，其特征编码为 102，说明有高能量放电发生。这种高能量放电故障大多源于引线短路、绕组匝间短路，进而烧伤绝缘材料。经吊芯检查，发现变压器低压绕组（Δ 接）a 相和 b 相在底部引线交叉处发生短路放电，交叉处 3mm 厚纸质高密度隔板和 5mm 厚的加强绝缘板被电弧烧黑，部分漂浮于油中交叉处导线被电弧烧损，导线表面凹陷不平，导线熔化后部分金属铜颗粒滴落在箱底。短路处绝缘隔板和绝缘纸失去绝缘性能，在其正下方的箱底处有少量晃动的水珠，该位置正上方是低压侧升高座。分析认为事故原因为油箱进水，水分集中在 a 相和 b 相引线交叉处附近，使绝缘纸绝缘性能慢慢降低而导致短路；水分使铁心和外壳之间的绝缘强度降低。

10.26 220kV 真空有载分接开关过热故障

某 220kV 变压器在运行过程中，型号为 ZVMDⅢ1000Y—126/C—10198 的真空有载分

接开关“重瓦斯”“压力释放”保护动作，三侧开关跳闸。后对真空有载分接开关和主变压器本体绝缘油开展油中溶解气体检测，检测数据如表 10-31 所示。检测结果表明真空有载分接开关绝缘油中氢气、乙炔和总烃气体含量均超过 GB/T 722—2014《变压器油中溶解气体分析和判断导则》要求的注意值。用三比值法进行故障判断，三比值编码为 102，怀疑设备内部存在电弧放电故障，且该故障不涉及变压器本体。

表 10-31　　某 220kV 变压器本体及真空有载分接开关油

取样位置	CH_4	C_2H_4	C_2H_6	C_2H_2	H_2	CO	CO_2	总烃
真空有载分接开关	365.6	1105.1	290.7	886.9	2641	54	826.6	2648.3
主变压器本体	0.4	0.1	0	0	8	54	139.6	0.4

随后试验人员开展了有载分接开关过渡电阻及过渡时间等常规电气试验，发现该变压器真空有载分接开关 C 相过渡电阻与 A、B 两相相比偏大 45%。初步怀疑该真空有载分接开关 C 相过渡电阻存在故障。对该有载分接开关进行吊罩检查，发现 C 相过渡电阻存在电阻丝熔断现象，如图 10-38 所示。

图 10-38　真空有载分接开关过渡电阻的电阻丝熔断

故障分析认为，该故障由装配工艺不良导致。由于电阻丝本身材质偏软，在装配时由于受力不均而使电阻丝在安装时可能就已变形，使得相邻两根电阻丝较为靠近，运行后随变压器有载分接开关切换时产生的震动，使其可能发生碰撞，导致相邻两根电阻丝并联，电阻变小、电流变大，从而烧熔该部位。该部位熔断后在断口处拉弧使得周围绝缘油迅速分解产生大量气体，引发保护动作。

10.27　110kV 变压器有载分接开关触头烧蚀故障

2014 年 4 月 21 日，检测人员对某变电站进行油色谱检测，发现 1 号主变压器乙炔气体含量达到 4.37μL/L，接近 GB/T 722—2014《变压器油中溶解气体分析和判断导则》中规定的注意值（≤5μL/L），其他成分含量正常。查询历史数据发现，该变压器 2012 年 8 月 15 日出现痕量乙炔（其他组分正常）且 2012～2013 年检测数据无异常。对该变压器加强监测，2014～2015 年数据平稳，直至 2016 年 3 月 11 日，组分含量突然增长，氢气、乙炔、总烃均已超过注意值，三比值编码为 002，判断存在 700℃以上高温过热性故障。根据乙炔含量判断内部可能同时存在高能放电。历年油色谱检测数据见表 10-32。

表 10-32　　主变压器历年油色谱数据　　μL/L

试验日期	CH_4	C_2H_4	C_2H_6	C_2H_2	H_2	CO	CO_2	总烃
2012-08-15	1.3	0.3	0.9	0.42	21.81	56.5	441.4	2.92
2013-04-24	3.6	0.5	0.8	0.7	32.9	72.1	413.6	5.6
2014-04-21	3.04	1.4	0	4.37	75.94	102.6	407.01	8.81

续表

试验日期	CH_4	C_2H_4	C_2H_6	C_2H_2	H_2	CO	CO_2	总烃
2014-04-30	4	1.63	0.86	3.88	71.09	102.3	456.87	10.37
2014-11-28	3.8	1.4	0.8	3.7	94.8	104.3	450.6	9.7
2014-12-24	4.1	1.5	0.8	3.6	94.0	109.2	438.1	10.0
2015-01-07	4.04	1.7	11.9	3.65	94.23	77.6	660.6	21.29
2015-03-17	3.6	1.6	0.9	3.2	85.4	99.2	379.6	9.3
2016-03-11	227.7	332.9	66.9	14.5	290.4	106.6	426.2	642
2016-03-11	220.2	310.2	63.0	13.6	289.1	102.1	419.8	607
2016-03-15	253.0	345.09	69.3	14.9	276.69	107.87	387.32	682.29

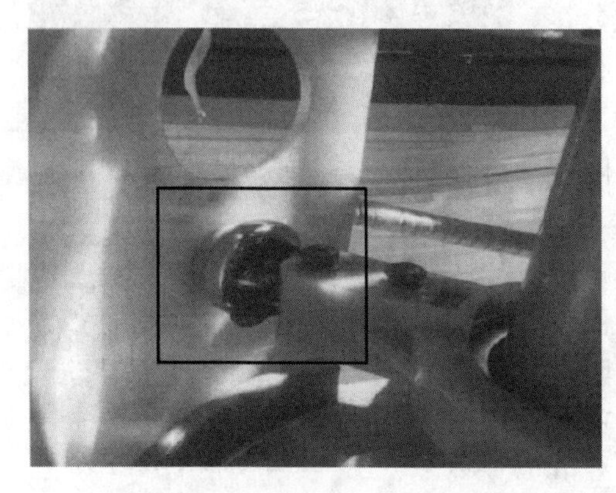

图 10-39　极性开关合不到位

2016 年 3 月 25 日，对 1 号主变压器进行停电诊断性试验，试验项目直流电阻、有载分接开关切换波形、绝缘电阻、电容量及介质损耗、局部放电试验，试验结果均无异常。

3 月 27 日，对变压器进行吊罩检查，首先对其铁心进行分段绝缘电阻测试，试验结果符合规范要求；随后对夹件及绕组整体进行检查未发现异常情况，在检查调压开关的极性开关时发现正极性开关动、静触头三相合不到位，不同期现象明显，如图 10-39 所示；选择开关底部有熔融的金属状物质，如图 10-40 所示；C 相动、静触头存在明显的放电烧蚀现象，如图 10-41 所示。

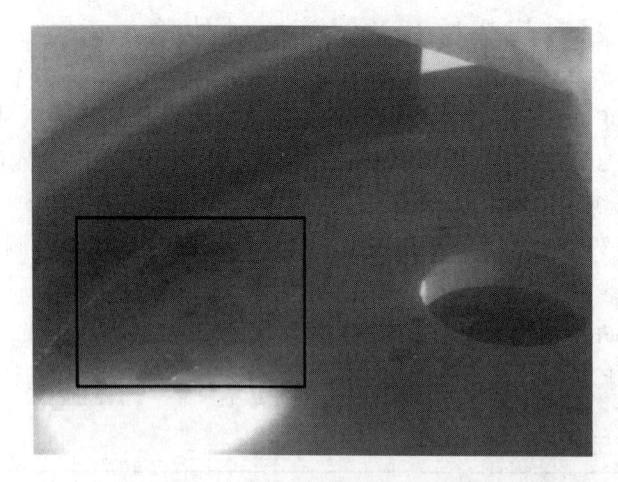

图 10-40　放电烧蚀熔融金属状物质

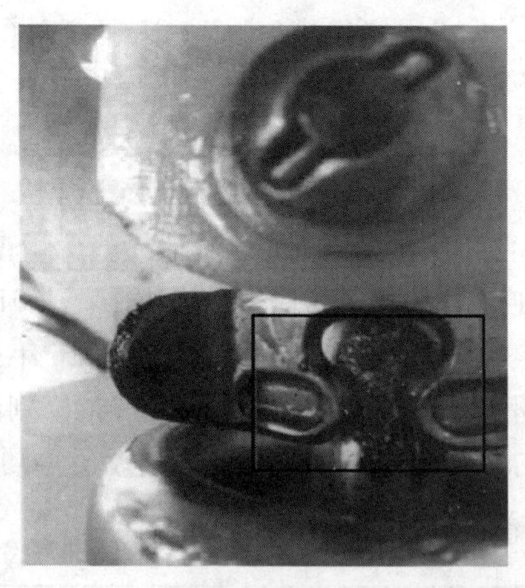

图 10-41　C 相动静触头放电烧蚀

手动将极性开关从正极性位置切换至负极性位置时，三相动、静触头动作正确可靠；随后又将极性开关从负极性位置转换至正极性位置时，三相动、静触头合不到位，同时存在不

同期现象。由此判断该变压器内部油色谱异常由该极性开关合不到位产生拉弧放电引起。

10.28 110kV变压器调压线圈故障

某变电站1号主变压器型号为SFSZ8-31500/110，于1999年投运。2006年4月13日13时39分，该主变压器差动保护和本体重瓦斯保护动作，主变压器三侧开关跳闸。主变压器故障跳闸前的有功负荷为12000kW。此前几天多为阴雨天，跳闸发生时没有雷电，也没有受到短路电流冲击。在开关跳闸后约2h，从主变压器底部取油样进行色谱分析，故障前后的油中溶解气体含量测定值见表10-33。

表10-33　某站1号主变压器故障前后油中溶解气体含量　μL/L

时间	CH_4	C_2H_6	C_2H_4	C_2H_2	H_2	CO	CO_2	总烃
2006-03-09	7.3	2.8	6.4	0.1	35.6	441	2461	16.6
2006-04-13	28.1	2.7	38.5	62.6	192.0	542	2937	131.9

从表10-33可知，三比值编码为102，为典型的电弧放电故障。变压器跳闸后进行了各项电气试验，结果表明：各电压等级绕组绝缘电阻、铁心对地绝缘电阻、中压和低压侧绕组的直流电阻、有载分接开关的切换波形、过渡电阻等试验数据正常；但发现高压绕组三相直流电阻不平衡，A相低挡位和高挡位直流电阻比B、C相要大，而B、C两相的直流电阻则正常。由此初步判断故障发生在A相的高压导电回路中。根据A相高压绕组接线，对各挡直流电阻测定数据进行分析后，进一步判断故障部位在A相调压绕组回路中。随后将该变压器返厂吊罩检查。检查表明：由于A相套管将军帽密封垫和套管与升高座连接法兰的密封垫的密封性能不良，加上故障前多日阴雨使水分进入到变压器内部A相套管下方，引起调压绕组电弧放电并烧断部分并联导线，而调压绕组处于变压器绕组的最外层，进入的水首先使调压绕组的绝缘受潮，在调压绕组不同部分的匝间、层间或饼间电压作用下造成电弧放电，烧断这几个部位的并联导线；在故障时的短路电动力作用下，致使调压绕组分接头的引出位置发生变化。

10.29 110kV变压器分接开关接触不良故障

某热电厂1台主变压器型号为S9—20000/110，2003年投运。运行后不久就出现轻瓦斯保护动作。开始时轻瓦斯动作的次数较少，随着运行时间增加，轻瓦斯动作次数逐渐增多。2008年2月，鉴于该变压器轻瓦斯动作频繁，取油样及瓦斯气体进行气相色谱分析，分析结果见表10-34。

表10-34　某厂主变压器油中溶解气体及瓦斯气体分析结果　μL/L

样品	CH_4	C_2H_6	C_2H_4	C_2H_2	H_2	CO	CO_2	总烃
本体油样	7550	5120	19370	1240	1400	340	9790	33280
瓦斯气体	44700	2900	25800	1500	28800	6200	85300	74900
油中理论值	17400	6670	37668	1530	1728	744	78476	63268

由表 10-34 可知，该变压器油中氢气、乙炔和总烃含量均大幅超过注意值，特别是总烃含量达到注意值的 222 倍，而且气体中氢气和烃类气体的浓度换算到油中理论值大于油中实测值，表明变压器内部已存在较严重故障。故障气体主要由乙烯和甲烷组成，其次是乙烷、氢气和乙炔，与高温过热故障特征相符。应用三比值法判断，得到的编码组合为 022，对应于 700℃以上的高温过热故障。

根据色谱分析结果，随后由设备生产厂对该变压器进行检查，通过直流电阻测量，发现其中一相分接头接触电阻很大。吊罩检查结果，发现故障是由该分接头接触不良导致过热引起，在长期的运行中故障持续发展，造成分接头严重烧伤。

对于能量较大、产气速度较快的某些高温过热或火花放电等故障，当产气速率大于气体溶解速率时，故障气体就可能会形成气泡。在气泡上升行程中，一部分气体溶解于油中并与油中原来的溶解气体（如空气）进行交换，改变了所生成气体的组分浓度；未溶解的气体和油中被置换出来的气体一起进入气体继电器而累积下来，当气体累积到一定程度后气体继电器将动作发出信号。

10.30　35kV 变压器分接开关接触不良故障

某 35kV 变电站 1 号主变压器额定容量为 6.3MVA，长期在 1 挡运行。2008 年油样色谱分析异常，色谱检测数据见表 10-35。

表 10-35　　某变电站 1 号主变压器油中溶解气体分析结果　　μL/L

时间	CH_4	C_2H_6	C_2H_4	C_2H_2	H_2	CO	CO_2	总烃
2008-06-25	48.8	96.8	489.6	0.3	5.5	113.4	18795	635.5
2008-06-11	9.5	19.8	99.9	0.1	0.8	28.8	4073	129.3
2008-05-28	6.5	15.8	76.9	0	0	18.2	2862	99.2

从表 10-35 可见，总烃为 635.5μL/L，远大于注意值 150μL/L。变压器内部发生故障，而氢气和乙炔含量正常，证明没有发生火花放电和电弧放电。因此，判断故障类型为变压器内部裸金属过热，其三比值法编码为 022，由此推断变压器内部裸金属高温过热，其温度大于 700℃。

测得该变压器铁心对地绝缘电阻为 2500MΩ，可排除铁心多点接地故障，该变压器绕组直流电阻的测试结果见表 10-36。

表 10-36　　某站 1 号主变压器高压绕组直流电阻测试结果　　mΩ

挡位	1	2	3	4	5	低压绕组电阻
AB	1127	1052	1027	1001	976.3	74.84
BC	1072	1051	1026	1000	975.5	74.77
AC	1130	1055	1030	1003	979.3	74.85
相差 β（%）	5.23	0.38	0.39	0.29	0.39	0.11

表 10-36 中，1 挡位置绕组线间电阻值差为 5.23%，超过警示值。值得注意的是，在 1 挡位置 A 相与 B、C 相线间绕组直流电阻 AB、AC 值偏高，因此可断定，故障发生在变压器高压侧的 A 相。同时，由于 2～5 挡位置绕组直流电阻差值在允许范围内，因此，通过分析

得知，故障出现在A相分接开关1挡位置上，由于分接开关接触不良造成直流电阻增大，在变压器负载较高的情况下，分接开关高温过热导致变压器油中色谱发生异常现象。

变压器吊罩后，更换分接开关，测得1挡位置高压侧绕组直流电阻分别为1071mΩ、1072mΩ和1073mΩ，相差0.19%。对大修后的变压器进行3次跟踪监测，色谱分析结果正常。

参 考 文 献

[1] 李红雷，张光福，刘先勇，等. 变压器在线监测用的新型油气分离膜 [J]. 清华大学学报，2005，45 (10)：1301-1304.

[2] Marcel Mulder，膜技术基本原理 [M]. 北京：清华大学出版社，1999.

[3] 刘先勇，胡劲松，周方洁，等. 变压器油中气体在线监测系统试验平台的研制 [J]. 变压器，2004，41 (10)：33-36.

[4] 姚翔宇，董勤，张杰，等. 基于变径活塞泵的油气分离装置的自检方法：中国，CN201310305726. 1 [P]. 2013-11-13.

[5] 刘虎威. 气相色谱方法及应用 [M]. 北京：化学工业出版社，2000.

[6] 许国旺. 现代实用气相色谱法 [M]. 北京：化学工业出版社，2004.

[7] 王永华. 气相色谱分析应用 [M]. 北京：科学出版社，2006.

[8] 胡劲松，周方洁，管博. 无相移滤波技术用于分析化学信号处理 [J]. 分析化学，2006，34 (9)：266-268.

[9] 胡劲松，鲍吉龙，周方洁，等. 基于小波和轮廓提取的色谱基线算法研究 [J]. 分析化学，2006，34 (3)：418-420.

[10] 胡劲松，鲍吉龙，周方洁，等. 基于模式匹配的变压器色谱峰辨识算法 [J]. 电力系统自动化，2005，29 (21)：85-87.

[11] 毛秀芬，靳斌，苏垒. 供气相色谱仪使用的热导检测器的设计与实现 [J]. 色谱. 2011，29 (8)：781-785.

[12] 陈伟根，云玉新，潘翀，等. 光声光谱技术应用于变压器油中溶解气体分析 [J]. 电力系统自动化. 2007，31 (15)：94-98.

[13] 殷庆瑞，王通，钱梦騄. 光声光热技术及其应用 [M]. 北京：科学出版社，1991.

[14] [日] 泽田嗣郎. 光声光谱法及其应用 [M]. 赵贵文等译. 合肥：安徽教育出版社，1985.

[15] 操敦奎. 变压器油色谱分析及故障诊断 [M]. 北京：中国电力出版社，2010.

[16] 钱旭耀. 变压器油及相关故障诊断处理技术 [M]. 北京：中国电力出版社，2006.

[17] 何清，罗维，王玮，袁道君，周启义，李瑾. 一种仅由绝缘油气相色谱分析发现的电流互感器缺陷 [J]. 电力自动化设备. 2011，31 (6)：150-153.

[18] 何清，王伟，陈元，王瑞珍，罗维，刘铁，李佳. 一起 220kV 油浸式电流互感器故障分析 [J]. 电力电容器与无功补偿. 2018，39 (3)：111-115.

[19] 何清，王伟，王瑞珍，阮羚，胡然. 绝缘油色谱在线监测装置测量误差偏大的原因分析 [J]. 湖北电力. 2016，40 (2)：28-32.

[20] 董其国. 电力变压器故障与诊断 [M]. 北京：中国电力出版社，2000.

[21] 孙才新，陈伟根，李俭，廖瑞金. 电气设备油中溶解气体在线监测与故障诊断技术 [M]. 北京：科学出版社，2003.

[22] 余成波，陈学军，雷绍兰，王士彬. 电气设备绝缘在线监测 [M]. 北京：清华大学出版社，2014.

[23] 孟玉蝉，李萌才，贾瑞君，张仲旗. 油中溶解气体分析及变压器故障诊断 [M]. 北京：中国电力出版社，2012.

[24] 朱德恒，严璋，谈克雄等. 电气设备状态监测与故障诊断技术 [M]. 北京：中国电力出版社，2009.

[25] 蔡金锭，邹阳. 电力变压器智能故障诊断与绝缘测试技术 [M]. 北京：电子工业出版社，2017.
[26] 周舟. 变压器故障色谱诊断分析 [M]. 北京：中国电力出版社，2015.
[27] 变电设备带电检测典型案例分析 [M]. 北京：中国电力出版社，2017.
[28] 王伟，韩金华，郭运明，赵磊，王震宇. 一起进口套管烧损故障情况介绍. [J] 高压电器. 2012，48 (2)：115-122.